计算机基础与实训教材系列

中文版

PowerPoint 2016幻灯片制作

实用教程

朱军 曹勤 编著

清华大学出版社

北京

内 容 简 介

本书由浅入深、循序渐进地介绍了 Microsoft 公司最新推出的幻灯片制作软件——中文版 PowerPoint 2016 的操作方法和使用技巧。全书共分为 10 章，分别介绍了 PowerPoint 2016 基础入门，制作文本型幻灯片，制作图文并茂的幻灯片，使用表格和图表，形状和 SmartArt 图形的使用，灵活使用主题与母版，多媒体和超链接的应用，设置幻灯片的切换效果与动画，管理和放映幻灯片，以及共享、导出和打印演示文稿等内容。

本书内容丰富、结构清晰、语言简练、图文并茂，具有很强的实用性和可操作性，是一本适合高等院校、职业学校及各类社会培训学校的优秀教材，也是广大初、中级电脑用户的自学参考书。

本书对应的电子教案、实例源文件和习题答案可以到 http://www.tupwk.com.cn/edu 网站下载。

图书在版编目(CIP)数据

中文版 PowerPoint 2016 幻灯片制作实用教程 / 朱军，曹勤 编著. —北京：清华大学出版社，2017(2022.9重印)
(计算机基础与实训教材系列)
ISBN 978-7-302-47539-2

Ⅰ. ①中… Ⅱ. ①朱… ②曹… Ⅲ. ①图形软件—教材 Ⅳ. ①TP391.412

中国版本图书馆 CIP 数据核字(2017)第 140535 号

责任编辑：胡辰浩　袁建华
装帧设计：孔祥峰
责任校对：曹　阳
责任印制：杨　艳

出版发行：清华大学出版社
　　　　　网　　　址：http://www.tup.com.cn，http://www.wqbook.com
　　　　　地　　　址：北京清华大学学研大厦 A 座　　邮　　编：100084
　　　　　社 总 机：010-83470000　　　　　　　　邮　　购：010-62786544
　　　　　投稿与读者服务：010-62776969, c-service@tup.tsinghua.edu.cn
　　　　　质 量 反 馈：010-62772015, zhiliang@tup.tsinghua.edu.cn
印 装 者：天津鑫丰华印务有限公司
经　　销：全国新华书店
开　　本：190mm×260mm　　印　　张：19.25　　字　　数：505 千字
版　　次：2017 年 7 月第 1 版　　　　　　印　　次：2022 年 9 月第 3 次印刷
定　　价：69.00 元

产品编号：070046-02

编审委员会

主任： 闪四清　北京航空航天大学

委员：（以下编委顺序不分先后，按照姓氏笔画排列）

王永生　青海师范大学

王相林　杭州电子科技大学

卢　锋　南京邮电学院

申浩如　昆明学院计算机系

白中英　北京邮电大学计算机学院

石　磊　郑州大学信息工程学院

伍俊良　重庆大学

刘　悦　济南大学信息科学与工程学院

刘晓华　武汉工程大学

刘晓悦　河北理工大学计控学院

孙一林　北京师范大学信息科学与技术学院计算机系

朱居正　河南财经学院成功学院

何宗键　同济大学软件学院

吴裕功　天津大学

吴　磊　北方工业大学信息工程学院

宋海声　西北师范大学

张凤琴　空军工程大学

罗怡桂　同济大学

范训礼　西北大学信息科学与技术学院

胡景凡　北京信息工程学院

赵文静　西安建筑科技大学信息与控制工程学院

赵树升　郑州大学升达经贸管理学院

赵素华　辽宁大学

郝　平　浙江工业大学信息工程学院

崔洪斌　河北科技大学

崔晓利　湖南工学院

韩良智　北京科技大学管理学院

薛向阳　复旦大学计算机科学与工程系

瞿有甜　浙江师范大学

丛 书 序

计算机已经广泛应用于现代社会的各个领域，熟练使用计算机已经成为人们必备的技能之一。因此，如何快速地掌握计算机知识和使用技术，并应用于现实生活和实际工作中，已成为新世纪人才迫切需要解决的问题。

为适应这种需求，各类高等院校、高职高专、中职中专、培训学校都开设了计算机专业的课程，同时也将非计算机专业学生的计算机知识和技能教育纳入教学计划，并陆续出台了相应的教学大纲。基于以上因素，清华大学出版社组织一线教学精英编写了这套"计算机基础与实训教材系列"丛书，以满足大中专院校、职业院校及各类社会培训学校的教学需要。

一、丛书书目

本套教材涵盖了计算机各个应用领域，包括计算机硬件知识、操作系统、数据库、编程语言、文字录入和排版、办公软件、计算机网络、图形图像、三维动画、网页制作以及多媒体制作等。众多的图书品种可以满足各类院校相关课程设置的需要。

◉　已出版的图书书目

《计算机基础实用教程(第三版)》	《Excel 财务会计实战应用(第三版)》
《计算机基础实用教程(Windows 7+Office 2010 版)》	《Excel 财务会计实战应用(第四版)》
《新编计算机基础教程(Windows 7+Office 2010)》	《Word+Excel+PowerPoint 2010 实用教程》
《电脑入门实用教程(第三版)》	《中文版 Word 2010 文档处理实用教程》
《电脑办公自动化实用教程(第三版)》	《中文版 Excel 2010 电子表格实用教程》
《计算机组装与维护实用教程(第三版)》	《中文版 PowerPoint 2010 幻灯片制作实用教程》
《网页设计与制作(Dreamweaver+Flash+Photoshop)》	《Access 2010 数据库应用基础教程》
《ASP.NET 4.0 动态网站开发实用教程》	《中文版 Access 2010 数据库应用实用教程》
《ASP.NET 4.5 动态网站开发实用教程》	《中文版 Project 2010 实用教程》
《多媒体技术及应用》	《中文版 Office 2010 实用教程》
《中文版 PowerPoint 2013 幻灯片制作实用教程》	《Office 2013 办公软件实用教程》
《Access 2013 数据库应用基础教程》	《中文版 Word 2013 文档处理实用教程》
《中文版 Access 2013 数据库应用实用教程》	《中文版 Excel 2013 电子表格实用教程》
《中文版 Office 2013 实用教程》	《中文版 Photoshop CC 图像处理实用教程》
《AutoCAD 2014 中文版基础教程》	《中文版 Flash CC 动画制作实用教程》
《中文版 AutoCAD 2014 实用教程》	《中文版 Dreamweaver CC 网页制作实用教程》

《AutoCAD 2015 中文版基础教程》	《中文版 InDesign CC 实用教程》
《中文版 AutoCAD 2015 实用教程》	《中文版 Illustrator CC 平面设计实用教程》
《AutoCAD 2016 中文版基础教程》	《中文版 CorelDRAW X7 平面设计实用教程》
《中文版 AutoCAD 2016 实用教程》	《中文版 Photoshop CC 2015 图像处理实用教程》
《中文版 Photoshop CS6 图像处理实用教程》	《中文版 Flash CC 2015 动画制作实用教程》
《中文版 Dreamweaver CS6 网页制作实用教程》	《中文版 Dreamweaver CC 2015 网页制作实用教程》
《中文版 Flash CS6 动画制作实用教程》	《Photoshop CC 2015 基础教程》
《中文版 Illustrator CS6 平面设计实用教程》	《中文版 3ds Max 2012 三维动画创作实用教程》
《中文版 InDesign CS6 实用教程》	《Mastercam X6 实用教程》
《中文版 Premiere Pro CS6 多媒体制作实用教程》	《Windows 8 实用教程》
《中文版 Premiere Pro CC 视频编辑实例教程》	《计算机网络技术实用教程》
《中文版 Illustrator CC 2015 平面设计实用教程》	《Oracle Database 11g 实用教程》
《AutoCAD 2017 中文版基础教程	《中文版 AutoCAD 2017 实用教程》
《中文版 CorelDRAW X8 平面设计实用教程》	《中文版 InDesign CC 2015 实用教程》
《Oracle Database 12c 实用教程》	《Access 2016 数据库应用基础教程》
《中文版 Office 2016 实用教程》	《中文版 Word 2016 文档处理实用教程》
《中文版 Access 2016 数据库应用实用教程》	《中文版 Excel 2016 电子表格实用教程》
《中文版 PowerPoint 2016 幻灯片制作实用教程》	《中文版 Project 2016 项目管理实用教程》
《Office 2010 办公软件实用教程》	

二、丛书特色

1. 选题新颖，策划周全——为计算机教学量身打造

本套丛书注重理论知识与实践操作的紧密结合，同时突出上机操作环节。丛书作者均为各大院校的教学专家和业界精英，他们熟悉教学内容的编排，深谙学生的需求和接受能力，并将这种教学理念充分融入本套教材的编写中。

本套丛书全面贯彻"理论→实例→上机→习题"4 阶段教学模式，在内容选择、结构安排上更加符合读者的认知习惯，从而达到老师易教、学生易学的目的。

2. 教学结构科学合理、循序渐进——完全掌握"教学"与"自学"两种模式

本套丛书完全以大中专院校、职业院校及各类社会培训学校的教学需要为出发点，紧密结合学科的教学特点，由浅入深地安排章节内容，循序渐进地完成各种复杂知识的讲解，使学生能够一学就会、即学即用。

对教师而言，本套丛书根据实际教学情况安排好课时，提前组织好课前备课内容，使课堂教学过程更加条理化，同时方便学生学习，让学生在学习完后有例可学、有题可练；对自学者而言，可以按照本书的章节安排逐步学习。

3. 内容丰富，学习目标明确——全面提升"知识"与"能力"

本套丛书内容丰富，信息量大，章节结构完全按照教学大纲的要求来安排，并细化了每一章内容，符合教学需要和计算机用户的学习习惯。在每章的开始，列出了学习目标和本章重点，便于教师和学生提纲挈领地掌握本章知识点，每章的最后还附带有上机练习和习题两部分内容，教师可以参照上机练习，实时指导学生进行上机操作，使学生及时巩固所学的知识。自学者也可以按照上机练习内容进行自我训练，快速掌握相关知识。

4. 实例精彩实用，讲解细致透彻——全方位解决实际遇到的问题

本套丛书精心安排了大量实例讲解，每个实例解决一个问题或是介绍一项技巧，以便读者在最短的时间内掌握计算机应用的操作方法，从而能够顺利解决实践工作中的问题。

范例讲解语言通俗易懂，通过添加大量的"提示"和"知识点"的方式突出重要知识点，以便加深读者对关键技术和理论知识的印象，使读者轻松领悟每一个范例的精髓所在，提高读者的思考能力和分析能力，同时也加强了读者的综合应用能力。

5. 版式简洁大方，排版紧凑，标注清晰明确——打造一个轻松阅读的环境

本套丛书的版式简洁、大方，合理安排图与文字的占用空间，对于标题、正文、提示和知识点等都设计了醒目的字体符号，读者阅读起来会感到轻松愉快。

三、读者定位

本丛书为所有从事计算机教学的老师和自学人员而编写，是一套适合于大中专院校、职业院校及各类社会培训学校的优秀教材，也可作为计算机初、中级用户和计算机爱好者学习计算机知识的自学参考书。

四、周到体贴的售后服务

为了方便教学，本套丛书提供精心制作的 PowerPoint 教学课件(即电子教案)、素材、源文件、习题答案等相关内容，可在网站上免费下载，也可发送电子邮件至 wkservice@vip.163.com 索取。

此外，如果读者在使用本系列图书的过程中遇到疑惑或困难，可以在丛书支持网站(http://www.tupwk.com.cn/edu)的互动论坛上留言，本丛书的作者或技术编辑会及时提供相应的技术支持。咨询电话：010-62796045。

前　言

中文版 PowerPoint 2016 是 Microsoft 公司推出的 Office 2016 办公套装软件中的一个重要组成部分，也是最为常用的多媒体演示软件之一。随着电脑化办公的发展，PowerPoint 已经成为行业办公中不可缺少的软件。利用 PowerPoint 2016 不仅可以制作出图文并茂，表现力和感染力极强的演示文稿，还可以在计算机屏幕、幻灯片、投影仪或 Internet 上发布。

本书从教学实际需求出发，合理安排知识结构，从零开始、由浅入深、循序渐进地讲解 PowerPoint 2016 的基本知识和使用方法。本书共分为 10 章，主要内容如下。

第 1 章介绍 PowerPoint 2016 的基础知识，包括软件的工作界面、视图模式、演示文稿的基础操作以及工作环境等。

第 2 章介绍使用 PowerPoint 2016 创建文本型幻灯片的方法与技巧。

第 3 章介绍使用 PowerPoint 2016 创建图文并茂的幻灯片的方法与技巧。

第 4 章介绍在幻灯片中插入、编辑、美化表格及图表的方法与技巧。

第 5 章介绍在幻灯片中插入、编辑、美化形状及 SmartArt 图形的方法与技巧。

第 6 章介绍使用 PowerPoint 2016 主题的方法与技巧，以及幻灯片母版的编辑方法。

第 7 章介绍使用 PowerPoint 2016 在幻灯片中插入音频、视频文件的操作方法，以及创建幻灯片超链接的方法及技巧。

第 8 章介绍使用 PowerPoint 2016 设置幻灯片切换效果与动画的方法与技巧。

第 9 章介绍使用 PowerPoint 2016 管理、放映幻灯片与审阅演示文稿的方法与技巧。

第 10 章介绍使用 PowerPoint 2016 共享、导出与打印演示文稿的方法与技巧。

本书图文并茂，条理清晰，通俗易懂，内容丰富，在讲解每个知识点时都配有相应的实例，方便读者上机实践。同时在难于理解和掌握的内容上给出相关提示，让读者能够快速地提高操作技能。此外，本书配有大量综合实例和练习，让读者在不断的实际操作中更加牢固地掌握书中讲解的内容。

为了方便老师教学，我们免费提供本书对应的电子教案、实例源文件和习题答案，您可以到 http://www.tupwk.com.cn/edu 网站的相关页面上进行下载。

除封面署名的作者外，参加本书编写的人员还有陈笑、孔祥亮、杜思明、高娟妮、熊晓磊、曹汉鸣、何美英、陈宏波、潘洪荣、王燕、谢李君、李珍珍、王华健、柳松洋、陈彬、刘芸、高维杰、张素英、洪妍、方峻、邱培强、顾永湘、王璐、管兆昶、颜灵佳、曹晓松等。由于作者水平所限，本书难免有不足之处，欢迎广大读者批评指正。我们的邮箱是 huchenhao@263.net，电话是 010-62796045。

作　者
2017 年 5 月

推荐课时安排

章　名	重点掌握内容	教　学　课　时
第 1 章　PowerPoint 2016 基础入门	1. 认识 PowerPoint 2016 制作软件 2. 掌握演示文稿的基础操作 3. 自定义工作界面	3 学时
第 2 章　制作文本型幻灯片	1. 幻灯片的基础操作 2. 在幻灯片中输入文本 3. 编辑输入的文本 4. 美化幻灯片中的文本	4 学时
第 3 章　制作图文并茂的幻灯片	1. 在幻灯片中插入图片 2. 调整插入的图片效果 3. 美化幻灯片中的图片 4. 电子相册的制作	4 学时
第 4 章　使用表格和图表	1. 在幻灯片中插入表格 2. 美化表格 3. 在幻灯片中插入图表 4. 美化图表 5. 编辑图表数据	3 学时
第 5 章　形状和 SmartArt 图形的使用	1. 插入形状 2. 编辑形状 3. 美化形状 4. 插入 SmartArt 图形 5. 在 SmartArt 图形中输入文本 6. 美化 SmartArt 图形 7. 编辑 SmartArt 图形	3 学时
第 6 章　灵活使用主题与母版	1. 应用内置的主题 2. 更改主题效果 3. 编辑幻灯片母版 4. 修改母版版式 5. 设计讲义母版	3 学时

(续表)

章　名	重点掌握内容	教 学 课 时
第 7 章 多媒体和超链接的应用	1. 在幻灯片中插入声音 2. 设置声音属性 3. 插入视频 4. 设置视频属性 5. 创建链接 6. 创建动作	3 学时
第 8 章 设置幻灯片的切换效果与动画	1. 应用切换效果 2. 设置切换效果选项 3. 设置切换时间和换片方式 4. 添加内置的动画 5. 自定义动画路径 6. 设置动画计时 7. 动画的高级设置	4 学时
第 9 章 管理和放映幻灯片	1. 使用节管理幻灯片 2. 设置放映方式 3. 放映演示文稿 4. 标记重要内容 5. 审阅演示文稿	3 学时
第 10 章 共享、导出和打印演示文稿	1. 邀请他人 2. 获取共享链接共享演示文稿 3. 联机演示 4. 导出为 PDF/XPS 文件 5. 更改文件类型 6. 打印演示文稿	3 学时

注：1. 教学课时安排仅供参考，授课教师可根据情况作调整。

2. 建议每章安排与教学课时相同时间的上机练习。

计算机基础与实训教材系列

计算机 基础与实训教材系列

第**1**章

PowerPoint 2016 基础入门

学习目标

　　PowerPoint 是一款专门用来制作演示文稿的应用软件，也是 Microsoft Office 系列软件中的重要组成部分。使用 PowerPoint 可以制作出集文字、图形、图像、声音以及视频等多媒体元素为一体的演示文稿，让信息以更轻松、更高效的方式表达出来。本章主要介绍使用 PowerPoint 2016 前的准备工作、制作精美的演示文稿必备知识、PowerPoint 2016 工作界面和视图模式等基础知识。

本章重点

- ⦿ 认识 PowerPoint 2016 制作软件
- ⦿ 新建演示文稿
- ⦿ 保存演示文稿
- ⦿ 保护演示文稿
- ⦿ 自定义工作界面

1.1　认识 PowerPoint 2016 制作软件

　　在使用 PowerPoint 2016 制作演示文稿之前，用户首先需要对 PowerPoint 2016 有一个基本的认识，下面对其工作界面、视图模式以及基本操作等进行介绍。

1.1.1　启动 PowerPoint 2016

　　与普通的 Windows 应用程序类似，用户可以通过多种方式启动 PowerPoint，如通过【开始】菜单启动、通过桌面快捷方式启动、通过现有演示文稿启动和通过 Windows 7 任务栏启动等。

- 通过【开始】菜单启动：单击任务栏中的【开始】按钮，选择【所有程序】| PowerPoint 2016 命令。
- 通过桌面快捷方式启动：双击桌面上的 PowerPoint 2016 快捷图标。
- 通过现有演示文稿启动：找到已经创建的演示文稿，然后双击该文件图标。
- 通过 Windows 7 任务栏启动：右击【开始】菜单中的 PowerPoint 2016 菜单选项，从弹出的菜单中选择【锁定到任务栏】命令，此时 Windows 就会将 PowerPoint 2016 锁定到任务栏中。在将 PowerPoint 2016 锁定到任务栏之后，单击任务栏中的 PowerPoint 2016 图标按钮即可。

①.1.2　认识 PowerPoint 2016 工作界面

PowerPoint 2016 的工作界面主要由【文件】按钮、快速访问工具栏、标题栏、功能选项卡、功能区、大纲/幻灯片浏览窗格、幻灯片编辑窗口、备注窗格和状态栏等部分组成，如图 1-1 所示。

图 1-1　PowerPoint 2016 工作界面

下面将详细介绍各组成部分的作用。

- 标题栏：位于 PowerPoint 2016 工作界面的右上侧，它显示了演示文稿的名称和程序名。最右侧的 3 个按钮分别用于对窗口执行最小化、最大化和关闭操作。
- 快速访问工具栏：位于标题栏左侧，提供了【保存】、【撤销】、【恢复】和【从头开始】等常用快捷按钮，单击对应的按钮即可执行相应操作。如果在快速访问工具栏中添加其他按钮，可以单击其后的 ▪ 按钮，在弹出的下拉菜单中选择所需的按钮命令即可。选择【在功能区下方显示】命令，可将快速访问工具栏调整到功能区下方。

- 【文件】按钮：单击该按钮，可以在显示的页面左侧列出 PowerPoint 演示文稿的新建、打开、保存和关闭等基本操作，选择相应命令即可执行相关的操作。
- 功能选项卡：功能选项卡将 PowerPoint 2016 的大部分常用命令全部集成在不同的分类中，选择某个功能选项卡可切换到相应的功能区。
- 功能区：功能区是功能选项卡中的命令集合，其中放置了与相应功能相关的大部分命令按钮或列表框。
- 幻灯片浏览窗格：用于显示演示文稿的幻灯片数量及位置，通过它可更加方便地掌握演示文稿的结构。
- 幻灯片编辑窗口：它是编辑幻灯片内容的场所，是演示文稿的核心部分。在该区域中可对幻灯片内容进行编辑、查看和添加对象等操作。
- 备注窗格：位于幻灯片窗格下方，用于输入内容，可以为幻灯片添加说明，以使放映者能够更好地讲解幻灯片中展示的内容。
- 状态栏：位于窗口底端，它不起任何编辑作用，主要用于显示当前演示文稿的编辑状态和显示模式。拖动幻灯片显示比例栏中的显示比例滑动条上的滑块或单击＋、－按钮，可调整当前幻灯片的显示大小。单击右侧的▥按钮，可按当前窗口大小自动调整幻灯片的显示比例，使当前窗口中可以看到幻灯片的全局效果，且为最大显示比例。
- 视图切换按钮：用于切换演示文稿视图模式，帮助用户查看和放映演示文稿。

①.1.3　认识 PowerPoint 2016 视图模式

为了满足用户不同的需求，PowerPoint 2016 提供了多种视图模式以编辑、查看幻灯片。打开【视图】选项卡，在【演示文稿视图】组中单击相应的视图按钮，或在视图切换栏中单击相应的视图按钮，即可切换至对应的视图模式。下面将介绍这几种视图模式。

1. 普通视图

PowerPoint 2016 默认显示的视图模式即为普通视图，在该视图中可以同时显示幻灯片编辑区、幻灯片浏览窗格以及【备注】窗格等内容。普通视图是最常用的幻灯片视图，主要用于编辑幻灯片中的内容及调整演示文稿的结构等。如图 1-2 所示即为普通视图模式下的演示文稿。

2. 幻灯片浏览视图

幻灯片浏览视图模式主要用于浏览幻灯片在演示文稿中的整体结构和效果，也可以改变幻灯片的版式和结构，如更换演示文稿的背景，移动或复制幻灯片等，但不能对单张幻灯片的具体内容进行编辑。在幻灯片浏览视图中按住 Ctrl 键并滚动鼠标滚轮，可调整幻灯片的大小。如图 1-3 所示即为幻灯片浏览视图模式下的演示文稿。在浏览视图中双击某张幻灯片，即可切换到该幻灯片的普通视图。

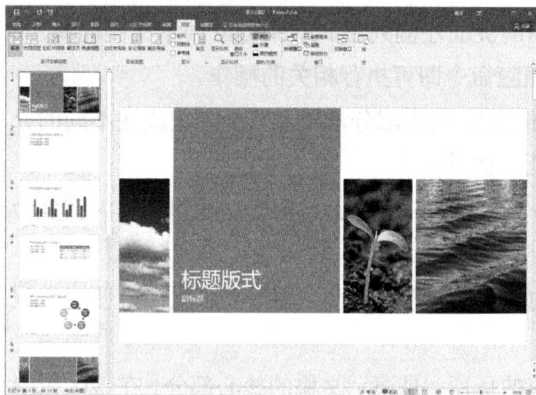

图 1-2　普通视图

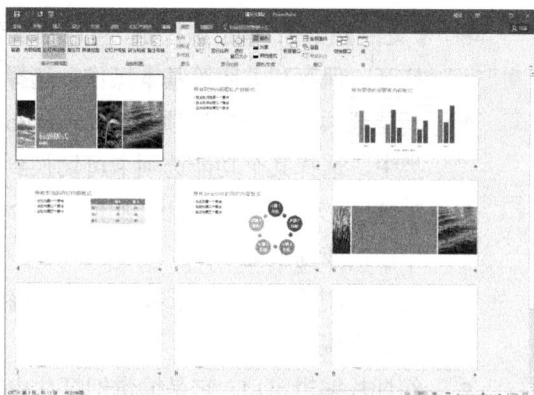

图 1-3　幻灯片浏览视图

知识点

在幻灯片缩略图的左下角显示了一个 ★ 标志，单击该标志即可预览幻灯片的动画效果。当没有为幻灯片添加动画效果时，则不显示该标志。幻灯片右下角显示的是当前幻灯片的编号，也是当前演示文稿中幻灯片的播放顺序。

3. 阅读视图

阅读视图仅显示标题栏、阅读区和状态栏，主要用于浏览幻灯片的内容。在此模式下，演示文稿中的幻灯片将以窗口大小进行显示，并且可以对幻灯片进行放映。如图 1-4 所示即为阅读视图模式下的演示文稿。

4. 大纲视图、备注页视图

在【视图】选项卡的【演示文稿视图】选项组中，还可以选择大纲视图和备注页视图。其中，大纲视图主要用于查看和编辑当前演示文稿中的文本内容，如图 1-5 所示。备注页视图主要用于查看和编辑备注窗格中的信息。

图 1-4　阅读视图

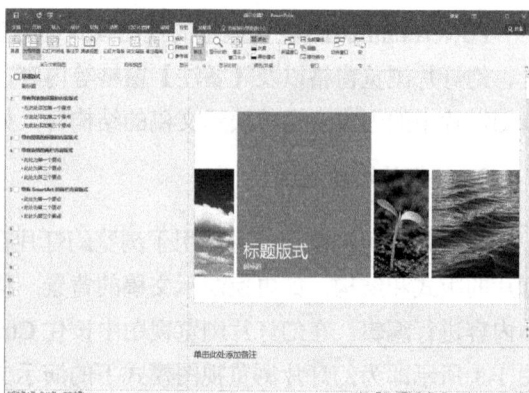

图 1-5　大纲视图

①.1.4　退出 PowerPoint 2016

当不再需要使用 PowerPoint 2016 编辑演示文稿时，就可以退出该软件。退出 PowerPoint 的方法与退出其他应用程序类似，主要有如下几种方法。

- 单击 PowerPoint 2016 标题栏上的【关闭】按钮 ×。如果当前创建了多个演示文稿，单击窗口右上角的【关闭】按钮，只是关闭当前演示文稿，但并没有退出 PowerPoint 2016。
- 右击 PowerPoint 2016 标题栏，从弹出的快捷菜单中选择【关闭】命令，或者直接按 Alt+F4 组合键。
- 在 PowerPoint 2016 的工作界面中，单击【文件】按钮，从弹出的菜单中选择【退出】命令。

①.2　了解 PowerPoint 2016 的基础知识

PowerPoint 2016 在办公领域的使用频率十分高，常被用于各行各业的会议、培训和展销等多种场合。在使用 PowerPoint 2016 制作演示文稿之前，还应该对 PowerPoint 2016 在办公领域的应用、制作演示文稿的一般步骤等进行了解。

①.2.1　演示文稿在办公领域的应用

演示文稿集文本、图片和多媒体于一体，是一种具有极强表现力的特殊文档，可直接用于演示和放映，所以在各行各业均起着重要的作用。PowerPoint 2016 可以制作的演示文稿类型多种多样，如公司形象宣传、公司培训、策划提案和教学课件等。下面将对其常见的应用场合进行介绍。

- 公司形象宣传：公司形象在目前的商业竞争中十分重要。使用 PowerPoint 可以制作出精美的公司形象宣传册，帮助公司宣传，提高公司知名度和影响力。
- 公司培训：随着办公自动化的发展，多媒体培训已经成为公司员工培训的主流方法。使用 PowerPoint 制作的培训演示文稿可以突破时间和空间的诸多限制，为公司组织培训活动提供便利。
- 策划提案：PowerPoint 提供了强大的动画、图表和表格等功能，用户可以通过运用上述功能分析和统计数据，制作各种策划、提案类演示文稿，然后通过投影仪将其完美展示给观众。
- 教学课件：随着多媒体教学的普及，越来越多的教师需要制作多媒体课件进行教学，而 PowerPoint 在教学课件的制作上功能显著，其丰富的对象和动画设计不仅可以方便教师授课，还可以活跃课堂气氛，增强师生之间的互动，提高教学质量。

1.2.2　演示文稿和幻灯片的关系

演示文稿是用于演示的文稿，一个完整的演示文稿是由多个单独的文档组成的，每一个文档称为幻灯片。幻灯片在个体上相互独立，在内容上却又相互联系，多张幻灯片的集合就是一个完整的演示文稿。演示文稿与幻灯片之间属于包含与被包含的关系。

1.2.3　制作演示文稿的一般步骤

演示文稿作为演讲者进行演讲说明的一种重要辅助工具，其质量的好坏往往直接关系着演讲效果的好坏。为了制作出优秀的演示文稿，在制作之前，应先理清演示文稿的制作流程，掌握演示文稿的制作要领。

用户在制作演示文稿之前，应先对演示文稿的内容进行策划，确定演示文稿的主题和风格，搭建好演示文稿的框架，并收集到足够的素材。

前期准备完毕后，即可使用 PowerPoint 制作演示文稿。演示文稿的制作包括制作幻灯片母版、添加文本、图片图表、音视频等对象、添加交互和动画等效果，在制作过程中，还要测试演示文稿的放映效果，对不足之处进行修改，以避免在实际演示过程中出现意外情况。

> **知识点**
>
> 优秀的演示文稿无论是字体的搭配、幻灯片配色，还是多媒体或动画的运用，都有一定技巧和规则，不但要美观好看，而且要清晰易读。同时整个演示文稿的主题要明确，设置风格要复合主题，动画要适宜，不能喧宾夺主，最好能给人一种直接的视觉冲击力，让观众能在第一时间就记住它。

1.3　掌握演示文稿的基础操作

在使用 PowerPoint 2016 制作演示文稿之前，首先应创建一个新的演示文稿以供用户进行编辑，而在编辑好演示文稿后，又需对其执行保存和保护等操作，以便今后查看和使用。下面将具体介绍新建、打开、保存和保护演示文稿的方法。

1.3.1　新建演示文稿

PowerPoint 2016 提供了多种创建演示文稿的方法，用户可以直接创建空白的演示文稿，也可以利用模板和主题等创建演示文稿。

1. 创建空白演示文稿

创建空白演示文稿分为直接启动 PowerPoint 2016 并进行创建和在已有演示文稿的基础上创建两种。

- ◉ 直接创建空白演示文稿：启动 PowerPoint 2016 应用程序后，在打开的工作界面右侧的列表框中选择【空白演示文稿】选项，系统将快速新建一个名为"演示文稿 1"的空白演示文稿，如图 1-6 所示。
- ◉ 通过已有文档创建空白演示文稿：打开已有的演示文稿，在工作界面中单击【文件】按钮，在显示的页面中选择【新建】命令，在页面右侧的列表框中选择【空白演示文稿】选项，系统将快速创建并打开一个新的空白演示文稿，如图 1-7 所示。

图 1-6　直接创建空白演示文稿

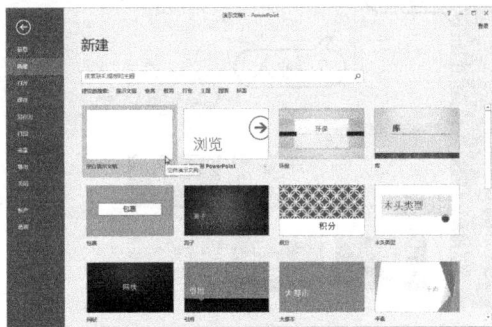

图 1-7　通过已有文档创建空白演示文稿

2. 根据模板创建演示文稿

模板是 PowerPoint 2016 提供的预设不同版式和风格的演示文稿。对于初学者来说灵活使用模板制作演示文稿可以极大地提高工作效率。在根据模板创建演示文稿后，只需对演示文稿中的内容进行修改，即可快速制作出效果良好的演示文稿。

根据模板创建演示文稿的方法与新建空白演示文稿的方法类似，只需启动 PowerPoint 2016，在打开的工作界面中间的列表框中选择所需的模板，然后在打开的面板中单击【创建】按钮即可。如图 1-8 所示即为通过模板创建演示文稿。

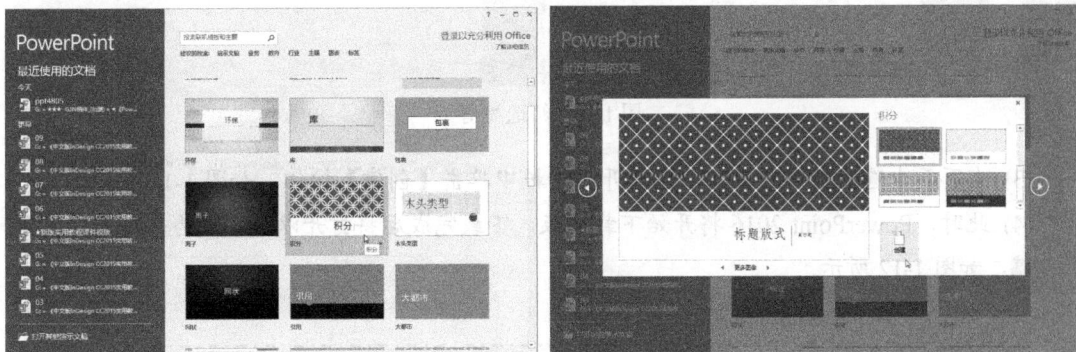

图 1-8　通过模板创建演示文稿

3. 使用联机模板创建演示文稿

如果在 PowerPoint 2016 中预设的模板不能满足用户的需要，用户还可以使用联机模板来快速创建演示文稿。使用联机模板创建演示文稿的方法与根据模板创建演示文稿基本相同。不同的是，在使用联机模板前需要连接网络，并对所需类型模板进行搜索和下载。

【例 1-1】使用联机模板创建演示文稿。

(1) 启动 PowerPoint 2016 应用程序，单击【文件】按钮，选择【新建】命令。在【新建】页面中的【搜索联机模板和主题】文本框中输入需要的模板或主题关键字，如输入"会议"，按 Enter 键即可搜索出结果，如图 1-9 所示。

图 1-9　搜索联机模板和主题

(2) 在搜索结果页面右侧的列表中，对当前搜索的模板的具体类别进行筛选，选择【科学】选项，如图 1-10 所示。

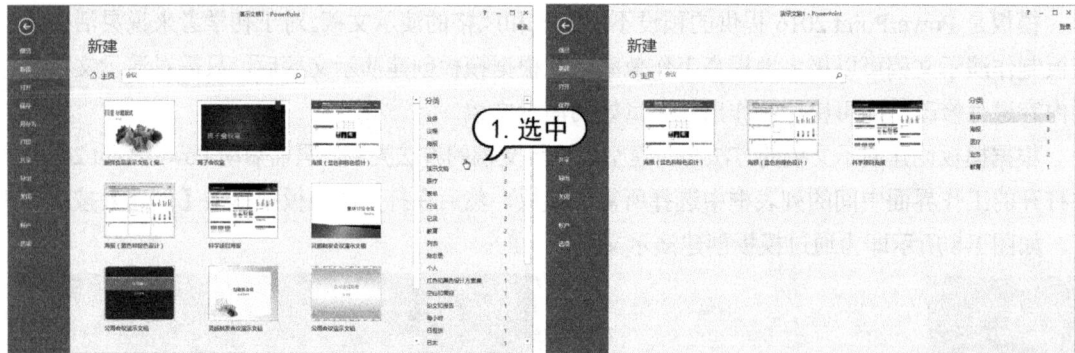

图 1-10　筛选类别

(3) 在页面中选择需要的模板，在打开的面板中单击【创建】按钮，如图 1-11 所示。

(4) 此时，PowerPoint 2016 将开始下载模板，下载完成后将打开以该模板为基础创建的演示文稿，如图 1-12 所示。

知识点

在打开的 PowerPoint 2016 应用程序中，按 Ctrl+N 组合键也可以快速创建一个新的空白演示文稿。

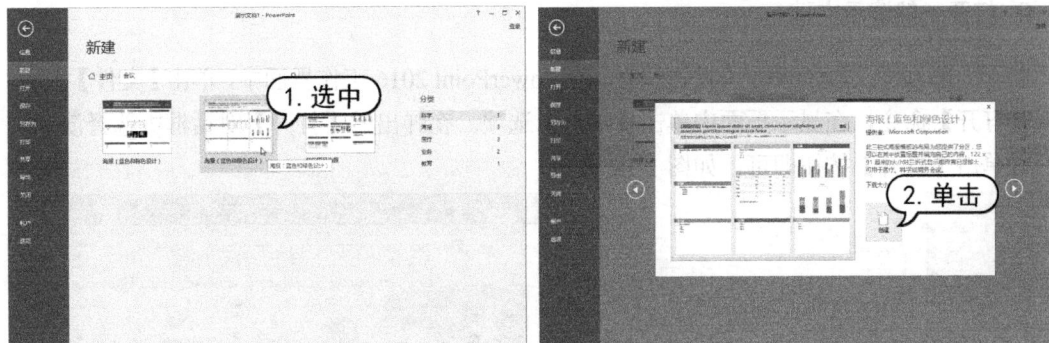

图 1-11　选择模板

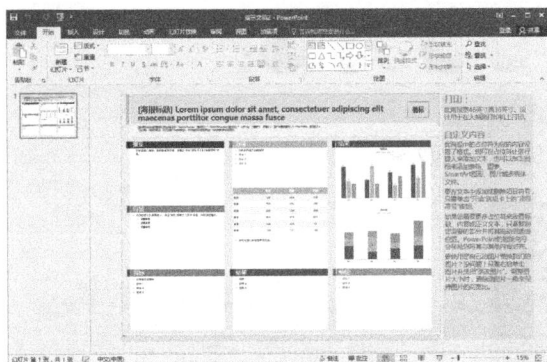

图 1-12　创建演示文稿

1.3.2　打开演示文稿

　　当需要对现有的演示文稿进行编辑和查看时，就需要将其打开。打开演示文稿的方式有多种，最常用的方法是直接双击需要打开的演示文稿图标。除此之外，还可以通过以下几种方法打开演示文稿。

1. 打开最近使用的演示文稿

　　PowerPoint 2016 提供了记录最近打开演示文稿保存路径的功能。启动 PowerPoint 2016 后，从工作界面左侧【最近使用的文档】列表中选择需要打开的演示文稿，即可在工作界面中打开演示文稿，如图 1-13 所示。

　　如果【最近使用的文档】列表中没有所需的演示文稿，可以单击列表底部的【打开其他演示文稿】选项，在显示页面中单击【浏览】选项。在弹出的【打开】对话框中选择演示文稿，并单击【打开】按钮即可。

2. 打开一般演示文稿

打开一般演示文稿的操作方法很简单。在 PowerPoint 2016 工作界面中，单击【文件】按钮，选择【打开】命令，在显示页面中单击【浏览】选项。在弹出的【打开】对话框中选择演示文稿，并单击【打开】按钮即可，如图 1-14 所示。

图 1-13　打开最近使用的演示文稿

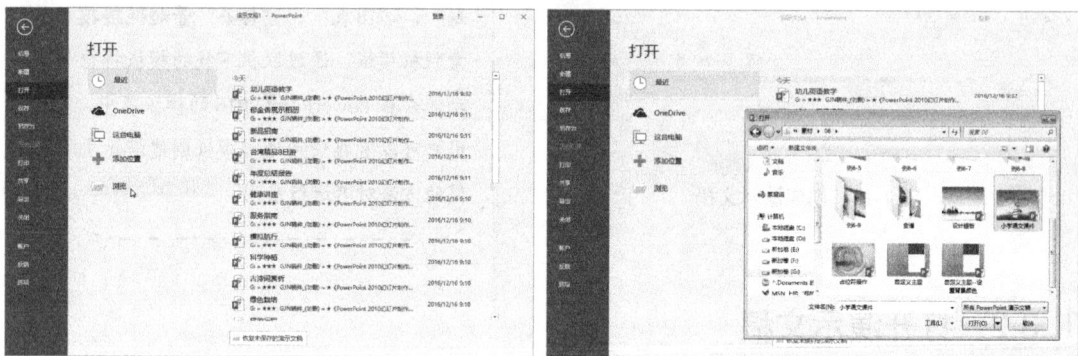

图 1-14　打开一般演示文稿

在【打开】对话框中单击【打开】按钮右侧的下拉按钮，在弹出的下拉列表中提供了更多打开选项供用户选择，如图 1-15 所示。

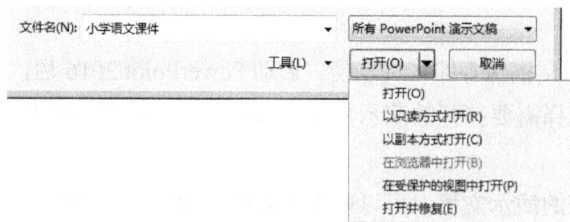

图 1-15　打开选项

知识点

在 PowerPoint 2016 窗口中，可以直接按 Ctrl+O 组合键，打开【打开】页面，选择演示文稿。

- ⦿ 【以只读方式打开】选项：以只读方式打开演示文稿后只能进行浏览，若是更改了演示文稿中的内容，则无法在原文档的基础上执行保存操作。打开的演示文稿标题栏中将显示【只读】字样。

● 【以副本方式打开】选项：以副本方式打开演示文稿是指将演示文稿以副本形式打开，对副本进行编辑时不会影响原演示文稿的内容。打开的演示文稿标题栏中将显示【副本】字样。

● 【在受保护的视图中打开】选项：在受保护的视图中打开演示文稿后，PowerPoint 2016 会默认隐藏功能区。若需启用编辑功能，则需要单击【启用编辑】按钮。打开的演示文稿标题栏中将显示【受保护的视图】字样。

● 【打开并修复】选项：用于修复内容受损的演示文稿。

知识点

在快速访问工具栏中单击【自定义快速访问工具栏】按钮，在弹出的菜单中选择【打开】命令，将【打开】命令按钮添加到快速访问工具栏中。单击该按钮，打开【打开】页面，选择最近打开的演示文稿或单击【浏览】按钮，打开【打开】对话框选择其他演示文稿。

①.3.3　关闭演示文稿

在 PowerPoint 2016 中，用户可以通过以下方法将已打开的演示文稿关闭。

● 直接单击 PowerPoint 2016 应用程序窗口右上角的【关闭】按钮，关闭当前打开的演示文稿，同时也会关闭 PowerPoint 2016 应用程序窗口。

● 单击【文件】按钮，选择【关闭】命令，可以关闭当前打开的演示文稿，而不会关闭 PowerPoint 2016 应用程序窗口。

● 右击 PowerPoint 2016 标题栏，从弹出的快捷菜单中选择【关闭】命令，关闭演示文稿，同时退出应用程序窗口，如图 1-16 所示。

● 在 Windows 任务栏中右击 PowerPoint 2016 程序图标按钮，从弹出的快捷菜单中选择【关闭窗口】命令，关闭演示文稿。同时关闭 PowerPoint 2016 应用程序窗口，如图 1-17 所示。

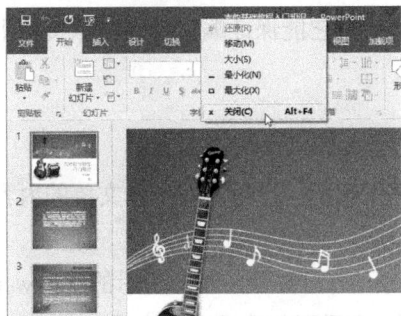

图 1-16　右击标题栏　　　　图 1-17　右击任务栏

● 按 Ctrl+F4 组合键，直接关闭当前已打开的演示文稿；按 Alt+F4 组合键，则除了关闭演示文稿外，还会关闭整个 PowerPoint 2016 应用程序窗口。

①.3.4 保存演示文稿

文件的保存是一种常规操作,在演示文稿的创建过程中及时保存工作成果,可以避免数据的意外丢失。保存演示文稿的方式很多,一般情况下的保存方法与其他 Windows 应用程序相似。

1. 常规保存

在进行文件的常规保存时,可以在快速访问工具栏中单击【保存】按钮。也可以单击【文件】按钮,选择【保存】命令进行保存。当用户第一次保存该演示文稿时,单击【保存】按钮或选择【保存】命令,在显示的页面中单击【浏览】按钮,在打开的【另存为】对话框中对保存位置、文件名称等进行设置,然后单击【保存】按钮即可,如图 1-18 所示。

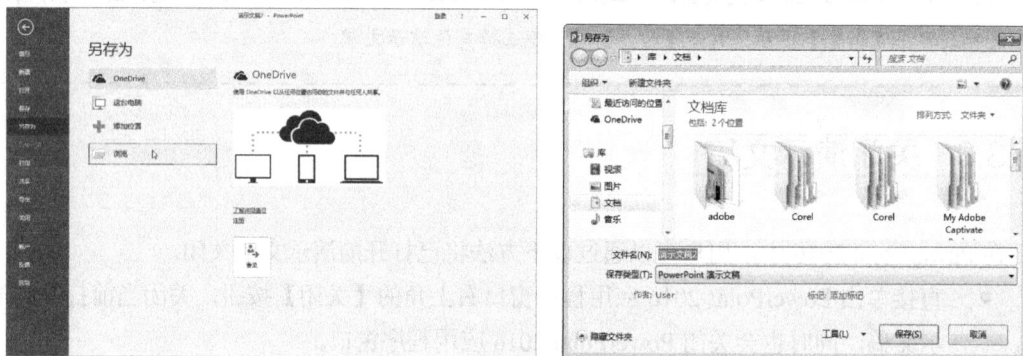

图 1-18 保存演示文稿

当执行上面的操作后,PowerPoint 标题栏自动显示保存后的文件名。再次修改演示文稿,并进行保存时,直接选择【保存】命令,或者按 Ctrl+S 快捷键即可,此时不再打开【另存为】对话框。

2. 另存为

另存演示文稿实际上是指在其他位置或以其他名称保存已保存过的演示文稿的操作。将演示文稿另存的方法和第一次进行保存的操作类似,不同的是它能保证编辑操作对原文档不产生影响,相当于对当前打开的演示文稿作备份。

3. 自动保存演示文稿

在制作演示文稿时,若是出现断电、电脑死机等突发状况,很可能对演示文稿的内容造成损失。此时,用户可为演示文稿设置定时自动保存。

其方法是:单击【文件】按钮,选择【选项】命令,打开如图 1-19 所示的【PowerPoint 选项】对话框。在对话框左侧列表中选择【保存】选项,在显示的选项中选中【保存演示文稿】选项栏中的【保存自动恢复信息时间间隔】复选框,在其后的数值框中设置时间间隔的分钟数,单击【确定】按钮应用设置即可。

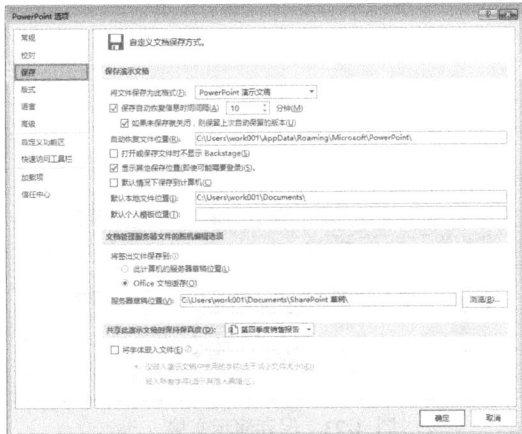

图 1-19　【PowerPoint 选项】对话框

计算机 基础与实训教材系列

知识点

在【工具】下拉菜单中选择【保存选项】命令，即可打开【PowerPoint 选项】对话框的【保存】选项，在其中可以设置文件的保存格式、文件自动保存时间间隔、自动恢复文件的位置和默认文件位置等。

1.3.5　保护演示文稿

完成演示文稿的制作后，为了防止他人对演示文稿进行查看和更改，还可以对演示文稿进行不同程度的保护，如将演示文稿标记为最终状态、为演示文稿加密等。

1. 将演示文稿标记为最终状态

将演示文稿标记为最终状态，即是指将演示文稿保存为只读状态，并禁止输入、编辑和校对等操作，且状态栏会显示该演示文稿的当前状态。

【例 1-2】将"项目状态报告"演示文稿标记为最终状态。

(1) 启动 PowerPoint 2016，打开"项目状态报告"演示文稿，如图 1-20 所示。

(2) 单击【文件】按钮，选择【信息】命令，打开【信息】页面，如图 1-21 所示。

图 1-20　打开演示文稿

图 1-21　【信息】页面

(3) 在【信息】页面中单击【保护演示文稿】按钮，从弹出的下拉列表中选择【标记为最终状态】选项，如图 1-22 所示。

(4) 在弹出的提示对话框中，提示"该演示文稿将先被标记为最终版本，然后保存。"，单击【确定】按钮即可，如图 1-23 所示。

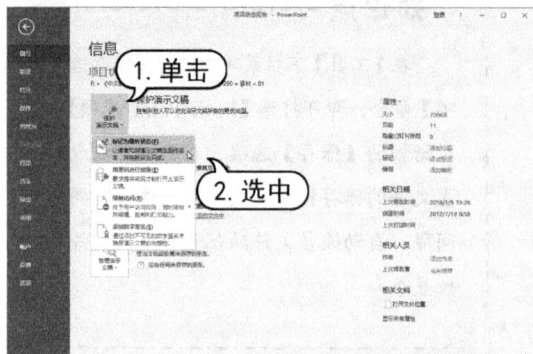

图 1-22　选择【标记为最终状态】选项

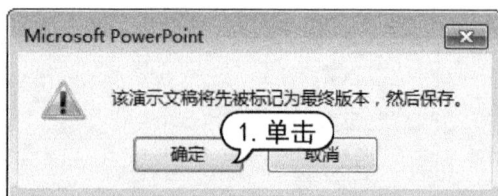

图 1-23　保存演示文稿

(5) 在弹出的提示对话框中，提示当前文档已经标记为最终状态，单击【确定】按钮即可，如图 1-24 所示。

(6) 此时，可以看到演示文稿标题栏中显示【只读】字样，并提示用户"作者已将此演示文稿标记为最终状态以防止编辑"，并且可以看到【开始】选项卡中的各个按钮都呈现为未激活状态。这说明用户只能浏览而不能编辑，如图 1-25 所示。

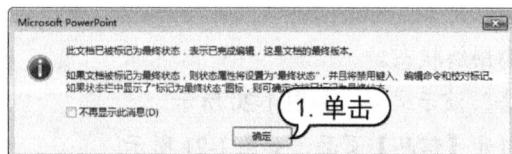

图 1-24　将当前文档已经标记为最终状态

图 1-25　查看演示文稿标记

2. 用密码进行加密

为演示文稿加密是指为演示文稿设置查看密码和编辑密码，在设置了加密密码后，必须输入正确的密码才可以查看或编辑演示文稿。

【例 1-3】加密保存"第四季度销售报告"演示文稿。

(1) 在 PowerPoint 2016 中，打开"第四季度销售报告"演示文稿，如图 1-26 所示。

(2) 单击【文件】按钮，选择【另存为】命令。在【另存为】页面中单击【浏览】选项，打开【另存为】对话框。在对话框中，选择文件的保存路径，单击【工具】下拉按钮，从弹出的菜单中选择【常规选项】命令，如图 1-27 所示。

(3) 打开【常规选项】对话框。在【打开权限密码】和【修改权限密码】文本框中输入 123456，单击【确定】按钮，如图 1-28 所示。

图 1-26 打开演示文稿

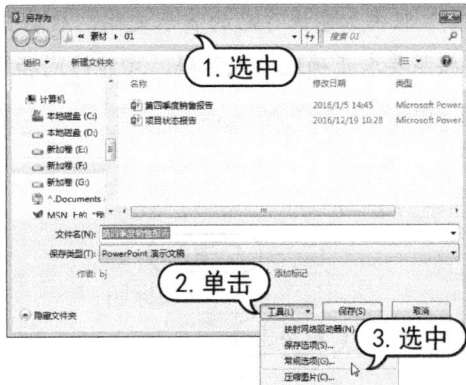

图 1-27 另存演示文稿

(4) 打开【确认密码】对话框，在【重新输入打开权限密码】文本框中继续输入打开权限密码，单击【确定】按钮，如图 1-29 所示。

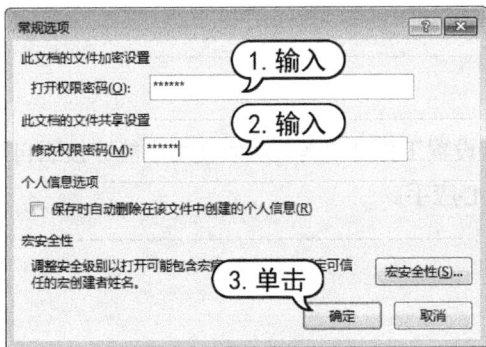

图 1-28 设置密码

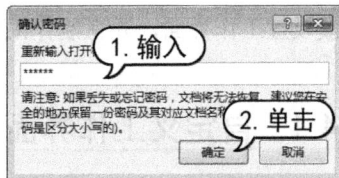

图 1-29 确认密码

(5) 继续打开【确认密码】对话框，再次输入修改权限密码，单击【确定】按钮，如图 1-30 所示。

(6) 返回至【另存为】对话框，单击【保存】按钮，即可加密保存演示文稿，如图 1-31 所示，然后再按 Ctrl+F4 组合键关闭演示文稿。

图 1-30 继续确认密码

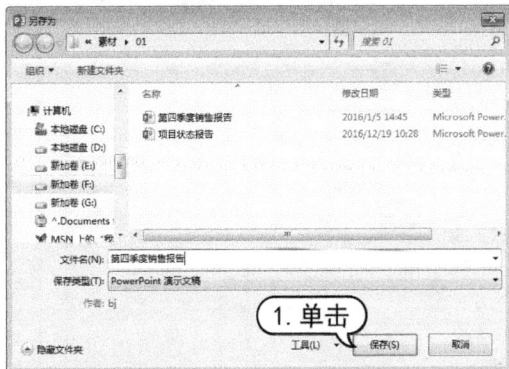

图 1-31 保存演示文稿

(7) 双击加密保存后的演示文稿，启动 PowerPoint 2016，同时打开【密码】对话框。用户需要按照要求正确地输入密码，才能访问和修改该演示文稿，如图 1-32 所示。

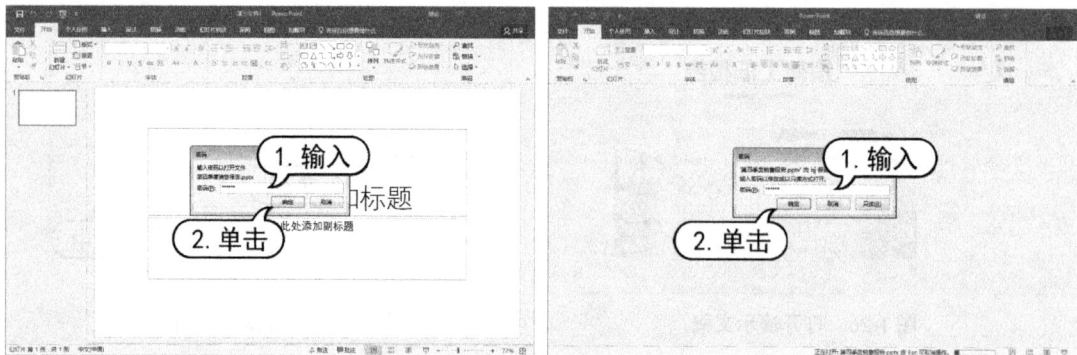

图 1-32　输入密码打开样式文稿

1.4　自定义工作界面

PowerPoint 2016 支持自定义快速访问工具栏及设置工作环境等，从而使用户能够按照自己的习惯设置工作界面，并在制作演示文稿时更加得心应手。

1.4.1　自定义工作界面的颜色

在默认状态下，PowerPoint 2016 工作界面的颜色为彩色，除此之外，PowerPoint 2016 还预设了深灰色和白色这两种颜色以供用户选择。要更改工作界面的颜色，单击【文件】按钮，选择【选项】命令，打开如图 1-33 所示的【PowerPoint 选项】对话框。选择【常规】选项，在【Office 主题】下拉列表中选择所需要的颜色选项，然后单击【确定】按钮即可。用户还可以在【Office 背景】下拉列表中为工作界面设置图案。

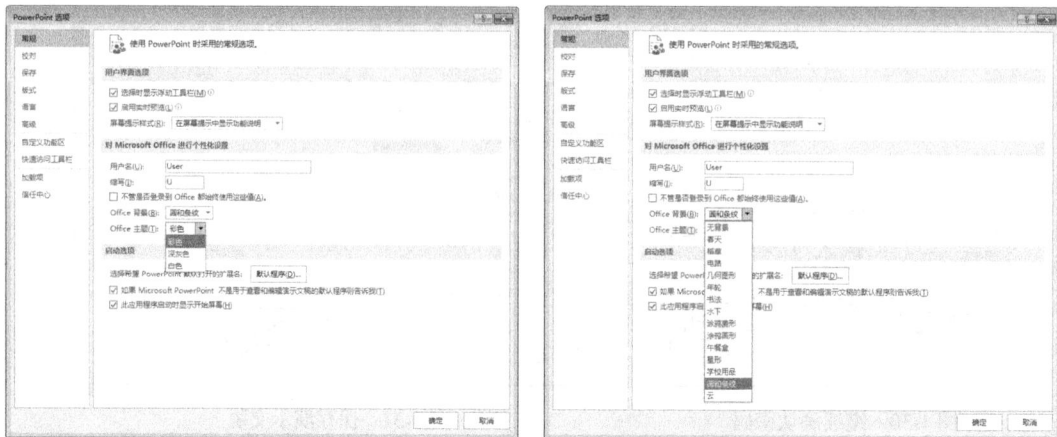

图 1-33　【PowerPoint 选项】对话框

1.4.2 自定义快速访问工具栏

快速访问工具栏是一个可以进行自定义设置的工具栏，包含了一组独立于当前所显示选项卡的命令。用户可以根据需要调整其位置，或在其中添加常用命令和按钮，以提高制作演示文稿的速度。

1. 调整快速访问工具栏位置

在默认情况下，快速访问工具栏位于标题栏中，用户可以根据使用习惯将其调整到功能区中。单击快速访问工具栏右侧的 ▾ 按钮，在弹出的下拉列表中选择【在功能区下方显示】选项，即可将快速访问工具栏放置于功能区下方。将快速访问工具栏移动到功能区下方后，【在功能区下方显示】选项将更改为【在功能区上方显示】选项，再次选择该选项可将快速访问工具栏还原，如图1-34所示。

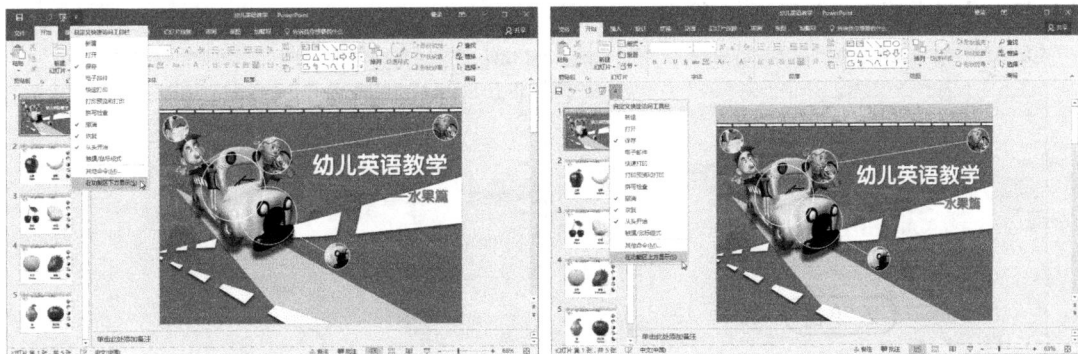

图 1-34 调整快速访问工具栏位置

2. 在快速访问工具栏中添加和删除按钮

快速访问工具栏中默认保留了【保存】、【撤销】、【恢复】和【放映】等按钮，用户可以将不需要的按钮删除，也可以添加更多命令到快速访问工具栏中。

【例1-4】自定义快速访问工具栏。

(1) 启动 PowerPoint 2016，单击自定义快速访问工具栏右侧的 ▾ 按钮，在弹出的下拉列表中选择【其他命令】选项，打开【PowerPoint 选项】对话框。选择【快速访问工具栏】选项，在【从下列位置选择命令】下拉列表框中选择【常用命令】选项，在其下的列表框中选择【新建文件】选项，单击【添加】按钮，将该命令添加到右侧的列表框中，如图1-35所示。

知识点

在【PowerPoint 选项】对话框的【快速访问工具栏】中单击【重置】按钮，从弹出的下拉菜单中选择【仅重置快速访问工具栏】命令，即可取消自定义快速访问工具栏操作，恢复到自定义之前的状态。

图 1-35　添加常用命令

(2) 在右侧的列表框中，选择【恢复】选项，然后单击【删除】按钮将【恢复】选项从快速访问工具栏中删除，如图 1-36 所示。

计算机 基础与实训教材系列

图 1-36　删除常用命令

(3) 单击【PowerPoint 选项】对话框中的【确定】按钮并关闭对话框，返回 PowerPoint 2016 工作界面，即可查看到快速访问工具栏中的命令按钮已经发生改变。

①.4.3　自定义功能区

功能区是 PowerPoint 的主要编辑区域，为了方便编辑，也可以对功能区进行自定义。

1. 显示和隐藏功能区

编辑演示文稿时，为了使幻灯片的显示区域更大，可以将标题栏下的功能区最小化，将其隐藏起来。隐藏功能区的方法是在功能区上右击，在弹出的快捷菜单中选择【折叠功能区】命令，返回 PowerPoint 2016 的工作界面，即可看到功能区已被隐藏，如图 1-37 所示。

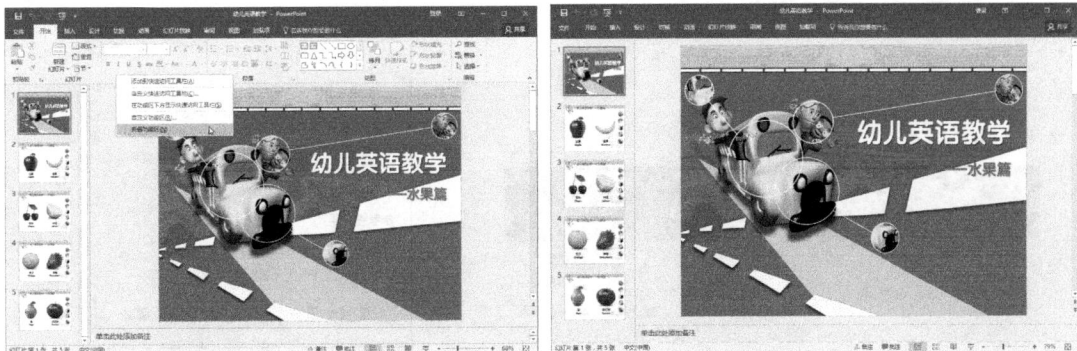

图 1-37　隐藏功能区

　　将功能区隐藏后，若需使用其中的功能按钮，只需选择相应的选项卡，即可弹出选项卡对应的各个功能组，如图 1-38 所示。选项设置完成后，功能区又会再次自动隐藏。

　　若要取消对功能区的隐藏，可在功能选项卡栏右击，在弹出的快捷菜单中取消选中【折叠功能区】命令即可。

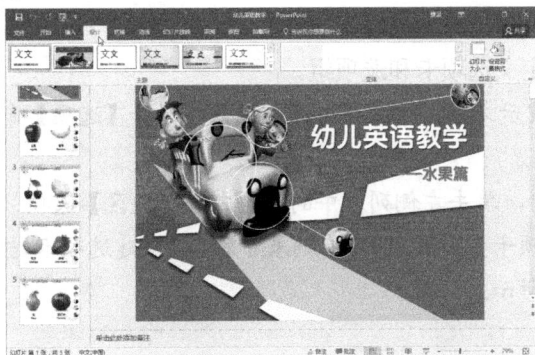

图 1-38　　显示功能组

提示

　　在功能选项卡上双击，或按 Ctrl+F1 组合键也可以隐藏和显示功能区。

2. 显示和隐藏标尺、网格线及参考线

　　标尺、网格线和参考线在默认情况下并未显示在编辑区域中，需要用户手动设置。一般来说，标尺在幻灯片中主要用于对齐或定位各对象。网格在幻灯片中显示为等距的方格。参考线是幻灯片中的水平和垂直线，网格和参考线可以对对象进行辅助定位。显示和隐藏标尺、网格及参考线的方法很简单，只需要在【视图】选项卡的【显示】选项组中，选中【标尺】、【网格线】和【参考线】复选框，如图 1-39 所示。取消选中对应的复选框，则可对其进行隐藏。

知识点

　　在幻灯片编辑区域中右击，在弹出的快捷菜单中选择【网格和参考线】命令，在其子菜单中选择相应命令也可以显示和隐藏标尺、网格线和参考线。在【视图】选项卡的【显示】选项组中单击右下角的按钮，在打开的如图 1-40 所示的【网格和参考线】对话框中，可以对网格和参考线进行更多设置。

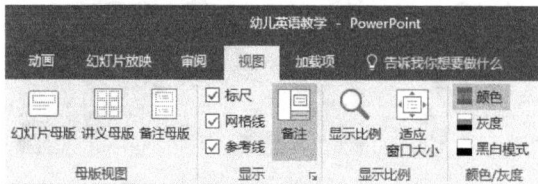

图 1-39　显示和隐藏标尺、网格及参考线

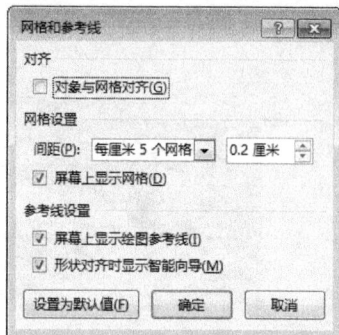

图 1-40　【网格和参考线】对话框

3. 添加功能选项卡和功能组

除了可将常用命令添加到快速访问工具栏中之外，用户还可以新建功能选项卡，将常用命令集合在其中，以方便操作。同时，PowerPoint 2016 的自定义功能区功能，还可以隐藏和显示功能选项卡。

【例 1-5】在 PowerPoint 2016 中，添加自定义选项卡和选项组。

(1) 启动 PowerPoint 2016，打开一个空白演示文稿。单击【文件】按钮，选择【选项】命令，如图 1-41 所示。

(2) 在打开的【PowerPoint 选项】对话框中，单击左侧列表中的【自定义功能区】选项。在右侧【自定义功能区】选项组中单击【新建选项卡】按钮，即可在列表中添加【新建选项卡(自定义)】和【新建组(自定义)】项目，如图 1-42 所示。

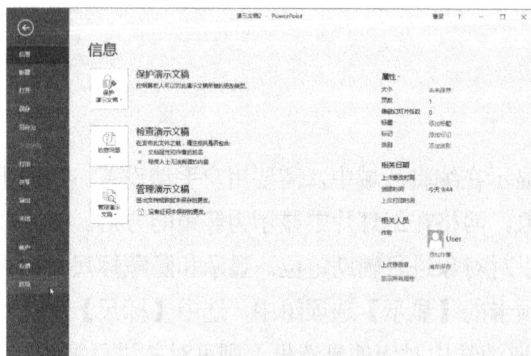

图 1-41　选择【选项】命令

图 1-42　新建选项卡

(3) 在对话框中，选中【新建选项卡(自定义)】选项，单击【重命名】按钮，打开【重命名】对话框。输入选项卡的名称"个人使用"，单击【确定】按钮，即可为新增的选项卡或组更改名称，如图 1-43 所示。

(4) 选中【新建组(自定义)】选项，单击【重命名】按钮，打开【重命名】对话框。在对话框的【显示名称】文本框中输入"工具"，然后单击【确定】按钮，如图 1-44 所示。

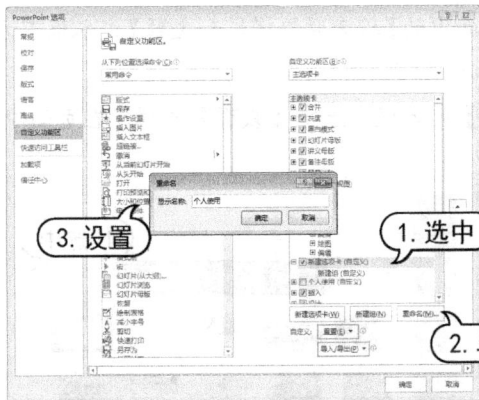

图1-43 重命名选项卡

图1-44 重命名组

(5) 返回至【自定义功能区】选项卡，在左侧的【从下列位置选中命令】列表框中选中要添加的命令按钮，单击【添加】按钮，将其添加到自定义的选项卡和组中。单击【确定】按钮，完成设置，如图1-45所示。

(6) 此时，在PowerPoint 2016工作界面中可以查看新建的【个人使用】选项卡和【工具】组，以及添加的命令按钮，如图1-46所示。

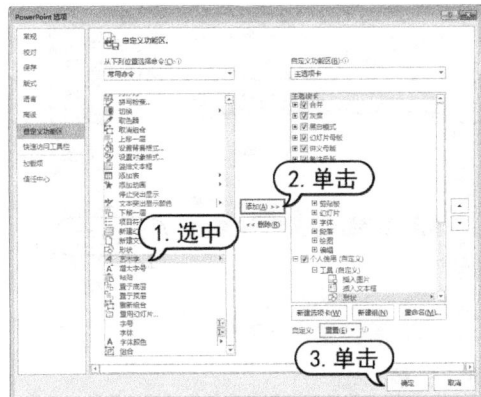

图1-45 添加命令按钮

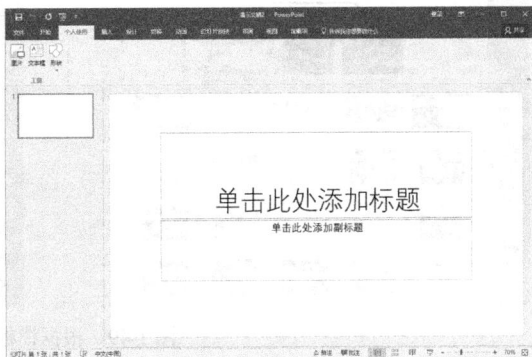

图1-46 查看自定义选项卡

💁 **提示**

要隐藏自定义的选项卡，可以打开【PowerPoint选项】对话框。在【自定义功能区】选项卡右侧的【自定义功能区】列表框取消选中自定义选项卡名称前的复选框即可。

1.5 上机练习

本章的上机练习主要练习使用模板创建新演示文稿、编辑幻灯片、保存演示文稿等操作方法，使用户更好地掌握演示文稿的基本操作方法和技巧。

(1) 启动 PowerPoint 2016 应用程序，在页面中的【搜索联机模板和主题】文本框下方的【建议的搜索】选项中单击【行业】选项，如图 1-47 所示。

(2) 打开【新建】页面，在右侧的【分类】列表框中选择【教育】选项，在页面中显示相关的演示文稿模板，如图 1-48 所示。

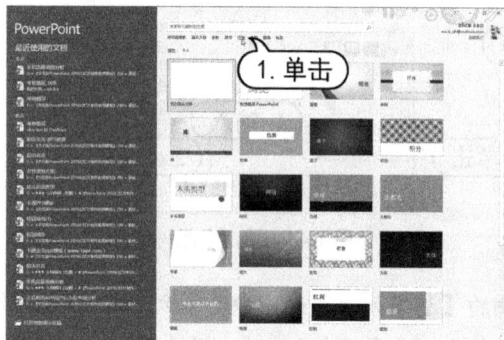

图 1-47　搜索模板

图 1-48　选择模板分类

(3) 在页面中，选中【学术演示文稿、细条纹和丝带设计(宽屏)】模板选项，在打开的面板中，单击【创建】按钮，如图 1-49 所示。

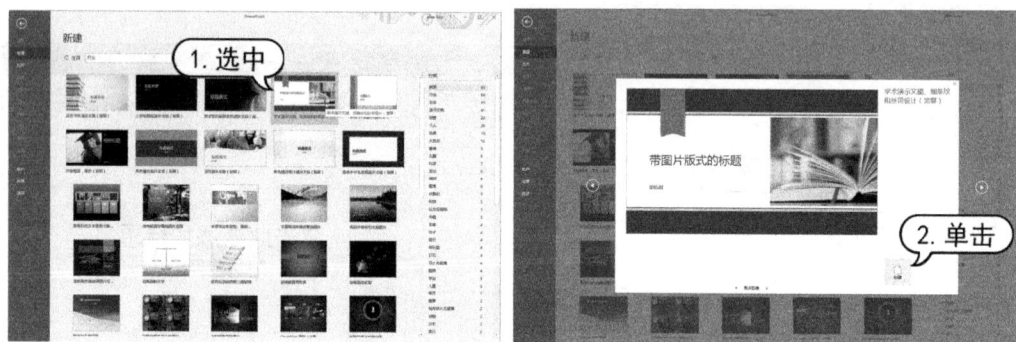

图 1-49　根据模板创建演示文稿

(4) 此时，新建一个名为【演示文稿 1】演示文稿，并显示样式和文本效果。在幻灯片浏览窗格中，选中第 8 至第 12 张幻灯片，并右击，从弹出的快捷菜单中选择【删除幻灯片】命令，此时即可删除选中的幻灯片，如图 1-50 所示。

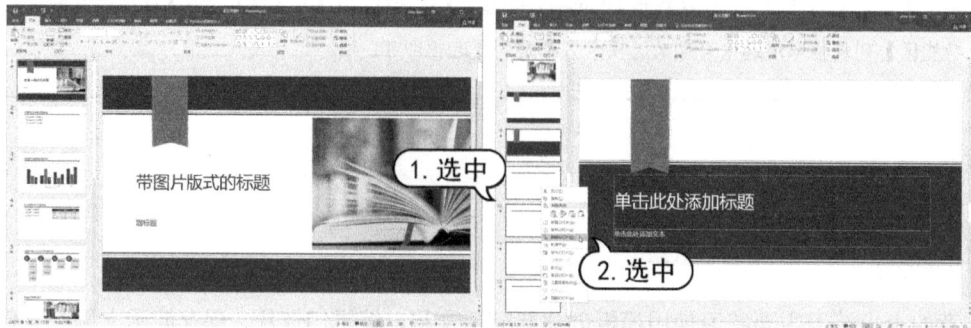

图 1-50　执行删除幻灯片操作

（5）在快速访问工具栏中单击【保存】按钮，打开【另存为】页面。单击【浏览】选项，打开【另存为】对话框。在对话框中选择保存路径，在【文件名】文本框中输入"教学课件"，在【保存类型】下拉列表中选择【PowerPoint 模板】选项，如图 1-51 所示。

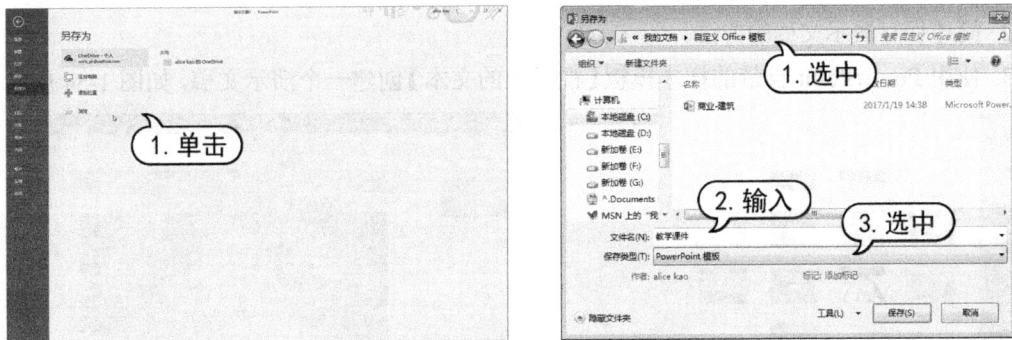

图 1-51　保存创建后的演示文稿

（6）在【另存为】对话框中，单击【工具】按钮，从弹出的列表中选择【常规选项】命令，打开【常规选项】对话框。在【常规选项】对话框的【打开权限密码】文本框中输入密码 123456，然后单击【确定】按钮，如图 1-52 所示。

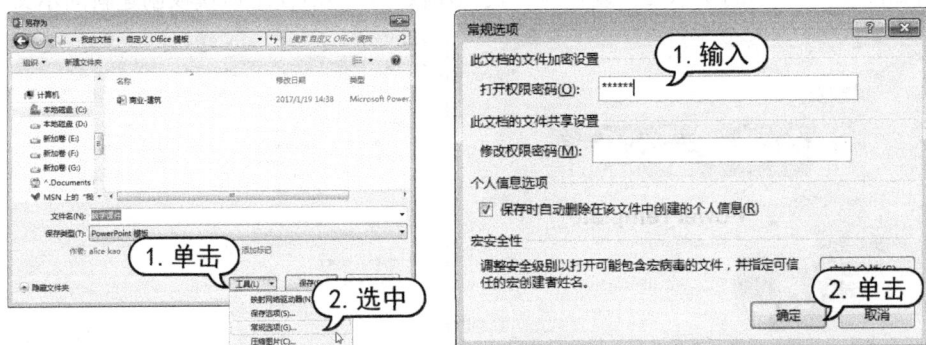

图 1-52　设置打开权限密码

（7）在打开的【确认密码】对话框中，再次输入密码，然后单击【确定】按钮，返回【另存为】对话框。单击【保存】按钮，即可将编辑过的演示文稿保存，如图 1-53 所示。

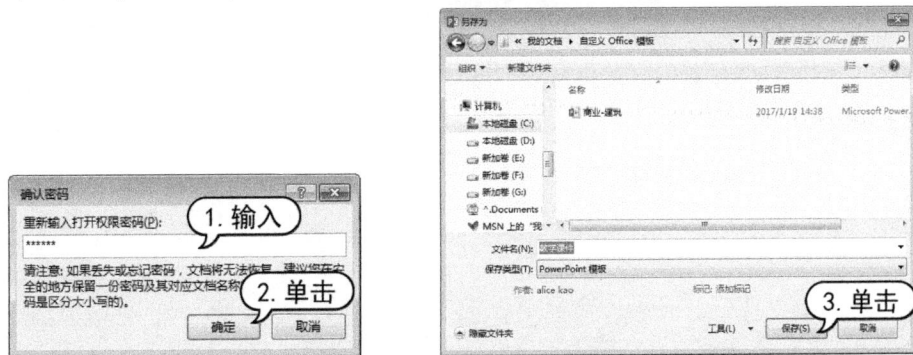

图 1-53　保存演示文稿

计算机 基础与实训教材系列

1.6 习题

1. 简述创建演示文稿的常用方法。

2. 简述保存演示文稿的方法。

3. 使用 PowerPoint 自带的样本模板【视频上的文本】创建一个演示文稿，如图 1-54 所示。

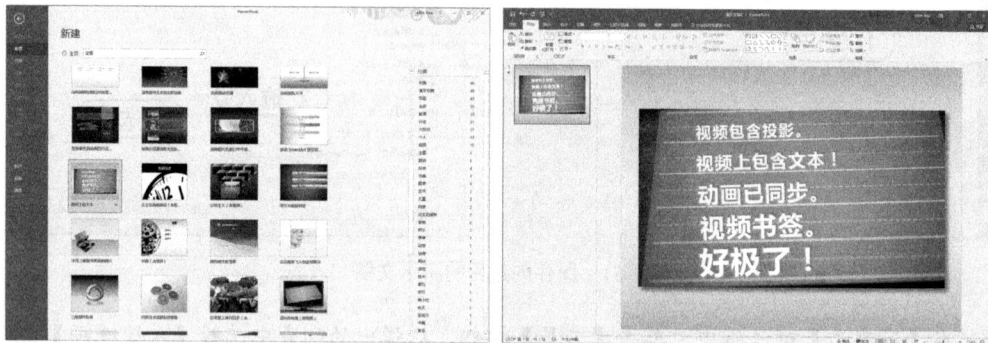

图 1-54 习题 3

4. 将如图 1-55 所示的演示文稿设置为"我的模板"，然后使用该模板创建新演示文稿。

图 1-55 习题 4

第2章

制作文本型幻灯片

学习目标

文本是演示文稿中常用的重要对象之一，为了能更好地传达演示文稿要表现的主题和内容，通常需要借助文本对演示文稿的内容进行说明与修饰。好的演示文稿能牢牢抓住观众注意力，而文本的设计无疑起到至关重要的作用。

本章重点

- 幻灯片的基础操作
- 在幻灯片中添加文本
- 编辑输入的文本
- 美化幻灯片中的文本
- 添加艺术字
- 设置文本框属性

2.1 幻灯片的基础操作

演示文稿一般均包含多张幻灯片，用户在编辑幻灯片的过程中，经常会根据需要添加或删除内容。所以，用户需要掌握幻灯片的一些基本操作，主要包括新建幻灯片、选择幻灯片、移动与复制幻灯片、删除幻灯片和隐藏幻灯片等。

2.1.1 新建幻灯片

在新建的空白演示文稿中，默认只有一张幻灯片，远远无法满足制作演示文稿的需要，此时就需要对幻灯片进行新建和添加。新建幻灯片的方法比较多，下面对其进行详细介绍。

- 通过选择版式新建幻灯片：启动 PowerPoint 2016，在【开始】选项卡的【幻灯片】选项组中单击【新建幻灯片】按钮的下拉按钮，在弹出的下拉列表中选择所需的版式，如图 2-1 所示。此时，可以按版式新建幻灯片。
- 通过快捷菜单新建幻灯片：在幻灯片浏览窗格空白处右击，在弹出的快捷菜单中选择【新建幻灯片】命令，如图 2-2 所示，可以新建一个与上一张幻灯片相同版式的幻灯片。

图 2-1　新建幻灯片　　　　　　　　　　图 2-2　通过快捷菜单新建幻灯片

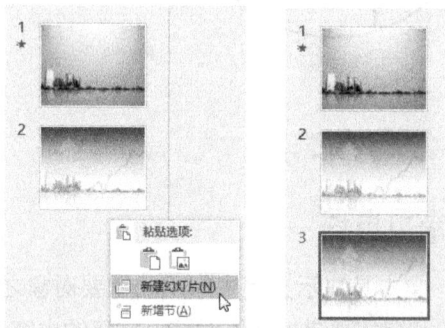

- 通过快捷键新建幻灯片：在幻灯片浏览窗格中选择一张幻灯片，按 Enter 键，可以新建一个与上一张幻灯片相同版式的幻灯片。

> **提示**
>
> 在【开始】选项卡的【幻灯片】选项组中单击【版式】按钮，在弹出的下拉列表中可以更改新建幻灯片的版式。

②.1.2　选择幻灯片

在 PowerPoint 2016 中，用户可以选中一张或多张幻灯片，然后对选中的幻灯片进行操作。在普通视图中选择幻灯片的方法如下所示。

- 选择单张幻灯片：无论是在普通视图还是在幻灯片浏览视图下，只需单击需要的幻灯片，即可选中该张幻灯片。
- 选择编号相连的多张幻灯片：首先单击起始编号的幻灯片，然后按住 Shift 键，单击结束编号的幻灯片，此时两张幻灯片之间的多张幻灯片被同时选中，如图 2-3 所示。
- 选择编号不相连的多张幻灯片：在按住 Ctrl 键的同时，依次单击需要选择的每张幻灯片，即可同时选中单击的多张幻灯片。在按住 Ctrl 键的同时再次单击已选中的幻灯片，则取消选择该幻灯片，如图 2-4 所示。
- 选择全部幻灯片：无论是在普通视图还是在幻灯片浏览视图下，按 Ctrl+A 组合键，即可选中当前演示文稿中的所有幻灯片，如图 2-5 所示。

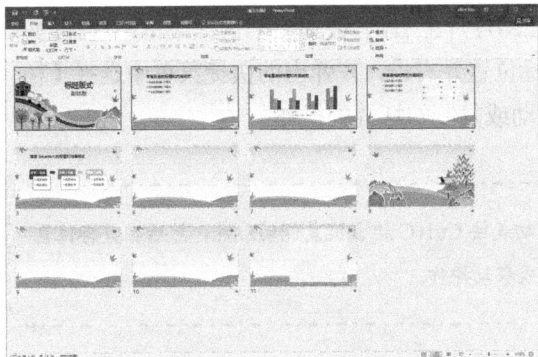

图 2-3 选择编号相连的多张幻灯片　　　　图 2-4 选择编号不相连的多张幻灯片

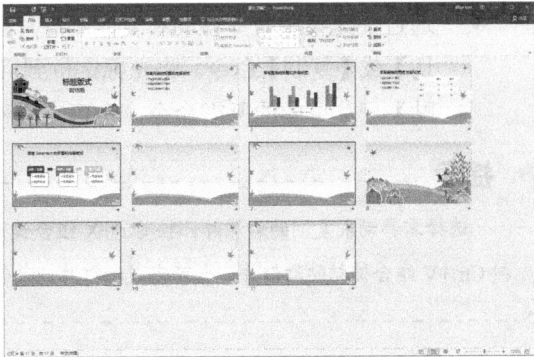

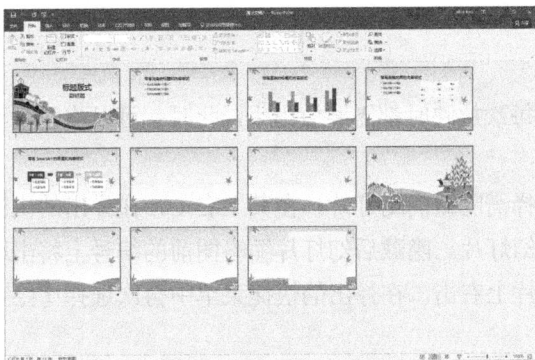

图 2-5 选择全部幻灯片

提示

除了上述选择幻灯片的方法之外，通过键盘和快捷键也可以选择幻灯片。例如，选择单张幻灯片后，在【幻灯片】窗格中按 Shift+↑或↓组合键，可以选择连续的多张幻灯片。按 Ctrl+A 组合键，可以选择所有幻灯片。

②1.3 移动和复制幻灯片

在制作演示文稿的过程中，当幻灯片顺序不正确或不符合逻辑时，可通过移动操作将其移动到正确位置上。若需制作的幻灯片与已经建立的幻灯片保持相同的版式和设计风格(即使两张幻灯片内容基本相同)，可以利用幻灯片的复制功能，复制出一张相同的幻灯片，然后再对其进行适当的修改，以节约演示文稿的制作时间。

- ● 通过鼠标移动和复制幻灯片：选择需移动的幻灯片，将其拖动到目标位置，即可完成幻灯片的移动操作；选择幻灯片后，然后按住 Ctrl 键，将幻灯片拖动到目标位置，此时光标旁将出现黑色的加号，释放鼠标和按键即可完成幻灯片的复制操作。

- ● 通过命令按钮移动和复制幻灯片：选择需要移动的幻灯片，在【开始】选项卡的【剪贴板】选项组中单击【剪切】按钮，定位到目标位置后再单击【粘贴】按钮，在弹出的下拉列表中选择相应选项即可移动幻灯片。选择需要复制的幻灯片，在【开始】选项卡的【剪贴板】选项组中单击【复制】按钮，定位到目标位置后再单击【粘贴】按钮，在弹出的下拉列表中选择相应选项即可复制幻灯片。

- 通过快捷菜单命令移动和复制幻灯片：在幻灯片上右击，在弹出的快捷菜单中选择【剪切】或【复制】命令。将光标定位到目标位置并右击，在弹出的快捷菜单中选择【粘贴】子菜单中的所需命令，也可完成移动或复制幻灯片的操作。

提示 ·····

选择需移动或复制的幻灯片，按 Ctrl+X 组合键剪切或按 Ctrl+C 组合键复制幻灯片，然后在目标位置按 Ctrl+V 组合键粘贴幻灯片，也可完成幻灯片的复制或移动操作。

2.1.4 隐藏和显示幻灯片

制作好的演示文稿中有的幻灯片可能不是每次放映时都需要放出来，此时就可以将暂时不需要的幻灯片隐藏起来。

要隐藏幻灯片可以在【幻灯片】窗格中选择需隐藏的幻灯片，在其上右击，在弹出的快捷菜单中选择【隐藏幻灯片】命令，即可隐藏该幻灯片。隐藏后幻灯片缩略图前的编号上将出现斜杠标志。当需要取消隐藏时，在隐藏的幻灯片上右击，在弹出的快捷菜单中再次选择【隐藏幻灯片】命令，即可将其显示出来。

【例 2-1】在演示文稿中隐藏第 2 张幻灯片。

(1) 启动 PowerPoint 2016 应用程序，打开"彩色铅笔绘画教程"演示文稿。

(2) 在幻灯片浏览窗格中，选中第 2 张幻灯片并右击，从弹出的快捷菜单中选择【隐藏幻灯片】命令，如图 2-6 所示。

(3) 此时，即可隐藏选中的幻灯片，在幻灯片浏览窗格中隐藏的幻灯片编号上将显示 标志，如图 2-7 所示。

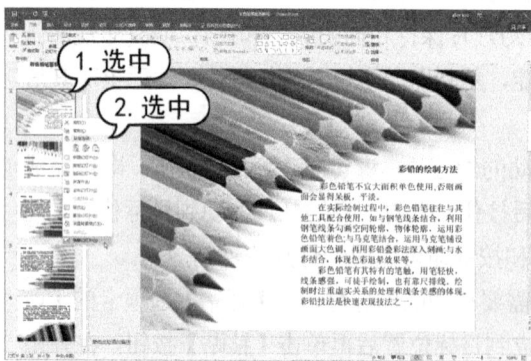

图 2-6　选择【隐藏幻灯片】命令　　　　　　　图 2-7　隐藏幻灯片

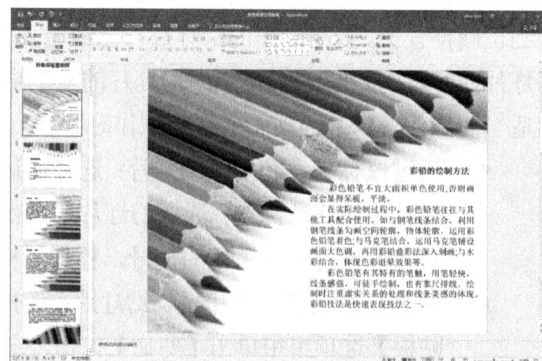

(4) 在快速访问工具栏中单击【保存】按钮，保存隐藏幻灯片后的"彩色铅笔绘画教程"演示文稿。

②.1.5 删除幻灯片

在演示文稿中删除多余幻灯片是清除大量冗余信息的有效方法。常用的删除幻灯片的方法主要有以下两种。

- ⦿ 通过右击：选择需删除的幻灯片，在其上右击，在弹出的快捷菜单中选择【删除幻灯片】命令。
- ⦿ 通过按键：选择需要删除的幻灯片，按 Delete 键或 Backspace 键。

【例 2-2】在演示文稿中删除幻灯片，并删除所有幻灯片的节。

(1) 启动 PowerPoint 2016 应用程序，打开"项目状态报告"演示文稿，如图 2-8 所示。

(2) 在幻灯片浏览窗格中选中第 5、6 张幻灯片浏览窗格，并右击，从弹出的快捷菜单中选择【删除幻灯片】命令，如图 2-9 所示。

图 2-8 打开演示文稿

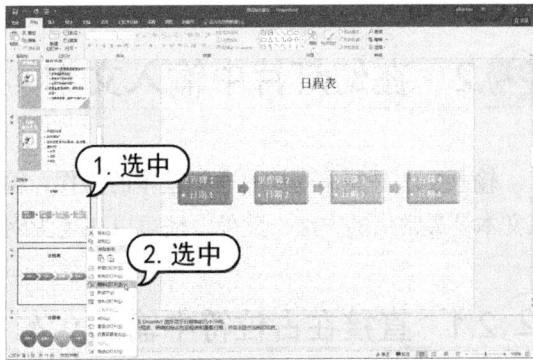

图 2-9 选择【删除幻灯片】命令

(3) 此时，即可删除选中的幻灯片，重新编号后面的幻灯片，如图 2-10 所示。

(4) 在【开始】选项卡的【幻灯片】组中，单击【节】按钮，从弹出的菜单中选择【删除所有节】命令，如图 2-11 所示，即可快速删除幻灯片浏览窗格中的所有节。

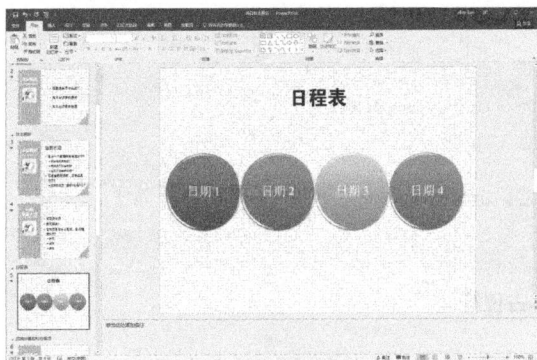

图 2-10 重新编号幻灯片

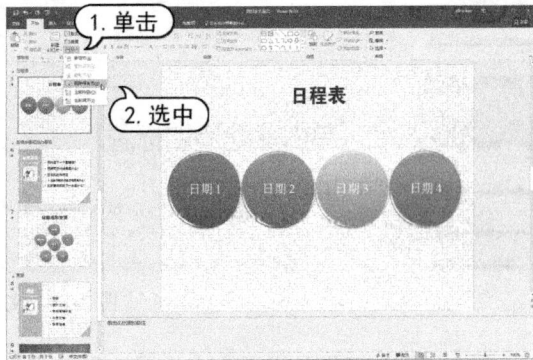

图 2-11 选择【删除所有节】命令

(5) 在状态栏中单击【幻灯片浏览】按钮，切换至幻灯片浏览视图，查看删除节后的幻灯片效果。在幻灯片浏览窗格中，选择第 5 张幻灯片，按 Delete 键，即可快速删除该幻灯片，如

图 2-12 所示。

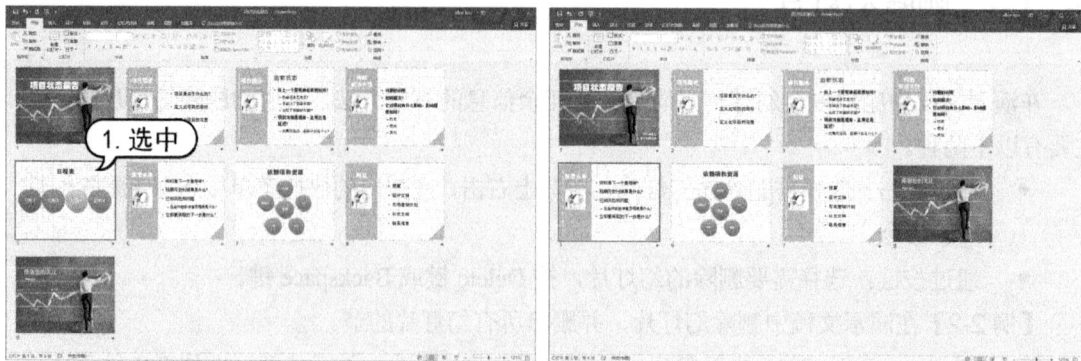

图 2-12　删除幻灯片

(6) 在快速访问工具栏中单击【保存】按钮，保存修改后的"项目状态报告"演示文稿。

2.2　在幻灯片中输入文本

输入文本是制作幻灯片时最基本的操作，输入文本的方法有很多，使用占位符和文本框输入文本是最常用的方法，此外，还可以在【大纲】视图和形状中输入文本。

2.2.1　直接在占位符中输入文本

文本占位符是幻灯片中常见的对象，在文本占位符中输入文本可以快速添加标题、副标题等。在幻灯片中经常可以看到【单击此处添加标题】、【单击此处添加文本】等文本框，这些文本框称为文本占位符，如图 2-13 所示。

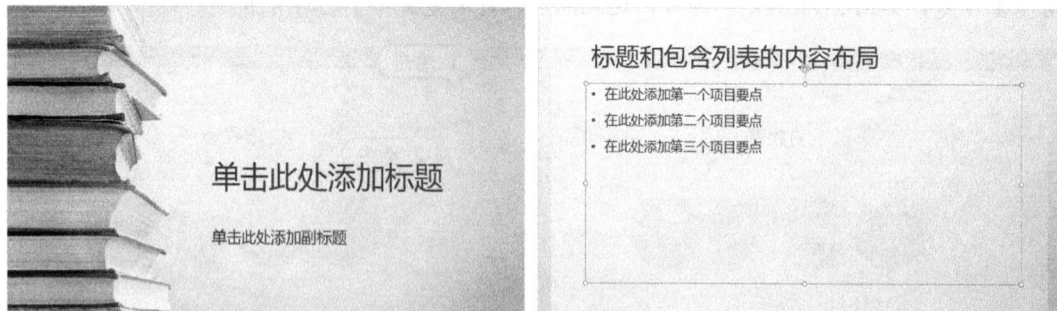

图 2-13　文本占位符

在占位符中已经预设了文本的属性和样式，用户在相应的占位符中输入文本后，文本将自动应用预设样式。不管是标题幻灯片还是内容幻灯片，在占位符中输入文本的方法都相同。其方法是：选择占位符后，将光标定位到占位符中，切换到熟悉的输入法，直接输入所需的文本即可，如图 2-14 所示。

图 2-14 在占位符中输入文本

提示

无须将光标定位到占位符，直接选择占位符，也可在其中输入文本。

②2.2 通过文本框输入文本

在文本框中输入文本和在占位符中输入文本的方法类似，使用文本框可以实现在幻灯片任意位置添加文本信息，但在文本框中输入文本需先绘制文本框。

PowerPoint 2016 中提供了横排文本框和竖排文本框这两种形式，用户可以根据需要在幻灯片中添加水平方向的文本和垂直方向的文本。其插入方法为，在【插入】选项卡的【文本】选项组中单击【文本框】按钮，在弹出的下拉列表中选择【横排文本框】或【竖排文本框】选项。移动光标到幻灯片的编辑窗口，此时光标变为↓或←形状。在幻灯片页面中进行拖动，当将矩形框拖动到合适大小后，释放鼠标即可完成文本框的插入操作。绘制完成后，即可在其中输入文本，如图 2-15 所示。与占位符不同的是，在文本框中输入的文本显示为默认格式。

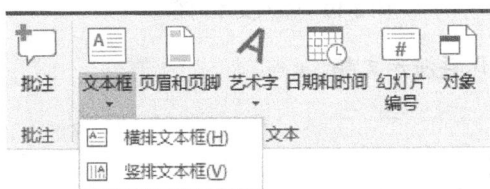

图 2-15 通过文本框输入文本

提示

在【插入】选项卡的【文本】选项组中单击【文本框】按钮，在弹出的下拉列表中选择所需选项后，直接在幻灯片编辑区域双击，也可绘制一个默认大小的文本框。

【例 2-3】在演示文稿中绘制文本框，并在文本框中添加文本。

(1) 打开演示文稿，打开【插入】选项卡，在【文本】组中单击【文本框】按钮，在弹出的菜单中选择【横排文本框】命令。

(2) 移动鼠标指针到幻灯片的编辑窗口，当指针形状变为↓形状时，在幻灯片页面中进行拖动。鼠标指针变成十字形状，拖动鼠标到合适大小的矩形框，释放鼠标完成横排文本框的插入，如图 2-16 所示。

(3) 此时，光标自动位于文本框内，在其中直接输入文本内容，如图 2-17 所示。

图 2-16　绘制横排文本框　　　　　　　　　图 2-17　输入文本内容

(4) 打开【插入】选项卡，在【文本】组中单击【文本框】下方的下拉箭头，在弹出的下拉列表中选择【垂直文本框】命令。

(5) 移动鼠标指针到幻灯片页面右下方，当指针形状变为↓形状时，进行拖动。此时鼠标指针变成十字形状，拖动绘制竖排文本框，释放鼠标，完成竖排文本框的插入，如图 2-18 所示。

(6) 在竖排文本框中输入文本内容，效果如图 2-19 所示。

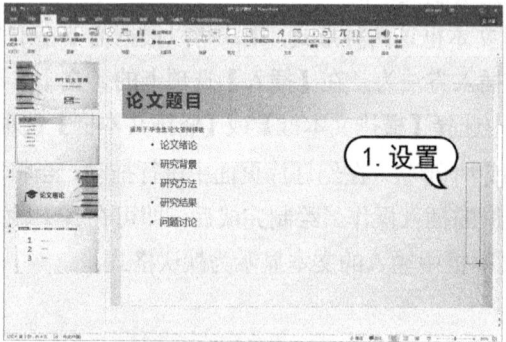

图 2-18　绘制竖排文本框　　　　　　　　　图 2-19　输入文本内容

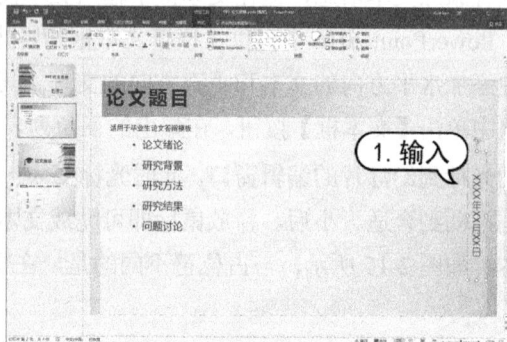

(7) 在快速访问工具栏中单击【保存】按钮，保存演示文稿。

②.2.3　在【大纲】视图中输入文本

除了可在占位符和文本框中输入文本外，还可以在【大纲】视图中输入文本。在【大纲】视图输入文本的优势是可以很方便地观察到幻灯片的整体效果，并能快速观察到演示文稿中前后的文本内容是否连贯。

【例2-4】通过【大纲】视图输入文本。

(1) 新建空白演示文稿，在【视图】选项卡的【演示文稿视图】选项组中，单击【大纲视图】按钮，切换到【大纲】视图中，如图 2-20 所示。

(2) 在【大纲】视图中，将光标定位到【大纲】窗格中，直接输入文本，如图 2-21 所示。

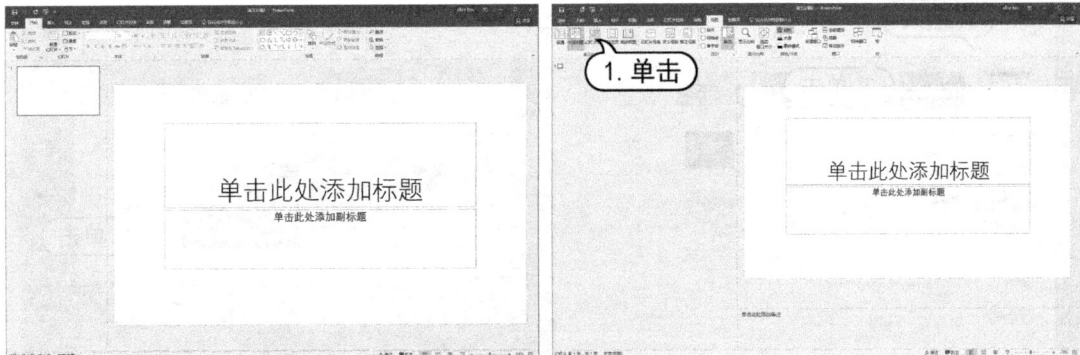

图 2-20　切换到【大纲】视图

(3) 按 Enter 键换行，然后按 Tab 键为该行文本降级，并输入文本，如图 2-22 所示。根据该操作，依次输入剩余文本即可。

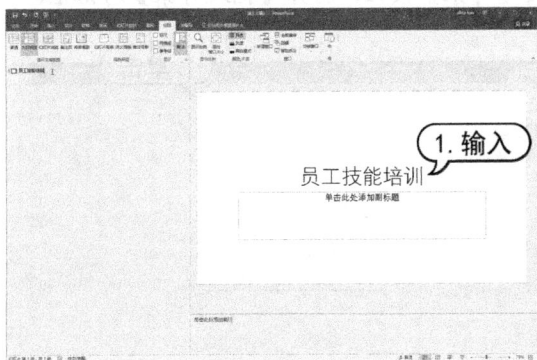

图 2-21　输入文本

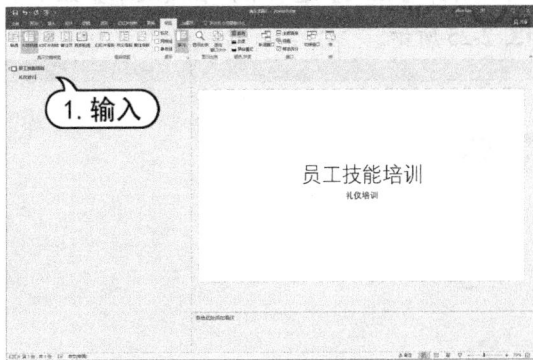

图 2-22　输入下级文本

2.4　插入 Word 文档

在 PowerPoint 2016 中，除了使用占位符、文本框输入文本外，还可以从外部导入其他办公软件所创建的文本。

【例 2-5】在创建的演示文稿中插入 Word 文档。

(1) 启动 PowerPoint 2016 应用程序，选择【文件】|【新建】命令。在【新建】窗格的【搜索联机模板和主题】文本框中输入"科学"，然后单击 🔍 图标搜索模板和主题，如图 2-23 所示。

(2) 在显示的联机模板页面中，单击选中【生态照片面板】选项，在弹出的面板中单击【创建】按钮新建演示文稿，如图 2-24 所示。

知识点

在【插入对象】对话框中插入对象的方法基本相同，选择相应的选项即可插入相应的对象。

图 2-23　搜索模板与主题　　　　　　　　　　图 2-24　根据模板创建演示文稿

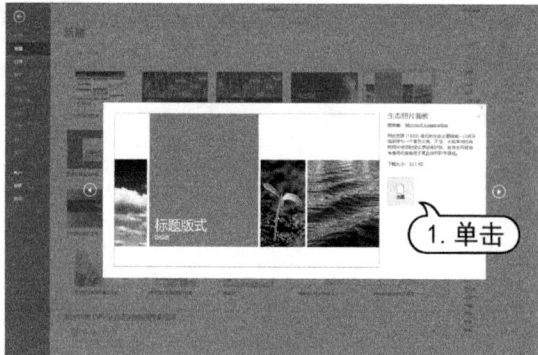

(3) 按键盘上 Enter 键，在默认的第一张幻灯片下方新建一张幻灯片。并删除幻灯片中的占位符。打开【插入】选项卡，在【文本】组中单击【对象】按钮，打开【插入对象】对话框，如图 2-25 所示。

图 2-25　打开【插入对象】对话框

(4) 在【插入对象】对话框中，选择【由文件创建】单选按钮，单击【浏览】按钮。在打开的【浏览】对话框中，选择要插入的文件，单击【确定】按钮，如图 2-26 所示。

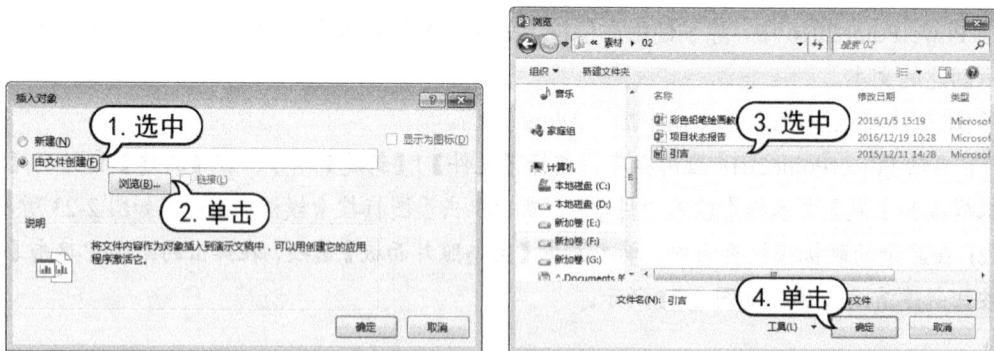

图 2-26　选择插入文件

(5) 此时，【插入对象】对话框的【文件】文本框中将显示该 Word 文档的所在路径。单击【确定】按钮，幻灯片中将显示导入的 Word 文档，如图 2-27 所示。

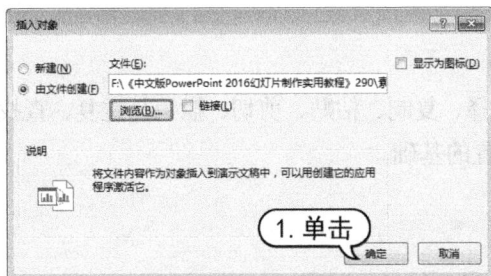

图 2-27　插入文档

(6) 在导入的文本内双击，显示文本编辑状态。在原功能区的位置会显示文本创建软件的工具栏。将鼠标指针移动到该文档边框的右下角，当鼠标指针变为双向箭头形状时，拖动导入的文本框，调整其大小，如图 2-28 所示。

(7) 使用鼠标选中导入文本的标题文字，在工具栏中设置【字体】为【方正大黑简体】，【字号】为【二号】，如图 2-29 所示。

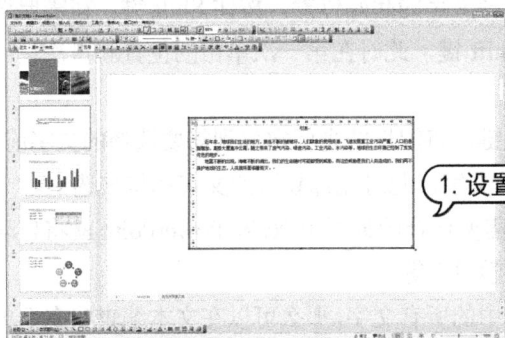

图 2-28　调整文本框

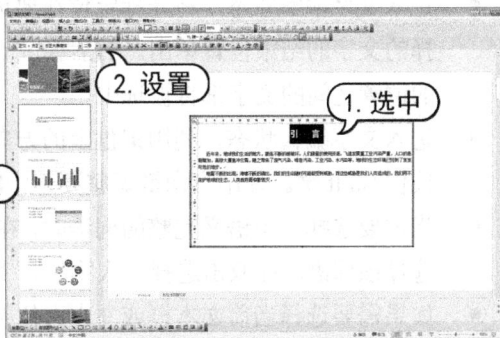

图 2-29　编辑文本内容

(8) 使用鼠标选中导入文本的正文文本，在工具栏中设置【字体】为【方正黑体简体】，【字号】为【四号】，如图 2-30 所示。

(9) 设置完成后，将光标移至文本编辑窗口外。在幻灯片的空白处单击，即可退出文本编辑状态。然后拖动文本至适合位置即可，如图 2-31 所示。

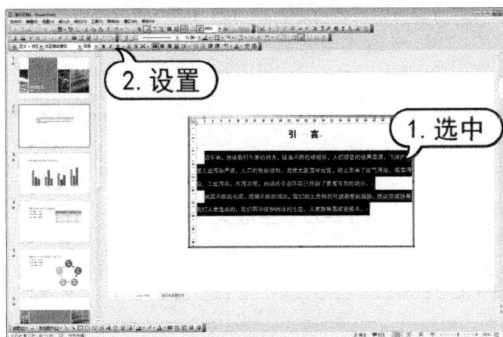

图 2-30　编辑文本内容

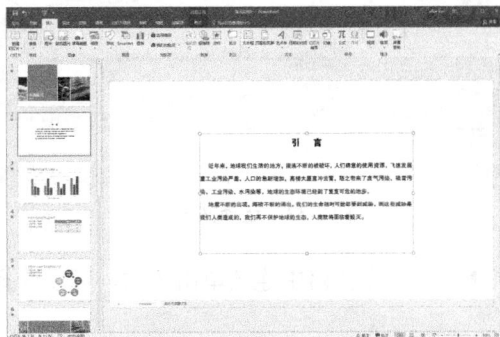

图 2-31　完成文本编辑

②.3 编辑输入的文本

PowerPoint 2016 的文本编辑操作主要包括选择、复制、粘贴、剪切、撤销与重复、查找与替换等。掌握文本的编辑操作是进行文字属性设置的基础。

②.3.1 选择文本

用户在编辑文本之前，首先要选择文本，然后再进行复制、剪切等相关操作。在 PowerPoint 2016 中，常用的选择方式主要有以下几种。

- 将鼠标指针移动至文字上方时，鼠标形状将变为 I 形状。在要选择文字的起始位置单击，进入文字编辑状态。此时拖动到要选择文字的结束位置释放鼠标，被选择的文字将以高亮显示，如图 2-32 所示。单击幻灯片中的空白处，可以取消文本的选中状态。
- 进入文字编辑状态，将光标定位在要选择文字的起始位置，按住 Shift 键，在需要选择的文字的结束位置单击。然后释放 Shift 键，此时在第一次单击的位置和再次单击的位置之间的文字都将被选中。
- 进入文字编辑状态，利用键盘上的方向键，将闪烁的光标定位到需要选择的文字前，按住 Shift 键。使用方向键调整要选中的文字，此时光标划过的文字都将被选中。
- 当需要选择一个语义完整的词语时，在需要选择的词语上双击，PowerPoint 就将自动选择该词语，如双击选择"人物"、"学习"等。
- 如果需要选择当前文本框或文本占位符中的所有文字，那么可以在文本编辑状态下单击【开始】选项卡。在【编辑】选项组中单击【选择】按钮右侧的下拉箭头，在弹出的菜单中选择【全选】命令即可，如图 2-33 所示。

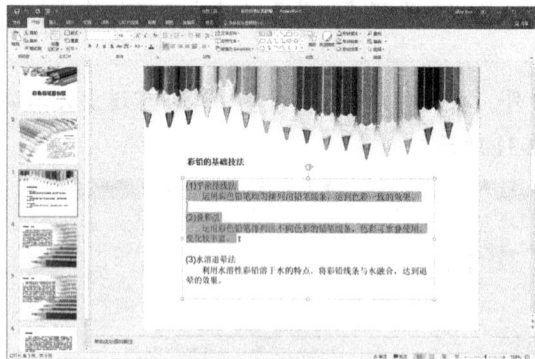

图 2-32 选择文本　　　　　　　　　　　　图 2-33 全选文字

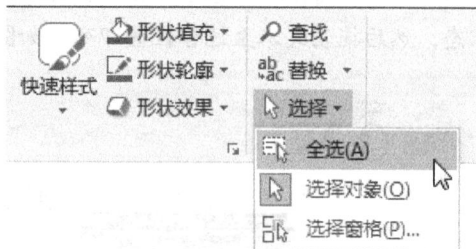

- 在一个段落中连续单击 3 次，可以选择整个段落。

⊙ 当单击占位符或文本框的边框时，整个占位符或文本框将被选中。此时占位符中的文本不以高亮显示，但具有与被选中文本相同的特性，如可以为选中的文字设置字体、字号等属性。

②3.2　删除和修改文本

如果发现幻灯片中的文本不正确或不需要，可以在选择文本后将其删除或对其进行修改。删除文本的方法很简单，只需选择文本，按 Backspace 键或 Delete 键即可删除所选的文本。而当需要对文本进行修改时，可以先删除错误文本，再输入正确文本；也可以选择错误文本，直接输入正确文本对其进行替换。

②3.3　移动和复制文本

在制作幻灯片时，当需要输入相同的文本内容时，可以采用复制的方法。若要改变部分文本的位置，可以采用移动文本的方法。移动和复制文本的方法与移动和复制幻灯片的方法基本相同，下面分别进行介绍。

⊙ 通过鼠标移动和复制文本：选择需移动的文本，将其拖动到目标位置，即可完成文本的移动操作；选择文本，然后按住 Ctrl 键，将其拖动到目标位置，此时，鼠标光标旁将会出现黑色的加号，释放鼠标和按键即可完成文本的复制操作。

⊙ 通过按钮移动和复制文本：选择需要移动的文本，在【开始】选项卡的【剪贴板】选项组中单击【剪切】按钮，定位到目标位置后再单击【粘贴】按钮，在弹出的下拉列表中选择相应选项即可移动文本。选择需要复制的文本，在【开始】选项卡的【剪贴板】选项组中单击【复制】按钮，定位到目标位置后再单击【粘贴】按钮，在弹出的下拉列表中选择相应选项即可复制文本。

⊙ 通过快捷键命令移动和复制文本：选择文本并在其上右击，在弹出的快捷菜单中选择【剪切】或【复制】命令，将鼠标光标定位到目标位置并右击，在弹出的快捷菜单中选择【粘贴】子菜单中所需命令，完成移动或复制文本的操作。

⊙ 通过快捷键移动和复制文本：选择需要移动或复制的文本，按 Ctrl+X 组合键剪切或按 Ctrl+C 组合键复制文本，然后在目标位置按 Ctrl+V 组合键粘贴文本，完成文本的移动或复制操作。

②3.4　查找和替换文本

当需要在较长的演示文稿中查找某一个特定内容，或在查找到特定内容后将其替换为其他内容时，可以使用 PowerPoint 2016 提供的【查找】和【替换】功能。

1. 查找

在【开始】选项卡的【编辑】组中单击【查找】按钮，打开如图 2-34 所示的【查找】对话框。在【查找】对话框中，各选项的功能说明如下。

图 2-34　【查找】对话框

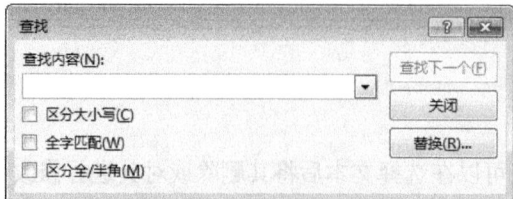

知识点

在【查找】对话框中单击【查找下一个】按钮，可以查找下一处错误的文本，单击【关闭】按钮可关闭该对话框。

- 【查找内容】下拉列表框：用于输入所要查找的内容。
- 【区分大小写】复选框：选中该复选框，在查找时需要完全匹配由大小写字母组合成的单词。
- 【全字匹配】复选框：选中该复选框，PowerPoint 只查找用户输入的完整单词或字母，而 PowerPoint 默认的查找方式是非严格匹配查找，即该复选框未选中时的查找方式。例如，在【查找内容】下拉列表框中输入文字“计算”时，如果选中该复选框，系统仅会严格查找该文字，而对“计算机”、“计算器”等词忽略不计；如果未选中该复选框，系统则会对所有包含输入内容的词进行查找统计。
- 【区分全/半角】复选框：选中该复选框，在查找时将自动区分全角字符与半角字符。

【例 2-6】 在演示文稿中查找并替换文本。

(1) 启动 PowerPoint 2016 应用程序，打开所需的演示文稿，如图 2-35 所示。

(2) 在【开始】选项卡的【编辑】组中单击【查找】按钮，打开【查找】对话框。在【查找内容】文本框中输入文本“您”，然后单击【查找下一个】按钮。此时，PowerPoint 以高亮显示满足条件的文本，如图 2-36 所示。

图 2-35　打开演示文稿

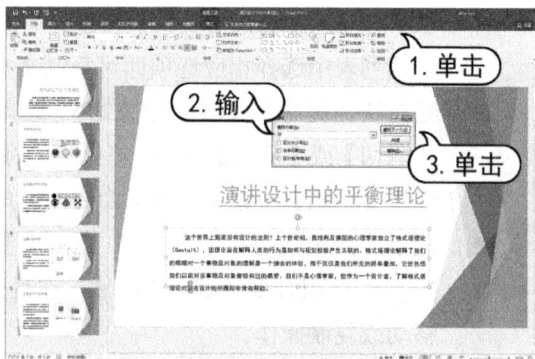

图 2-36　查找文本

(3) 继续单击【查找下一个】按钮，PowerPoint 将继续对符合条件的文本进行查找。当全部查找完成后，系统将打开信息提示对话框，提示对演示文稿搜索完毕，单击【确定】按钮，如图 2-37 所示。

(4) 返回至【查找】对话框，单击【替换】按钮，打开【替换】对话框。在【替换为】下拉列表框中输入文字"你"，并选中【全字匹配】复选框，如图 2-38 所示。

图 2-37　完成文本查找

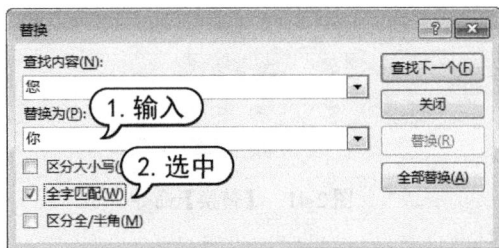

图 2-38　替换文本

(5) 单击【查找下一处】按钮，此时幻灯片中第一次出现"您"的文字被选中，单击【替换】按钮，替换该处的文本，如图 2-39 所示。

图 2-39　查找替换文本

(6) 返回至【替换】对话框，单击【全部替换】按钮，即可一次性完成所有满足条件的文本的替换。同时打开 Microsoft PowerPoint 对话框，提示用户完成多少处的文本替换。单击【确定】按钮，返回至【替换】对话框，如图 2-40 所示。

(7) 单击【关闭】按钮，完成替换，返回幻灯片编辑窗口，即可查看替换后的文本。在快速访问工具栏中单击【保存】按钮，保存修改后的演示文稿。

图 2-40　完成文本替换

> **知识点**
>
> 在【开始】选项卡的【编辑】组中单击【替换】按钮，也可打开【替换】对话框替换文字内容。

2. 替换

PowerPoint 2016 中的替换功能包括替换文本内容和替换字体。在【开始】选项卡的【编辑】

组中单击【替换】按钮右侧的下拉箭头，在弹出的菜单中选择相应命令即可，如图 2-41 所示。选择【替换字体】命令，可以打开如图 2-42 所示的【替换字体】对话框。在对话框中，【替换】下拉列表中显示的是演示文稿中所用的字体，【替换为】下拉列表中显示的是计算机中存储的字体。选择好所要替换的字体后，单击【替换】按钮即可将该演示文稿中的字体替换。

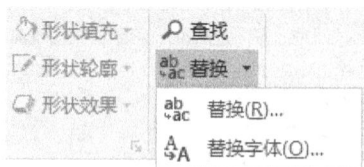

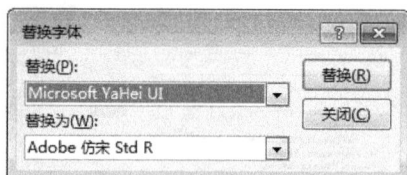

图 2-41　【替换】命令　　　　　　　图 2-42　【替换字体】对话框

②.4　美化幻灯片中的文本

在 PowerPoint 中，当幻灯片应用了版式后，幻灯片中的文字也具有了预先定义的属性。但在很多情况下，为了使演示文稿更加美观、清晰，用户仍然需要按照自己的要求对文本格式重新进行设置，包括字体、字号、字体颜色、字符间距和文本效果等。

②4.1　设置文本格式

在 PowerPoint 中，为幻灯片中的文字设置合适的字体、字号、字形和字体颜色等，可以使幻灯片的内容清晰明了。

通常情况下，设置字体、字号、字形和字体颜色的方法有 3 种：通过【字体】组设置、通过【字体】对话框设置，或通过浮动工具栏设置。

1. 通过【字体】选项组设置

在 PowerPoint 中，选中需要设置的文本，打开【开始】选项卡。在【字体】选项组中可以设置文本的字体、字号、字形和颜色，如图 2-43 所示。

- ⦿ 【字体】下拉列表：主要用于设置文本的字体格式。
- ⦿ 【字号】下拉列表：主要用于设置文本的字体大小。数字越大，字体越大。
- ⦿ 【加粗】按钮：单击该按钮，可为文本添加加粗字体效果。
- ⦿ 【倾斜】按钮：单击该按钮，可为文本设置字体倾斜效果。
- ⦿ 【下划线】按钮：单击该按钮，可为文本添加下划线效果。
- ⦿ 【阴影】按钮：单击该按钮，可为文本添加阴影效果。
- ⦿ 【删除线】按钮：单击该按钮，可在文本添加一条横向贯穿的删除线效果。
- ⦿ 【增大字号】或【减小字号】按钮：单击该按钮，可增大或减少文本的字号大小。
- ⦿ 【字符间距】按钮：单击该按钮，在弹出的列表中可设置文本的间距效果。

- ⊙ 【更改大小写】按钮：单击该按钮，在弹出的列表中可设置英文字母的大小写状态。
- ⊙ 【字体颜色】：单击该按钮，从弹出的下拉列表框中，可快速应用上一次设置的颜色，也可以自定义文本的颜色。

2. 通过浮动工具栏

选择要设置的文本后，单击鼠标右键，可以打开【字体】浮动工具栏。在该浮动工具栏中设置字体、字号、字形和字体颜色，如图 2-44 所示。

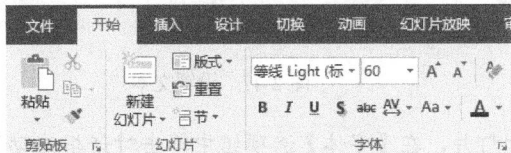

图 2-43　字体选项组　　　　　　　　图 2-44　【字体】浮动工具栏

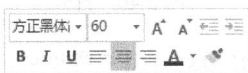

3. 通过字体对话框设置

选中需要设置的文本，打开【开始】选项卡，然后在【字体】组中单击对话框启动器，打开如图 2-45 所示的【字体】对话框。切换至【字体】选项卡，在其中可以进行西文和中文的字体、字号、字形和字体颜色等设置。

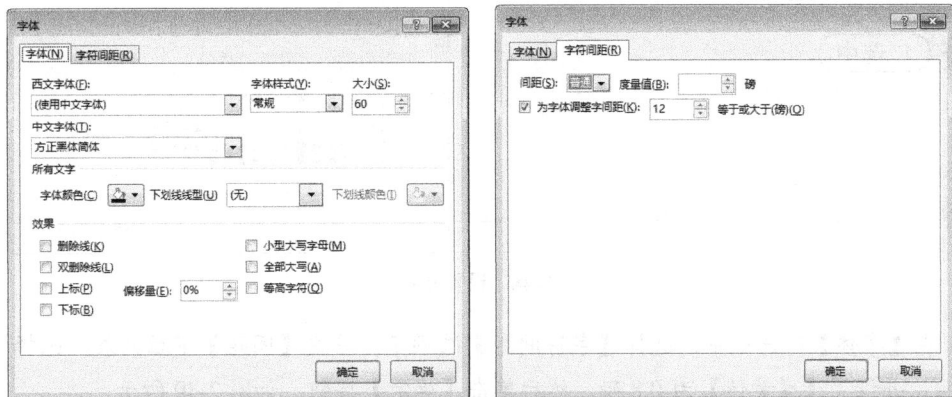

图 2-45　【字体】对话框

【例 2-7】在演示文稿中设置文本格式。

(1) 启动 PowerPoint 2016 应用程序，打开所需的演示文稿，如图 2-46 所示。

(2) 在打开的演示文稿中，选中第 1 张幻灯片中的文本占位符，在【开始】选项卡的【字体】选项组中，设置【字体】为"方正粗圆_GBK"，【字号】为 54，单击【字符间距】按钮，从弹出的下拉列表中选择【稀疏】选项，再单击【下划线】按钮，如图 2-47 所示。

📝 知识点

　　字符间距是指文档中字与字之间的距离。在通常情况下，文本是以标准间距显示的，这样的字符间距适用于绝大多数文本，但有时候为了创建一些特殊的文本效果，需要扩大或缩小字符间距。

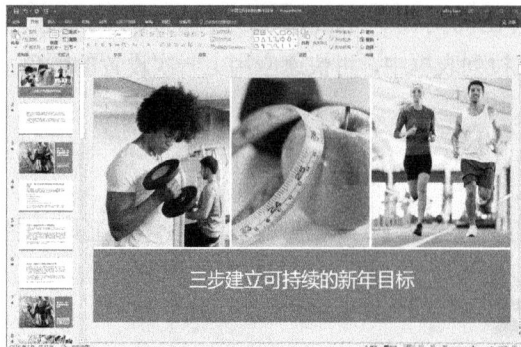

图 2-46　打开演示文稿

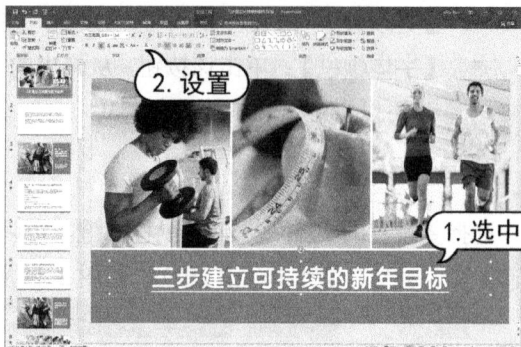

图 2-47　设置文本

(3) 在幻灯片浏览窗格中，选中第 2 张幻灯片，在【字体】选项组中单击对话框启动器 ，打开【字体】对话框。在【字体】对话框中，设置【中文字体】为【微软雅黑】，【大小】为 22，单击【字体颜色】按钮，从弹出的下拉列表框中单击选择【黑色，文字 2，淡色 50%】颜色，如图 2-48 所示。

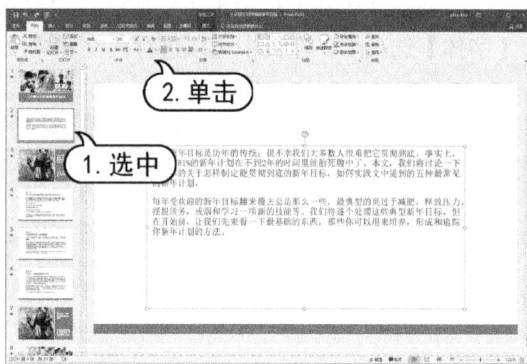

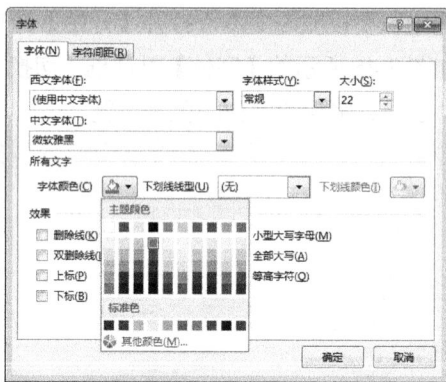

图 2-48　设置文本

(4) 在【字体】对话框中，选择【字符间距】选项卡。单击【间距】下拉列表，选择【加宽】选项，并设置【度量值】为 0.8 磅，然后单击【确定】按钮，如图 2-49 所示。

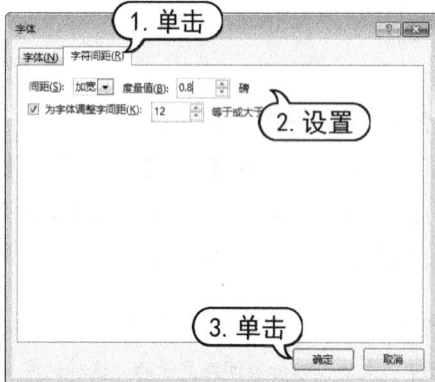

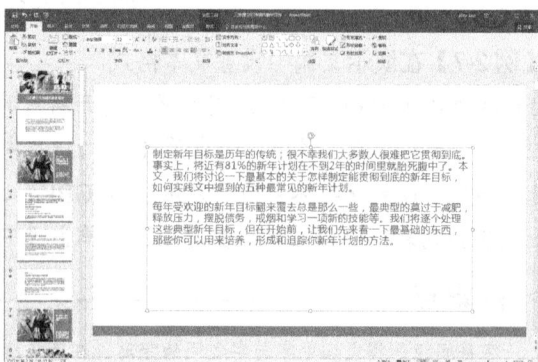

图 2-49　设置字符间距

4. 复制文本格式

在 PowerPoint 2016 中，如果设置的文本格式与其他相应文本的格式相同，可使用格式刷快速设置。方法很简单，将光标定位在设置好的文本占位符中，在【开始】的【剪贴板】组中单击【格式刷】按钮，然后切换至目标幻灯片中，将鼠标指针定位在要设置格式的文本前，此时指针变为▵I形状。拖动选中目标文本，释放鼠标即可。双击【格式刷】按钮，可以连续应用该工具。

5. 清除文本格式

PowerPoint 提供了【清除格式】按钮，允许用户清除应用于字体的格式信息，将其转换为无格式文本。选中文本占位符，在【开始】选项卡的【字体】组中单击【清除格式】按钮，即可清除文本格式，显示默认的文本格式。

②4.2 设置段落格式

段落格式包括段落对齐、段落缩进及段落间距设置等。掌握了在幻灯片中编排段落格式的操作方法后，就可以为整个演示文稿设置风格相符的段落格式。

1. 设置对齐方式

段落对齐是指段落边缘的对齐方式，包括左对齐、右对齐、居中对齐、两端对齐和分散对齐。设置段落对齐方式时，首先选定要对齐的段落，然后在【开始】选项卡的【段落】组中可分别单击【左对齐】按钮、【右对齐】按钮、【居中】按钮、【两端对齐】按钮和【分散对齐】按钮即可。这 5 种对齐方式说明如下。

- ◉ 【左对齐】：单击【左对齐】按钮时，段落左边对齐，右边参差不齐。
- ◉ 【右对齐】：单击【右对齐】按钮时，段落右边对齐，左边参差不齐。
- ◉ 【居中】：单击【居中】按钮时，段落居中排列。
- ◉ 【两端对齐】：单击【两端对齐】按钮时，段落左右两端都对齐分布，但是段落最后不满一行的文字右边是不对齐的。
- ◉ 【分散对齐】：单击【分散对齐】按钮时，段落左右两边均对齐，而且当每个段落的最后一行不满一行时，将自动拉开字符间距使该行均匀分布。

> 📋 **知识点**
>
> 使用快捷键同样可以设置文本对齐方式，按 Ctrl+L 快捷键设置左对齐；按 Ctrl+E 快捷键设置居中对齐；按 Ctrl+R 设置右对齐。

除了设置水平方向的对齐方式外，还可以设置垂直方向的对齐方式。在【段落】组中单击【对齐文本】按钮，在弹出的菜单中选择垂直对齐方式。其中，【顶端对齐】选项控制段落朝占位符顶部对齐；【中部对齐】选项控制段落朝占位符中部对齐；【底端对齐】选项控制段落朝占位符底部对齐。

2. 设置段落间距和行距

在 PowerPoint 2016 中，设置行距可以改变 PowerPoint 默认的行距，使演示文稿中的内容条理更为清晰。

选择需要设置行距的段落，在【开始】选项卡的【段落】组中单击【行距】下拉按钮，从弹出的列表中选择选项即可改变默认行距。如果在列表中选择【行距选项】命令，打开【段落】对话框。该对话框中的【间距】选项区域用来设置段落的行距。

3. 设置文本缩进

在 PowerPoint 中，可以设置段落与文本框左右边框的距离，也可以设置首行缩进和悬挂缩进。使用【段落】对话框可以准确地设置缩进尺寸。在【开始】选项卡的【段落】组中单击对话框启动器，将打开【段落】对话框。在该对话框中可以设置缩进值。

【例2-8】在演示文稿中设置段落格式。

(1) 启动 PowerPoint 2016，打开所需的演示文稿。在幻灯片浏览窗格中选中第 3 张幻灯片，选中幻灯片中内容文本占位符。在【开始】选项卡的【段落】选项组，单击对话框启动器，打开【段落】对话框，如图 2-50 所示。

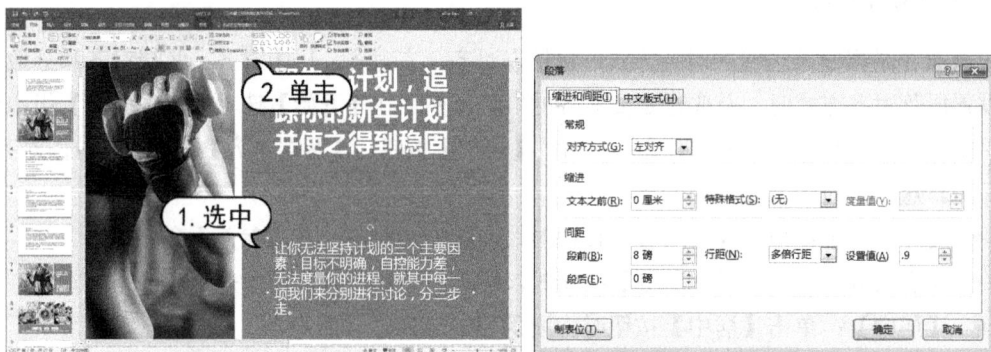

图 2-50　打开【段落】对话框

(2) 在对话框中，单击【对齐方式】下拉列表，选择【两端对齐】选项；单击【特殊格式】下拉列表，选择【首行缩进】选项，并设置【度量值】为 1.25 厘米；将【段前】和【段后】数值设置为 0 磅，单击【行距】下拉列表，选择【固定值】选项，并设置【设置值】为 20 磅，然后单击【确定】按钮，如图 2-51 所示。

(3) 在幻灯片浏览窗格中，选中第 4 张幻灯片。在幻灯片中选中内容文本占位符，并在【开始】选项卡的【字体】选项组中设置【字体】为【微软雅黑】，【字号】为 18；在【段落】选项组中单击【两端对齐】按钮，如图 2-52 所示。

(4) 在【开始】选项卡的【段落】选项组，单击对话框启动器，打开【段落】对话框。单击【特殊格式】下拉列表，选择【首行缩进】选项，并设置【度量值】为 1.25 厘米；设置【段

前】数值为 0 磅；单击【行距】下拉列表，选择【固定值】选项，并设置【设置值】数值为 26
磅，然后单击【确定】按钮，如图 2-53 所示。

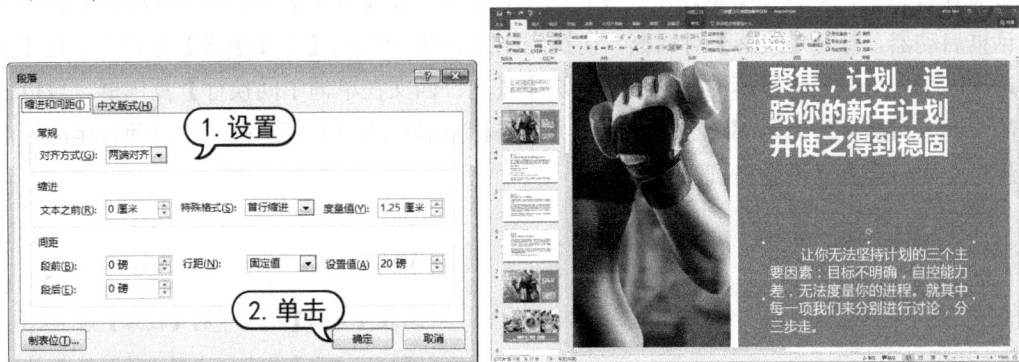

图 2-51 设置段落格式

知识点

除了设置特殊格式的缩进效果外，用户也可以直接在【文本之前】数值框中输入数值，对所选文本的整体进行缩进设置。

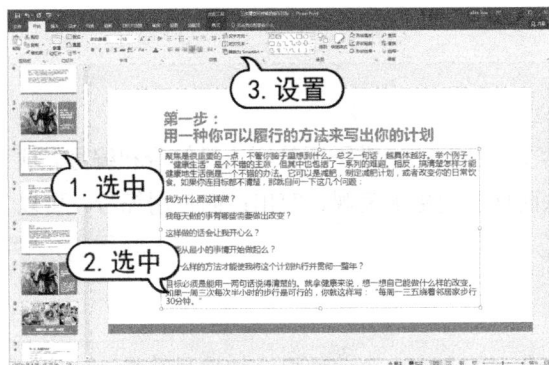

图 2-52 设置字体

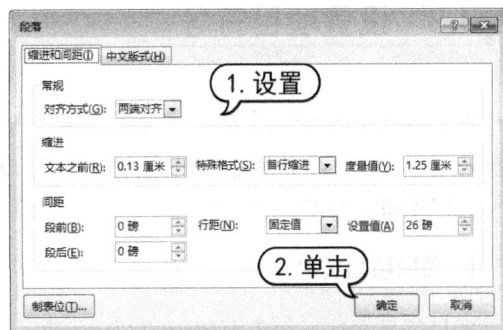

图 2-53 设置段落格式

(5) 在【开始】选项卡的【剪贴板】选项组中，双击【格式刷】按钮，然后单击其他相同版式幻灯片中的内容文本，如图 2-54 所示。

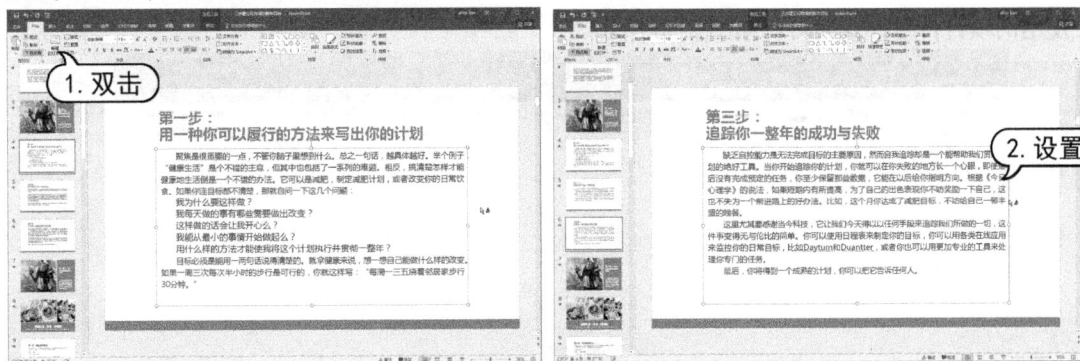

图 2-54 复制格式

4. 设置文本换行格式

设置换行格式，可以使文本以用户规定的格式分行。在【开始】选项卡的【段落】组中单击对话框启动器，打开【段落】对话框，切换到如图 2-55 所示的【中文版式】选项卡。在【常规】选项区域中可以设置段落的换行格式。选中【允许西文在单词中间换行】复选框，可以使行尾的单词有可能被分为两部分显示，选中【允许标点溢出边界】复选框，可以使行尾的标点位置超过文本框边界而不会换到下一行。

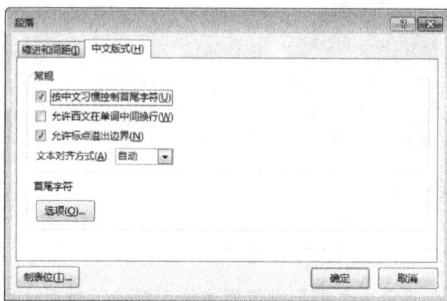

图 2-55　【中文版式】选项卡

提示

在【开始】选项卡的【段落】组单击【文字方向】按钮，在弹出的菜单中选择文字方向选项，即可设置占位符文本的流动方向，并将文本内容旋转一定的角度显示。

2.4.3　设置项目符号

在 PowerPoint 演示文稿中，为了使某些内容更为醒目，经常需要使用项目符号和编号。项目符号用于强调一些特别重要的观点或条目，从而使主题更加美观、突出；而使用编号，可以使主题层次更加分明、有条理。

1. 添加项目符号

项目符号在演示文稿中使用的频率很高。在并列的文本内容前都可添加项目符号。默认的项目符号以实心圆点形状显示。此外，PowerPoint 还可以将图片或系统符号库中的各种字符设置为项目符号，这样丰富了项目符号的形式。要添加项目符号，则将光标定位在目标段落中，在【开始】选项卡的【段落】组中单击【项目符号】下拉按钮，从弹出的下拉列表框中选择需要使用的项目符号样式即可，如图 2-56 所示。

图 2-56　【项目符号】选项

若在【项目符号】列表框中选择【项目符号和编号】命令，将打开如图 2-57 所示的【项目符号和编号】对话框，在其中可供选择的项目符号类型共有 7 种。用户还可以根据对话框中的选项对项目符号进行设置。

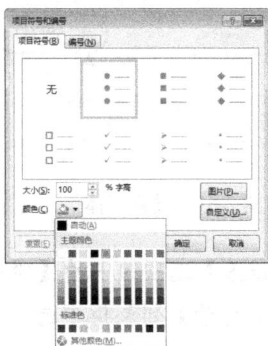

- ◉ 在【大小】文本框中设置项目符号与正文文本的高度比例，以百分数比表示。当该文本框中的值大于 100%时，表示该项目符号的高度将超过正文文本的高度。
- ◉ 单击【颜色】按钮，打开颜色面板，可以设置项目符号的颜色，如图 2-58 所示。

图 2-57 【项目符号和编号】对话框   图 2-58 设置项目符号的颜色

- ◉ 单击【图片】按钮，打开【插入图片】面板，在其中设置插入的图片，如图 2-59 所示。在对话框的【必应图像搜索】文本框中输入需要搜索的关键字，单击【搜索】按钮，则符合条件的结果将显示在对话框的列表窗口中。在【来自文件】选项或【OneDrive-个人】选项后单击【浏览】按钮，可以打开相应的对话框，将自定义的图片设置为项目符号。
- ◉ 单击【自定义】按钮，打开如图 2-60 所示【符号】对话框，在其中可以选择字符、标点符、货币符、数学符、制表符、图形符等符号作为项目符号。

图 2-59 【插入图片】面板   图 2-60 【符号】对话框

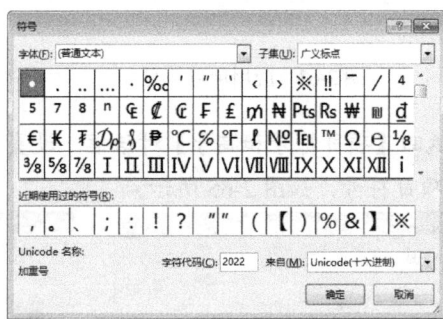

【例 2-9】在演示文稿中设置项目符号。

(1) 启动 PowerPoint 2016 应用程序，打开所需的演示文稿。在【幻灯片】窗格中选中第 3 张幻灯片，选中部分文字内容。在【开始】选项卡的【字体】选项组中设置【字体】为【华文楷体】，【字号】为 18。单击【字体颜色】按钮，从弹出的下拉列表框中选中【绿色，个性色 1，深色 25%】色板，如图 2-61 所示。

(2) 在【开始】选项卡的【段落】选项组单击对话框启动器 ，打开【段落】对话框。设置【设置值】数值为 30 磅，然后单击【确定】按钮，如图 2-62 所示。

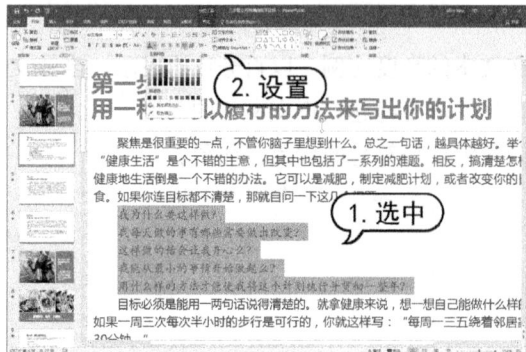

图 2-61 设置字体

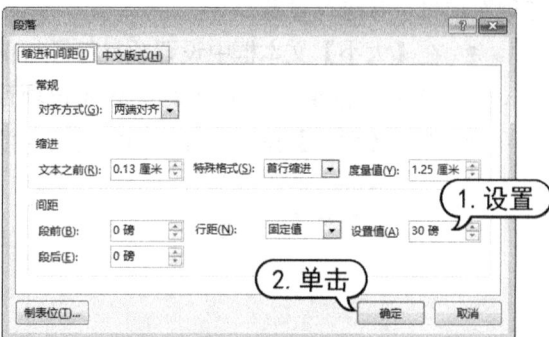

图 2-62 设置段落格式

(3) 单击【段落】选项组中的【项目符号】按钮，如图 2-63 所示。

(4) 在【项目符号】列表框中选择【项目符号和编号】命令，打开【项目符号和编号】对话框。在对话框中，单击【自定义】按钮打开【符号】对话框，在对话框中选中一个图形，然后单击【确定】按钮，如图 2-64 所示。

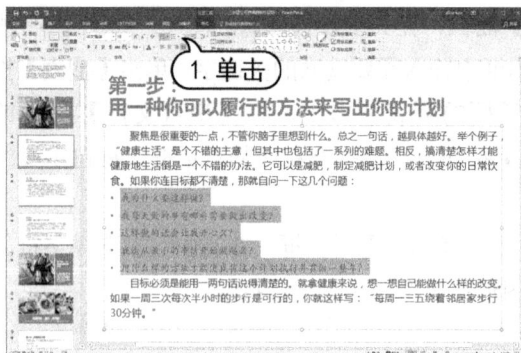

图 2-63 应用项目符号

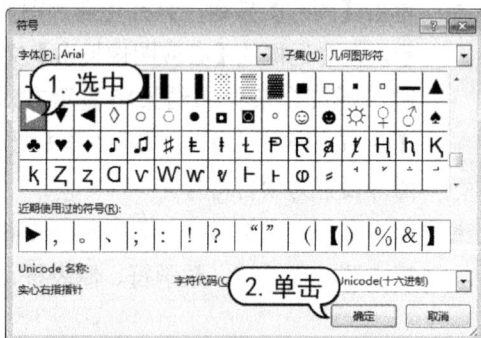

图 2-64 自定义项目符号

(5) 返回【项目符号和编号】对话框，设置【大小】数值为 60%字高，然后单击【确定】按钮应用项目符号，如图 2-65 所示。

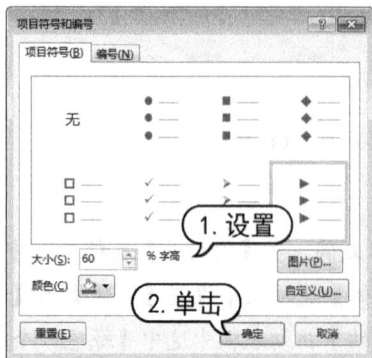

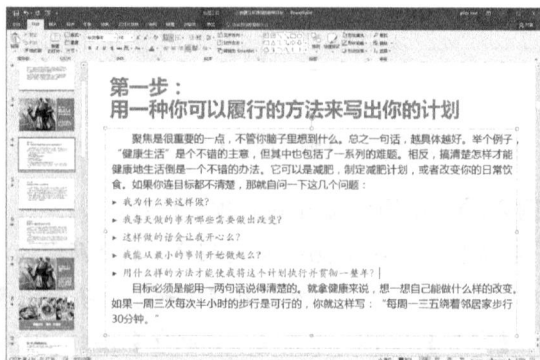

图 2-65 设置项目符号

2. 添加编号

在默认状态下，项目编号由阿拉伯数字构成。在【开始】选项卡的【段落】组中单击【编号符号】下拉按钮，从弹出的列表框中可以选择内置的编号样式，如图 2-66 所示。

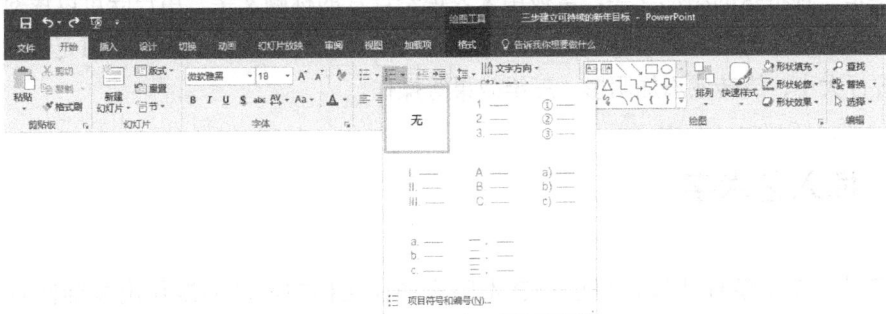

图 2-66　【编号符号】选项

PowerPoint 还允许用户使用自定义编号样式。打开【项目符号和编号】对话框的【编号】选项卡，可以根据需要选择和设置编号样式，如图 2-67 所示。

图 2-67　【编号】选项卡

> **知识点**
>
> 打开【项目符号和编号】对话框的【编号】选项卡，在【起始编号】数值框中可以设置编号列表第一个项目起编号符号的顺序值。

2.4.4　设置分栏显示

分栏的作用是将文本段落按照两列或更多列的方式排列显示。选取要进行分栏处理的文本，然后在【开始】选项卡的【段落】组中单击【分栏】下拉按钮，从弹出的列表中选择相应的栏数，如图 2-68 所示。如果列表中没有适合的栏数选项，则选择【更多栏】选项，在打开的如图 2-69 所示的【分栏】对话框中进行设置即可。

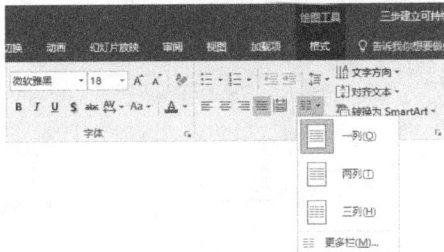

图 2-68　【分栏】设置

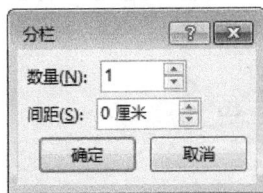

图 2-69　【分栏】对话框

2.5 添加艺术字

艺术字是一种特殊的图形文字，常被用来表现幻灯片的标题文字。用户既可以像对普通文字一样设置其字号、加粗、倾斜等效果，可以像对图形对象一样设置其边框、填充等属性，还可以对其进行大小、旋转或添加阴影、三维效果等操作。

2.5.1 插入艺术字

艺术字是一个文字样式库，可以将艺术字添加在文档中，从而制作出装饰性效果。在PowerPoint 中，打开【插入】选项卡，在【文本】组中单击【艺术字】下拉按钮，在弹出的下拉列表中选择需要的样式，即可在幻灯片中插入艺术字，如图 2-70 所示。

图 2-70 【艺术字】选项

【例 2-10】 在演示文稿的幻灯片中插入艺术字。

(1) 启动 PowerPoint 2016 应用程序，打开演示文稿。选中第 1 张幻灯片中的标题文本占位符，如图 2-71 所示。

(2) 选择【格式】选项卡的【艺术字样式】选项组，单击【艺术字样式】组的 按钮，从弹出的艺术字样式列表框中选择【图案填充：橙色，主题色 3，窄横线；内部阴影】样式，如图2-72 所示。

图 2-71 选中标题文本占位符

图 2-72 设置艺术字样式

(3) 在快速访问工具栏中单击【保存】按钮，保存演示文稿。

知识点

　　除了直接插入艺术字外，用户还可以将文本转换为艺术字。其操作方法很简单，选择要转换的文本，在【格式】选项卡的【艺术字样式】选项组中单击【艺术字样式】下拉按钮，从弹出的艺术字样式列表框中选择需要的样式即可。

②5.2　设置艺术字格式

　　为了使艺术字的效果更加美观，可以对艺术字格式进行相应的设置，如艺术字的填充、轮廓、效果等属性。

　　插入艺术字后，在显示的绘图工具【格式】选项卡中通过【艺术字样式】组可以对插入的艺术字属性进行设置。

1. 设置艺术字填充

　　单击【艺术字样式】组中的【文本填充】下拉按钮，在弹出的列表中可以直接选择文字填充颜色，也可以自定义填充颜色，还可以填充图片、渐变和纹理等。

　　【例 2-11】在演示文稿的幻灯片中设置艺术字填充效果。

　　(1) 启动 PowerPoint 2016 应用程序，打开演示文稿。选中第 2 张幻灯片中的标题文本占位符，如图 2-73 所示。

　　(2) 选择【格式】选项卡的【艺术字样式】选项组，单击【艺术字样式】组的 ▼ 按钮，从弹出的艺术字样式列表框中选择【填充: 金色，主题色 5; 边框: 白色，背景色 1; 清晰阴影: 金色，主题色 5】样式，如图 2-74 所示。

图 2-73　选中标题文本占位符　　　　　图 2-74　设置艺术字样式

　　(3) 在【格式】选项卡的【艺术字样式】组中，单击【文本填充】按钮，在弹出的列表中选择【渐变】选项，再从弹出的列表中选择【其他渐变】命令。在打开的【设置形状格式】窗格中，单击【预设渐变】按钮，在弹出的面板中选择【中等渐变-个性色 2】预设渐变，如图 2-75 所示。

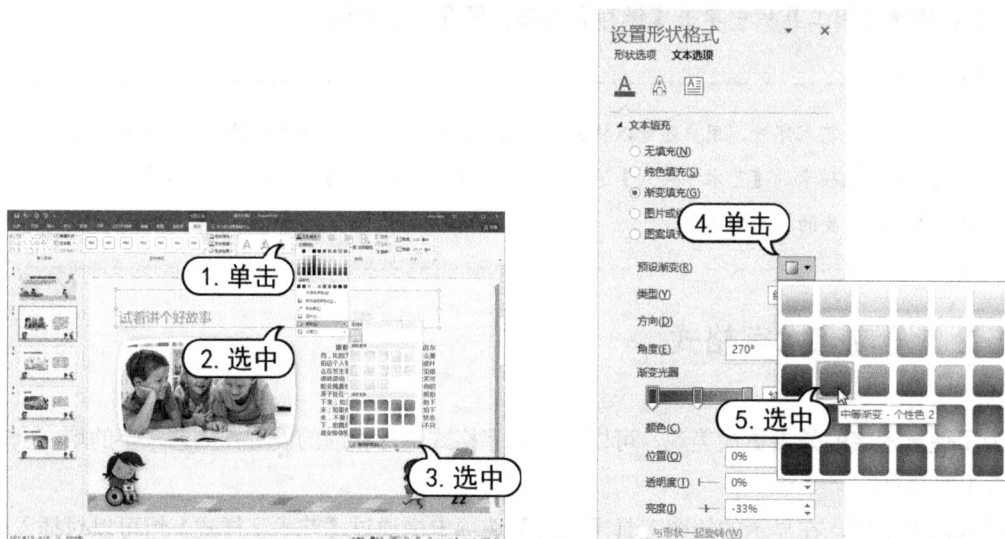

图 2-75 设置文本填充

(4) 在【设置形状格式】窗格的【渐变光圈】选项组中，选中渐变条上的【停止点 2】色标，设置【位置】数值为 30%。再选中渐变条上的【停止点 3】色标，单击【颜色】按钮，从弹出的下拉列表框中选中【浅绿】色板，并设置【亮度】数值为 30%，如图 2-76 所示。

图 2-76 设置渐变颜色

(5) 此时，幻灯片中的艺术字显示为更改后的渐变填充效果。在快速访问工具栏中单击【保存】按钮，保存演示文稿。

2. 设置艺术字轮廓

单击【艺术字样式】组中的【文本轮廓】下拉按钮，在弹出的列表中可以设置文字轮廓填充颜色，还可以设置轮廓粗细和样式，如图 2-77 所示。

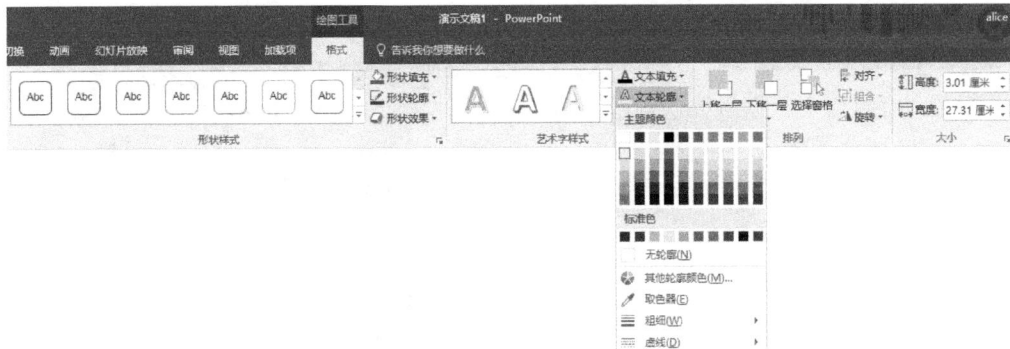

图 2-77　【文本轮廓】选项

【例 2-12】在演示文稿的幻灯片中，设置艺术字轮廓效果。

(1) 启动 PowerPoint 2016 应用程序，打开演示文稿，并选中艺术字文本框。

(2) 在【格式】选项卡的【艺术字样式】组中，单击【文本轮廓】按钮，在弹出的下拉列表框的【主题颜色】选项组中选中【白色，背景 1】色板；选择【粗细】选项，在弹出的列表中选择【0.75 磅】选项，如图 2-78 所示。

(3) 此时，幻灯片中的艺术字显示为更改后的轮廓粗细效果。在快速访问工具栏中单击【保存】按钮，保存演示文稿。

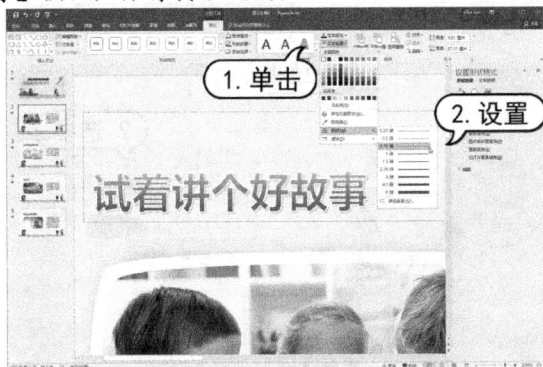

提示

　在【粗细】或【虚线】选项下拉列表中选择【其他线条】命令，打开【设置形状格式】窗格。在其中同样可以设置文本轮廓效果。

图 2-78　设置文本轮廓

3. 设置艺术字效果

单击【艺术字样式】组中的【文本效果】下拉按钮，在弹出的下拉列表中可以选择应用程序中预置的艺术字效果，如图 2-79 所示，也可以选择每种效果底部的选项命令。打开【设置形状格式】窗格，调整艺术字效果。

知识点

　在设置好艺术字的文本效果后，若需要取消设置的效果，可以在相应的效果列表框中选择【无】选项；或单击艺术字样式列表框的【其他】按钮，从弹出的列表框中选择【清除艺术字】选项。

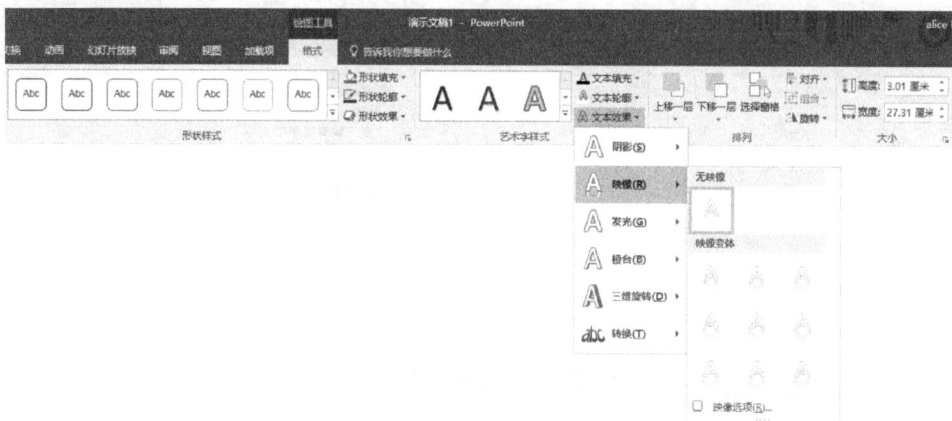

图 2-79　【文本效果】选项

【例 2-13】在演示文稿的幻灯片中设置艺术字文本效果。

(1) 启动 PowerPoint 2016 应用程序，打开"艺术字操作"演示文稿，并选中艺术字文本框，如图 2-80 所示。

(2) 在【格式】选项卡的【艺术字样式】组中，单击【文本效果】按钮，在弹出的列表中选择【映像】选项，在弹出的列表中选择【映像选项】命令，如图 2-81 所示。

图 2-80　选中文本框

图 2-81　选择【映像选项】命令

(3) 打开【设置形状格式】窗格，在【阴影】选项组中，在【颜色】下拉列表框中选择【蓝色，个性色 2，淡色 40%】色板，设置【距离】数值为 4 磅，如图 2-82 所示。

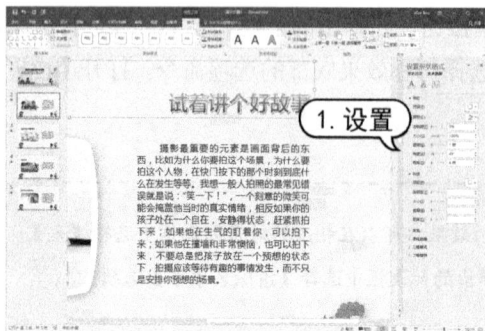

图 2-82　设置阴影效果

图 2-83　设置映像效果

(4) 在【映像】选项组中，单击【预设】按钮，从弹出的下拉列表框中选择【全映像：8 磅 偏移量】选项，设置【距离】数值为 7 磅，【模糊】数值为 2 磅，如图 2-83 所示。

(5) 在快速访问工具栏中单击【保存】按钮，保存演示文稿。

②.6　设置文本框属性

在 PowerPoint 2016 中，默认文本框形式简单且不美观，因此需要设置边框、填充色和文本效果等属性。

【例 2-14】在演示文稿中设置文本框的样式。

(1) 启动 PowerPoint 2016，打开演示文稿。在幻灯片浏览窗格中，选择第 2 张幻灯片，将其显示在幻灯片编辑窗口中，并单击选中标题的文本框，如图 2-84 所示。

(2) 打开【绘图工具】的【格式】选项卡，在【形状样式】组中单击【其他】按钮，在弹出的列表框中选择【半透明-金色，强调颜色 5，无轮廓】，为文本框快速应用形状样式，如图 2-85 所示。

图 2-84　选中文本框

图 2-85　应用形状样式

(3) 在【形状样式】组中，单击【形状效果】按钮，在弹出的列表中选择【柔化边缘】选项，再从弹出的列表中选择【25 磅】效果。此时，即可为文本框应用柔化边缘效果，如图 2-86 所示。

图 2-86　应用形状效果

(4) 在快速访问工具栏中单击【保存】按钮，保存演示文稿。

②.7 上机练习

本章的上机练习主要练习制作旅游宣传演示文稿，使用户更好地掌握输入文本、设置文本格式、设置项目符号、插入公式等基本操作方法和技巧。

(1) 启动 PowerPoint 2016 应用程序，在右侧的页面中选择【个人】选项，显示个人存储的 PowerPoint 模板。选择需要使用的模板，在弹出的面板中单击【创建】按钮，将新建一个基于模板的演示文稿，如图 2-87 所示。

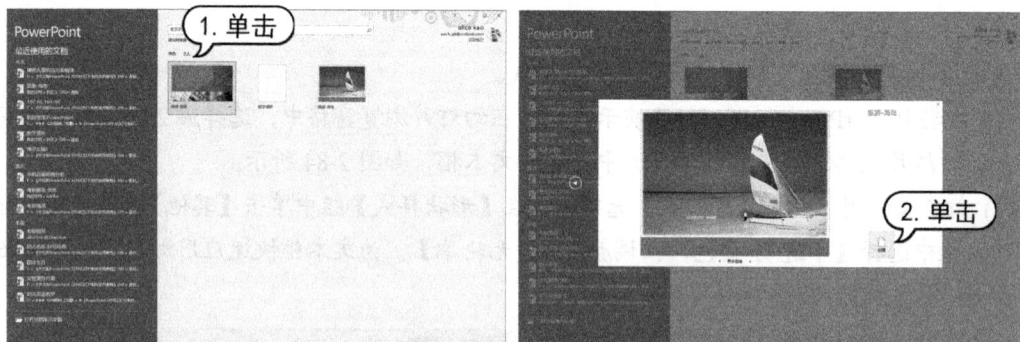

图 2-87　基于个人模板创建演示文稿

(2) 演示文稿默认打开第一张幻灯片，在【单击此处添加标题】文本占位符中输入文字"缤纷夏日　畅游好礼"。在【开始】选项卡的【字体】选项组中，单击【下划线】按钮和【文字阴影】按钮；在【段落】选项组中单击【对齐文本】按钮，从弹出的下拉列表中选择【顶端对齐】选项，如图 2-88 所示。

(3) 在【单击此处添加副标题】文本占位符中输入文字"——魅力三亚游"，在【字体】选项组中单击【文字阴影】按钮；在【段落】选项组中单击【右对齐】按钮；并移动文本框位置，如图 2-89 所示。

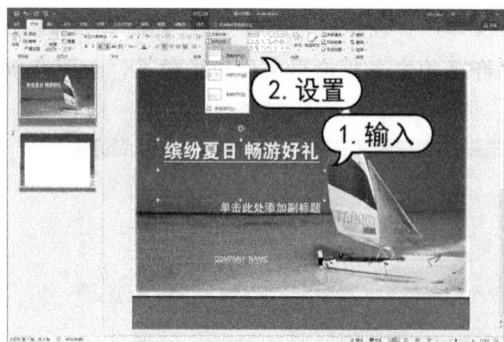

图 2-88　输入、设置文本

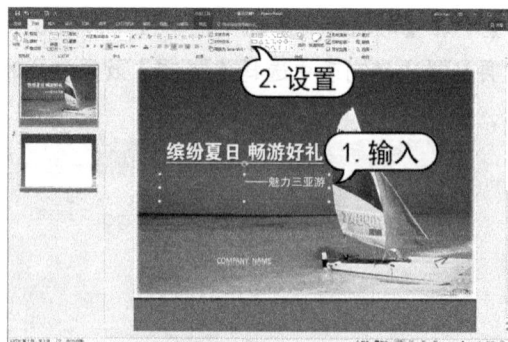

图 2-89　输入、设置文本

(4) 在幻灯片浏览窗格中选择第 2 张幻灯片缩略图，将其显示在幻灯片编辑窗口中，如图 2-90 所示。

(5) 在第 2 张幻灯片中，分别在两个文本占位符中输入如图 2-91 所示的文字。

图 2-90　选中幻灯片

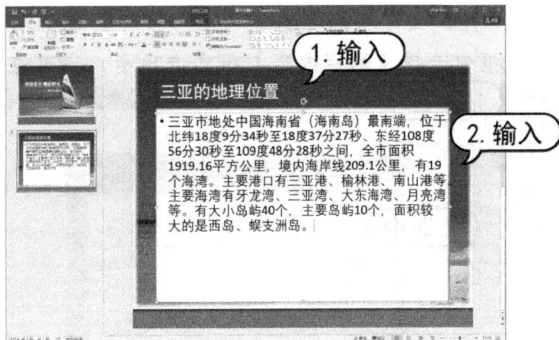

图 2-91　输入文本

(6) 选中内容文本占位符，在【段落】选项组中单击【项目符号】按钮，取消段落项目符号；在【字体】选项组中设置【字体】为【黑体】，单击【字体颜色】按钮，从弹出的下拉列表框中选择【蓝色，个性色 1，深色 25%】色板，如图 2-92 所示。

(7) 保持内容文本占位符的选中状态，在【段落】选项组中单击【两端对齐】按钮，再单击【对齐文本】按钮，从弹出的列表中选择【中部对齐】选项，如图 2-93 所示。

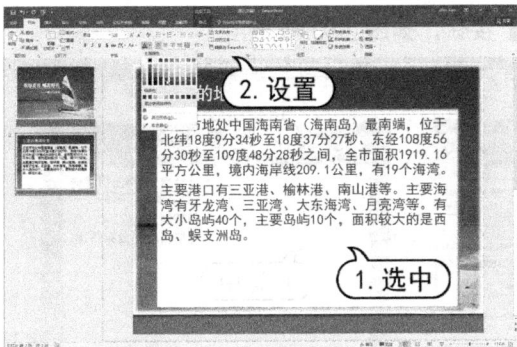

图 2-92　设置字体格式

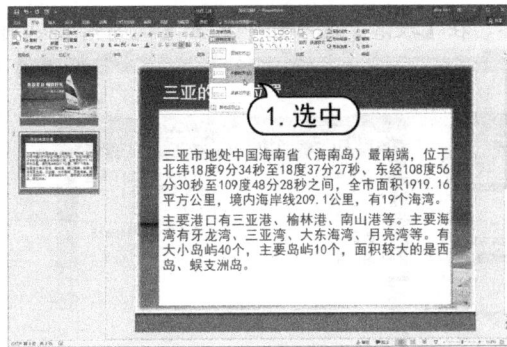

图 2-93　设置段落格式

(8) 在【段落】选项组中单击对话框启动器 ，打开【段落】对话框。单击【特殊格式】下拉列表，选择【首行缩进】选项，并设置【度量值】为 2 厘米；设置【段前】数值为 0 磅；单击【行距】下拉列表，选择【固定值】选项，并设置【设置值】数值为 35 磅，然后单击【确定】按钮，如图 2-94 所示。

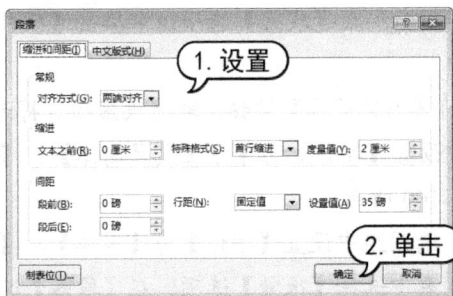

图 2-94　设置段落格式

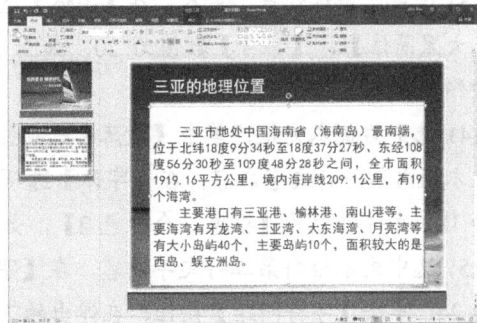

（9）在【开始】选项卡的【幻灯片】选项组中，单击【新建幻灯片】按钮，从弹出的下拉列表框中选择【两栏内容】版式选项卡，即可在演示文稿中新建一张幻灯片，如图 2-95 所示。

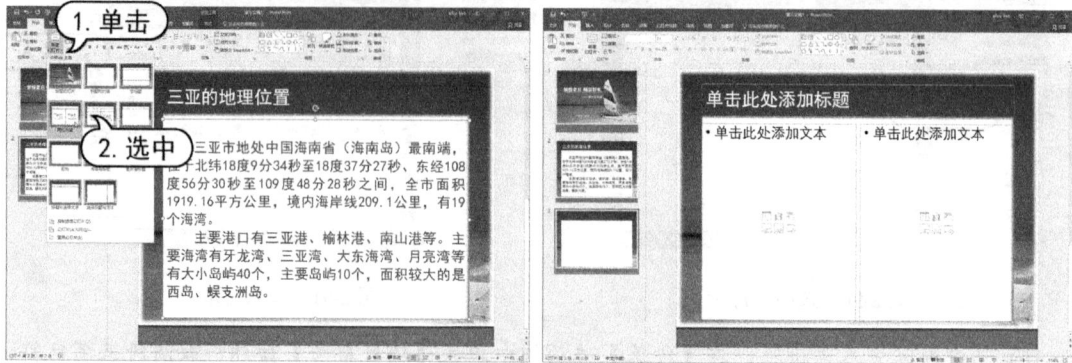

图 2-95　新建幻灯片

（10）在新建幻灯片的文本占位符中分别输入如图 2-96 所示的相应文本内容。

（11）在幻灯片中选中左侧的文本框，在【字体】选项组中设置【字体】为【方正黑体简体】，【字号】数值为 16，【字体颜色】为【绿色，个性色 6，深度 25%】。再选中文本框内的景点名称，在【段落】选项组中单击【提高列表级别】按钮，如图 2-97 所示。

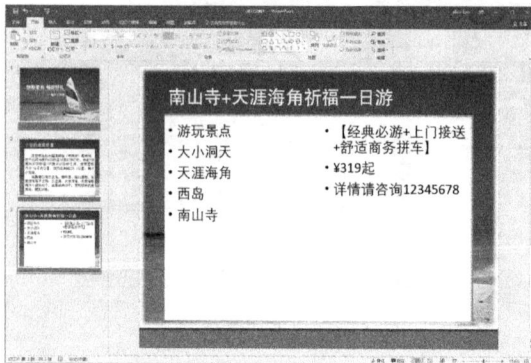

图 2-96　输入文本　　　　　　　　　　　图 2-97　设置文本

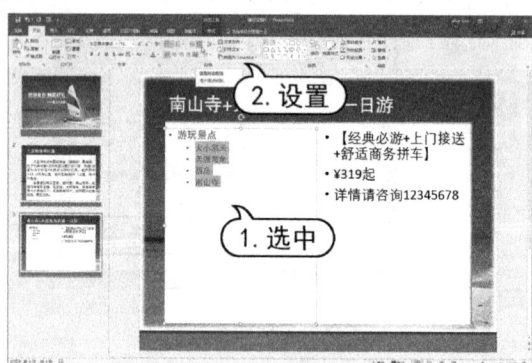

（12）在【开始】选项卡的【段落】组中单击【项目符号】按钮右侧的下拉箭头，在弹出的菜单中选择需要的项目符号样式，为文本设置项目符号，如图 2-98 所示。

（13）选中"游玩景点"文本，在【字体】选项组中单击【下划线】按钮，设置【字体】为【方正大黑简体】，【字号】数值为 20，如图 2-99 所示。在【段落】选项组中单击【项目符号】按钮，取消段落项目符号。

（14）选中右侧本文框，单击【段落】选项组中的【项目符号】按钮，取消段落项目符号；选中文本框内第一行文字内容，在【字体】选项组中设置【字体】为【方正大黑简体】，【字号】为 18，字体颜色为【橙色，个性色 2】，如图 2-100 所示。

（15）选中文本框内第二行文字内容，在【字体】选项组中设置【字体】为【黑体】，【字号】为 24，单击【字符间距】按钮，在弹出的下拉列表中选择【很紧】选项；在【段落】选项组中单击【居中】按钮。然后选中文本中的数字，在【字体】选项组中设置【字体】为 Aharoni，

【字号】为 80，如图 2-101 所示。

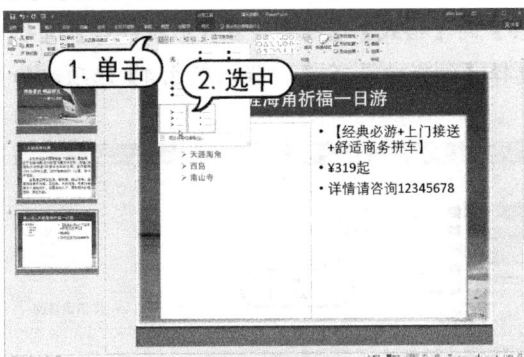

图 2-98　设置项目符号

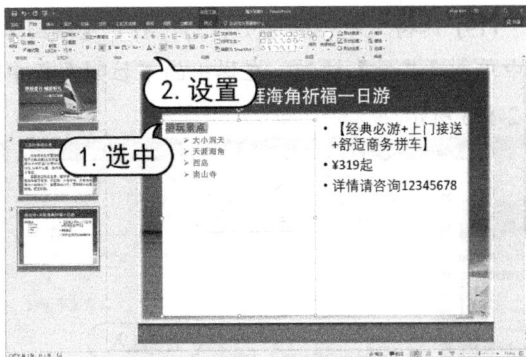

图 2-99　设置字体

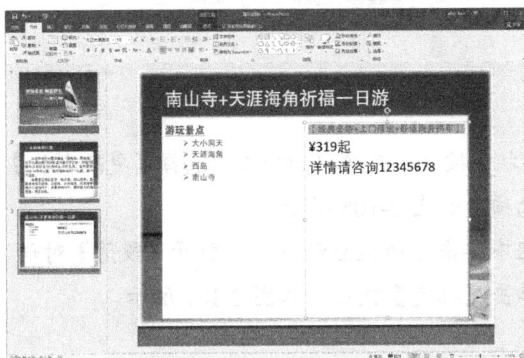

图 2-100　设置字体

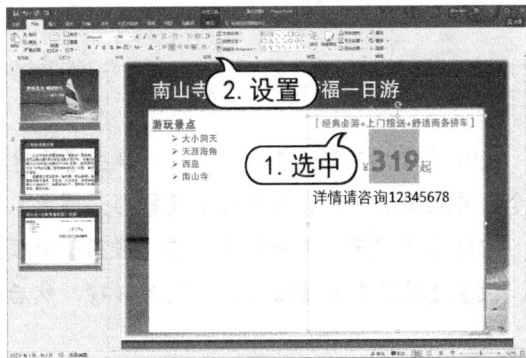

图 2-101　设置字体

(16) 选中文本框内第三行文字内容，在【字体】选项组中设置【字体】为【黑体】，【字号】为 16；在【段落】选项组中单击【居中】按钮。然后选中文本中的数字，在【字体】选项组中设置【字体】为 Brush Script MT，【字号】为 32，字体颜色为红色，如图 2-102 所示。

(17) 打开【插入】选项卡，在【文本】选项组中单击【文本框】按钮，从弹出的下拉列表中选择【横排文本框】选项，然后在幻灯片中拖动创建文本框，如图 2-103 所示。

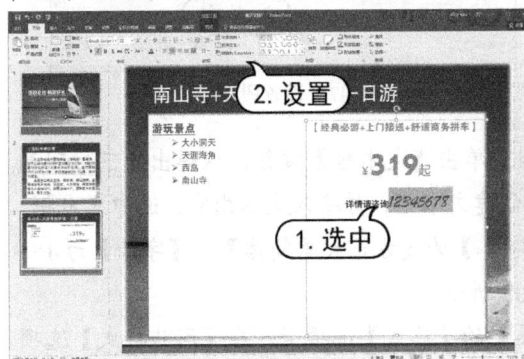

图 2-102　设置字体

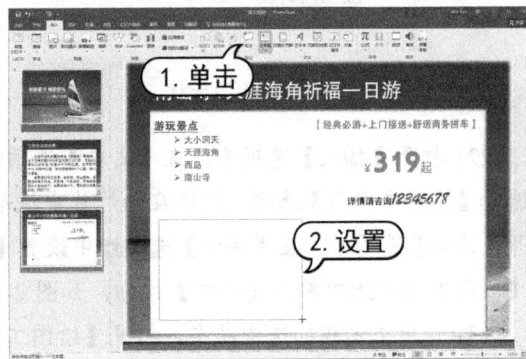

图 2-103　插入文本框

(18) 在文本框中输入文本内容，然后在【字体】选项组中设置【字体】为【黑体】，【字号】为 12；在【段落】选项组中单击【项目符号】按钮，如图 2-104 所示。

(19) 保持文本框的选中状态，打开【绘图工具】的【格式】选项卡，在【形状样式】选项组中单击【其他】按钮，在弹出的下拉列表框中选择【细微效果-金色，强调颜色4】选项，如图 2-105 所示。

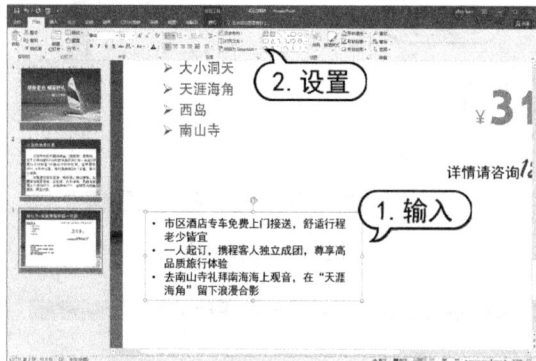

图 2-104　输入、设置文本

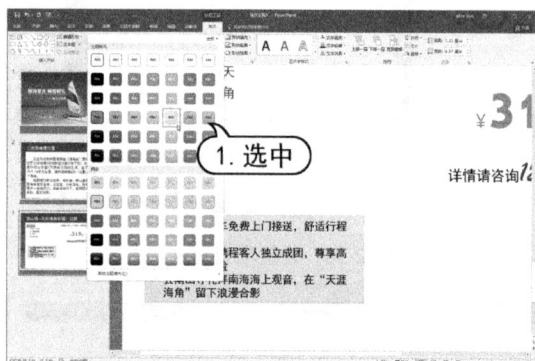

图 2-105　设置形状样式

(20) 在【插入形状】选项组中，单击【编辑形状】按钮，在弹出的列表中选择【更改形状】命令，再从弹出的列表框中选择【矩形：圆角】选项，如图 2-106 所示。

(21) 打开【开始】选项卡，在【段落】选项组中单击对话框启动器，打开【段落】对话框。设置【段前】和【段后】数值为 6 磅，然后单击【确定】按钮，如图 2-107 所示。

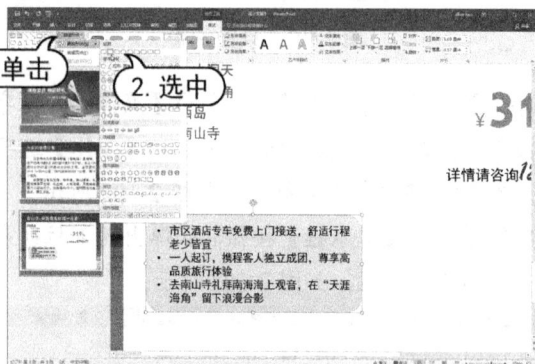

图 2-106　更改形状

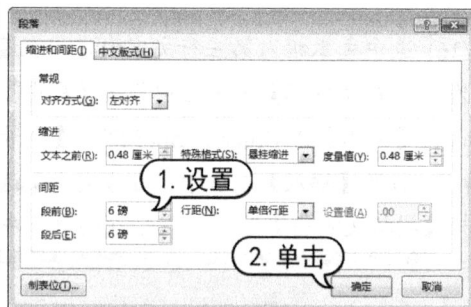

图 2-107　设置段落

(22) 打开【插入】选项卡，在【文本】选项组中单击【文本框】按钮，从弹出的下拉列表中选择【横排文本框】选项。然后在幻灯片中拖动创建文本框，并输入文本内容。选中文本框，打开【开始】选项卡，在【字体】选项组中设置【字体】为【方正大黑简体】，【字号】为 18；在【段落】选项组中单击【居中】按钮，如图 2-108 所示。

(23) 保持文本框的选中状态，打开【绘图工具】的【格式】选项卡，在【形状样式】选项组中单击【浅色 1 轮廓，彩色填充-蓝色，强调颜色 5】选项，如图 2-109 所示。

(24) 保持文本框的选中状态，单击【排列】选项组中的【旋转】按钮中的【其他旋转选项】命令，打开【设置形状格式】窗格。在窗格中设置【旋转】数值为-5°；展开【位置】选项栏，设置【垂直位置】数值为 9.5 厘米, 如图 2-110 所示。

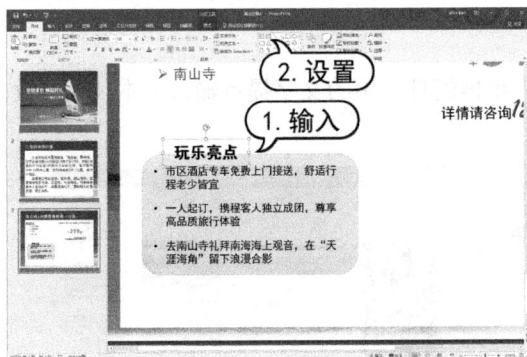

图 2-108　插入文本

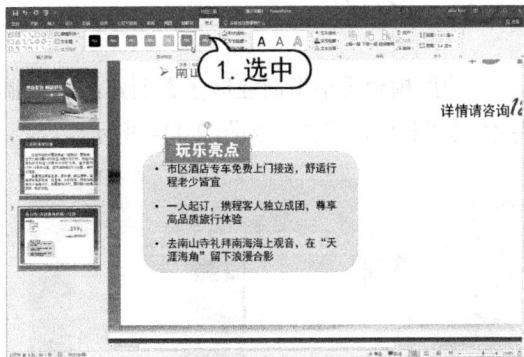

图 2-109　设置形状样式

(25) 选中步骤(17)~(24)中创建的文本框, 按住 Ctrl 键拖动并复制文本框对象, 如图 2-111 所示。

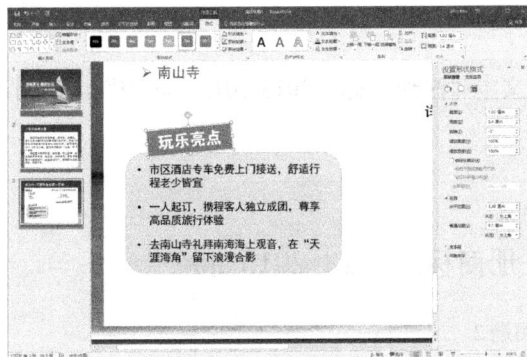

图 2-110　调整文本框

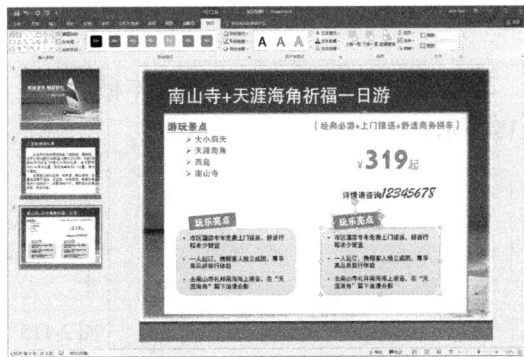

图 2-111　复制文本框

(26) 在复制的文本框对象中, 修改文本内容, 如图 2-112 所示。

(27) 在快速访问工具栏中单击【保存】按钮, 在打开的【另存为】页面中单击【浏览】选项。在打开的【另存为】对话框中, 将创建的演示文稿以"三亚一日游"为名进行保存, 如图 2-113 所示。

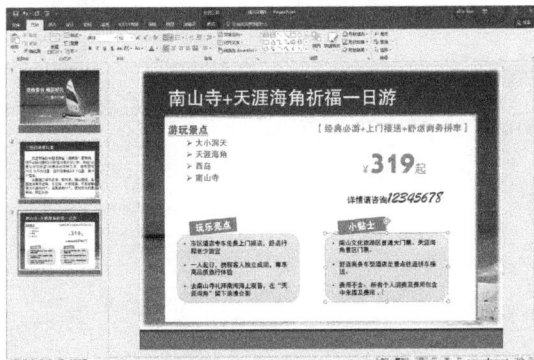

图 2-112　修改文本内容

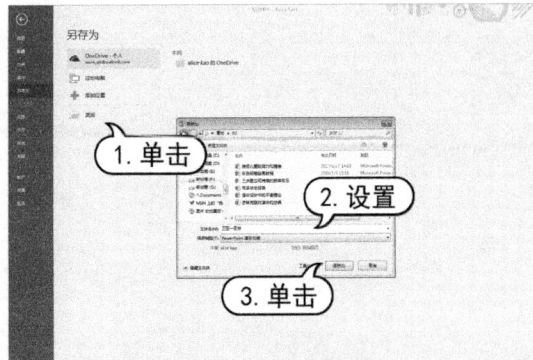

图 2-113　保存演示文稿

②.8 习题

1. 使用模板【小型商业册子】创建演示文稿，根据幻灯片中的文字提示输入文本，练习设置字体格式和段落格式，如图 2-114 所示。

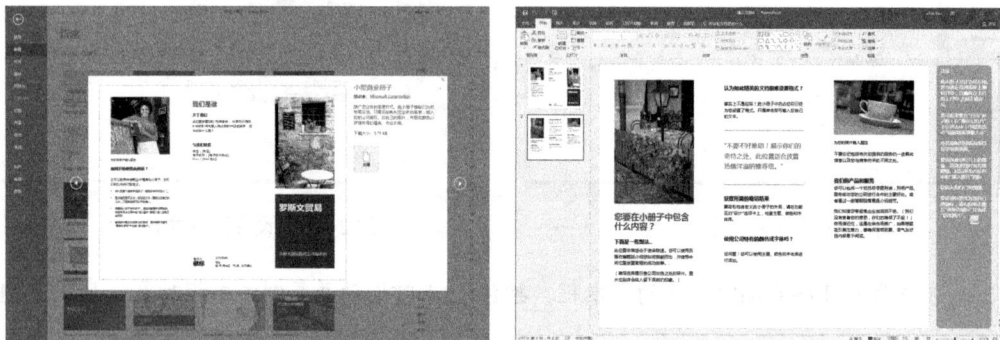

图 2-114　习题 1

2. 在幻灯片中插入一个横排文本框，并输入文本"注册商标:©2013-2015 aier™"，如图 2-115 所示。

图 2-115　习题 2

3. 在幻灯片中输入公式"$f_n = f_{n-2} + f_{n-1}(n \geqslant 3)$:"。

第3章

制作图文并茂的幻灯片

学习目标

图片是幻灯片中非常重要的元素之一，在幻灯片中插入图片不仅可以让幻灯片更具观赏性，还能起到辅助说明文字内容的作用。本章将详细介绍在 PowerPoint 中插入图片、美化图片以及制作电子相册等内容，让用户更直观、快速地掌握制作图文并茂的幻灯片的方法。

本章重点

- 在幻灯片中插入图片
- 调整插入的图片效果
- 美化幻灯片中的图片
- 电子相册的制作

3.1 在幻灯片中插入图片

为了更生动形象地阐述演示文稿的主题和所需表达的思想，可以在演示文稿中插入图片和绘制形状。在应用形状与图片时，要充分考虑幻灯片的主题，使图片、图形和主题和谐一致。在演示文稿中插入的图片可以是剪贴画，也可以是来自文件的图片，还可以是屏幕截图。

3.1.1 插入电脑中的图片

为了让幻灯片更具个性化，很多用户在制作幻灯片时，都会选择插入本地电脑中的图片，以选择更适合幻灯片内容的素材，提高幻灯片的专业度。打开【插入】选项卡，在【图像】组中单击【图片】按钮，打开【插入图片】对话框。在对话框中，选择需要的图片后，单击【插入】按钮即可。

【例3-1】在演示文稿中插入相关图片。

(1) 启动 PowerPoint 2016 应用程序，打开一个演示文稿。在幻灯片浏览窗格中，选中第 3 张幻灯片，将其显示在幻灯片编辑窗口中，如图 3-1 所示。

图 3-1　选中幻灯片

(2) 在幻灯片中，单击对象占位符中的【图片】按钮，打开【插入图片】对话框。在对话框中，选择所需要的图片，然后单击【插入】按钮，如图 3-2 所示。

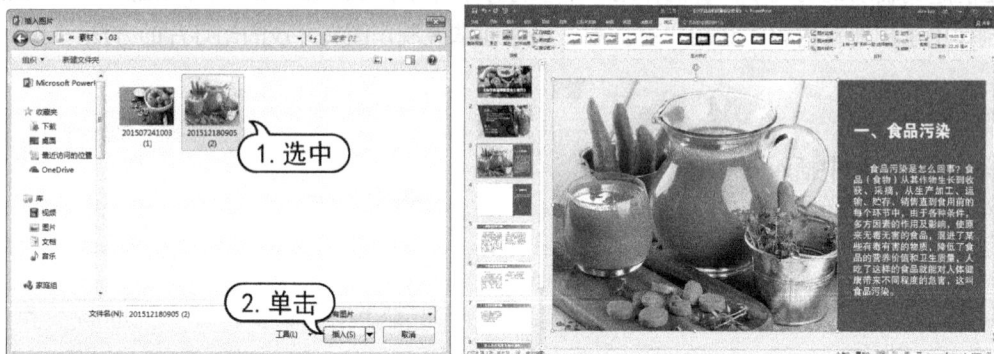

图 3-2　插入图片

③.1.2　插入联机图片

联机图片是 PowerPoint 2016 自带的图片，其图片类型十分丰富，包括人物、动植物、运动、商业和科技等，用户可以根据自己的需要进行搜索和选择。

【例3-2】在演示文稿中插入联机图片。

(1) 启动 PowerPoint 2016 应用程序，打开一个演示文稿。在幻灯片浏览窗格中，选中第 4 张幻灯片，将其显示在幻灯片编辑窗口中，如图 3-3 所示。

(2) 在幻灯片中，单击对象占位符中的【联机图片】按钮，打开【插入图片】对话框。在【必应图像搜索】文本框中输入需搜索的关键字，这里输入"绿色食品"，单击【搜索】按钮，如图 3-4 所示。

(3) 在打开的面板中将显示搜索到的联机图片，单击【照片】按钮，在弹出的下拉列表中选择【照片】选项，然后在列表框中选择需要的图片，单击【插入】按钮，如图 3-5 所示。

图 3-3　选中幻灯片

图 3-4　搜索图片

图 3-5　插入图片

(4) 返回幻灯片编辑区，调整插入当前幻灯片中的联机图片，如图 3-6 所示。

图 3-6　调整插入的联机图片

③.1.3　插入屏幕截图

使用 PowerPoint 2016 的屏幕截图功能，可以在幻灯片中插入屏幕截取的图片。打开【插入】选项卡，在【插图】选项组中单击【屏幕截图】按钮，从弹出的列表中可以直接选择当前打开的程序界面；也可以选择【屏幕剪辑】选项，进入屏幕截图状态，拖动截取所需的图片区域。

【例3-3】在演示文稿中插入屏幕截图。

(1) 启动浏览器，搜索一张素材图片，如图3-7所示。

(2) 在幻灯片浏览窗格中，选中第7张幻灯片，将其显示在编辑窗口中，如图3-8所示。

图3-7 搜索图片

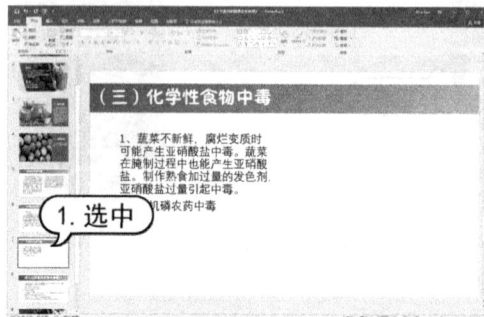

图3-8 打开幻灯片

(3) 打开【插入】选项卡，在【图像】组中单击【屏幕截图】下拉按钮，从弹出的列表中选择【屏幕剪辑】命令，如图3-9所示。

(4) 进入屏幕截图状态，拖动截取所需的图片区域，如图3-10所示。

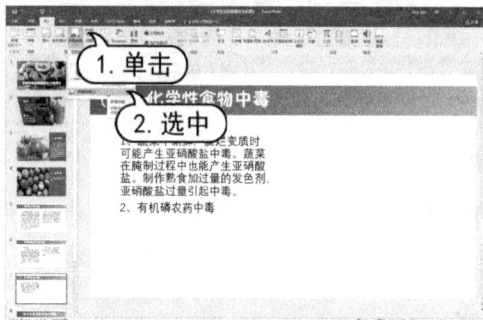

图3-9 选择【屏幕剪辑】命令

图3-10 截取屏幕

(5) 释放鼠标，返回至幻灯片编辑窗口，查看插入的屏幕截图，并调整截取图像的大小及位置，如图3-11所示。

图3-11 调整图片

提示

在电脑中浏览图片时，将某张图片拖动至 Windows 7 任务栏中的 PowerPoint 2016 文档窗口标题栏上，再拖动至幻灯片编辑窗口，然后释放鼠标，即可将图片插入到该张幻灯片中。

(6) 在快速访问工具栏中单击【保存】按钮，保存演示文稿。

3.2 调整插入的图片效果

在幻灯片中插入图片后,由于图片的位置、大小、角度和效果等都是默认的,并不能很好地适应幻灯片的版面要求,所以需要对图片的插入效果进行调整和美化。

3.2.1 调整图片的大小及位置

插入到幻灯片中的图片,其位置和大小往往都是不满足需要的,所以需要根据实际情况对其大小和位置等进行调整和修改。

1. 调整图片大小

选择需要调整大小的图片,将光标移动到图片四角的控制点上,当光标变为↖、↗、↘、↙形状时,进行拖动,即可调整图片的整体大小,如图 3-12 所示。将光标移动到图片四边的控制点上,当其变为↔、↕形状时,进行拖动,即可调整图片的长度或宽度。

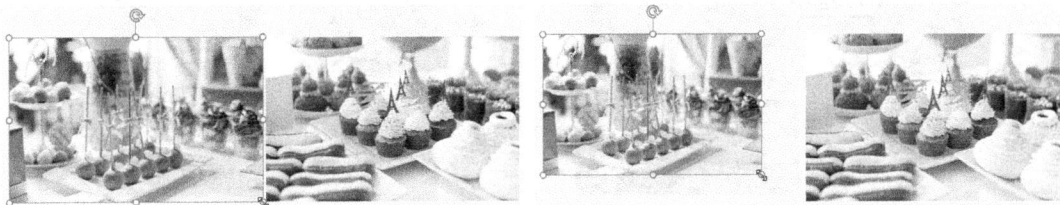

图 3-12 调整图片大小

在【格式】选项卡的【大小】选项组中,通过设置【高度】与【宽度】数值框中的数值,可以设置图片的大小,如图 3-13 所示。另外,单击【大小】选项组中的【对话框启动器】按钮,在打开的【设置图片格式】窗格中的【大小】选项栏中,设置其【高度】和【宽度】数值框中的数值,也可以调整图片的大小,如图 3-14 所示。

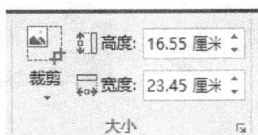

图 3-13 【大小】选项组

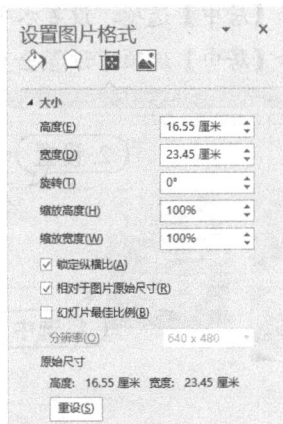

图 3-14 【设置图片格式】窗格

💡 **提示** --

在【设置图片格式】窗格中，调整【缩放高度】和【缩放宽度】中的百分比值，也可调整图片大小。

---

2. 调整图片位置

选择图片，将鼠标放置于图片中，当光标变为 形状时，拖动图片至合适位置，松开鼠标即可。另外，单击【大小】选项组中的【对话框启动器】按钮，在打开的【设置图片格式】窗格中的【位置】选项组中，设置其【水平位置】和【垂直位置】数值，即可调整图片的显示位置。【从】选项用来设置图片的相对位置。

【例 3-4】在演示文稿中调整图片大小及位置。

(1) 打开"美味时刻"演示文稿，在幻灯片浏览窗格中选择第 3 张幻灯片，将其显示在窗口中。选中幻灯片中右上角的图片，在【格式】选项卡的【大小】选项组中，设置【宽度】数值为 8 厘米，如图 3-15 所示。

图 3-15　设置图片大小

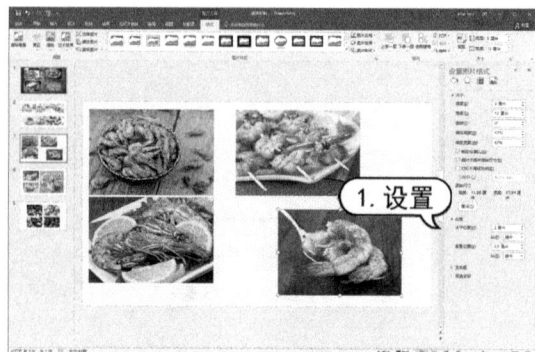

(2) 选择幻灯片右下角的图片，单击【大小】选项组中的对话框启动器按钮，打开【设置图片格式】窗格。在窗格的【大小】选项栏中，设置【宽度】数值为 8 厘米，如图 3-16 所示。

(3) 在【设置图片格式】窗格中，展开【位置】选项组。在【水平位置】选项组的【从】下拉列表中选择【居中】选项，设置水平位置数值为 2 厘米；在【垂直位置】选项组的【从】下拉列表中选择【居中】选项，设置垂直位置数值为 0.5 厘米，如图 3-17 所示。

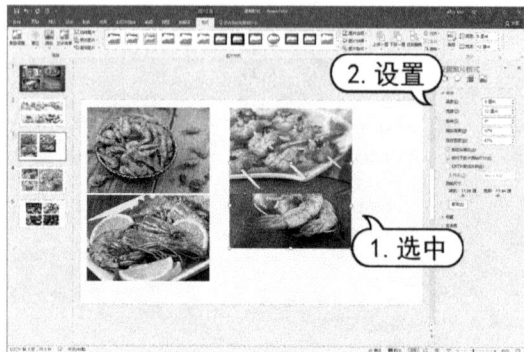

图 3-16　设置图片大小　　　　　　　　　图 3-17　设置图片位置

3.2.2　设置图片的对齐方式

在幻灯片中插入多张图片后，为了让图片的排列更美观整齐，可以设置图片的对齐方式，如左对齐、水平居中和右对齐等。设置图片对齐方式的方法主要有两种，下面分别进行介绍。

- 使用【对齐】命令：选择需要对齐的图片，在【格式】选项卡的【排列】选项组中单击【对齐】按钮，在弹出的下拉列表中选择需要的对齐选项即可，如图 3-18 所示。
- 通过参考线对齐：选择一张图片并拖动到一定位置时，在工作界面中将自动出现一条虚线，该虚线为当前幻灯片中其他图片的参考线。此时释放鼠标，可使两张图片对齐，如图 3-19 所示。在移动图片时，按住 Shift 键拖动图片，则图片只在水平和垂直方向上进行移动。

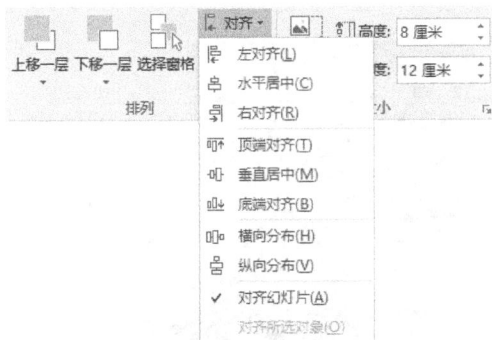

图 3-18　【对齐】选项

图 3-19　通过参考线对齐

3.2.3　组合和排列图片

除了对齐图片外，还可以通过排列图片使幻灯片变得整齐美观。同时，为了保证每张图片的相对位置不发生变化，还可以将多张图片组合起来。

1. 排列图片

当幻灯片中多张图片有重叠时，就需要设置图片的上下层次，将需要完全显示的图片放置在最上面。在默认情况下，按插入图片的先后顺序来放置图片，最先插入的图片位于最底层，最后插入的图片位于顶层。但是用户也可以根据需要重新调整图片的叠放层次。

要调整图片的叠放顺序，可以选中图片后，通过以下三种方法实现。

- 在【开始】选项卡中，单击【绘图】组中的【排列】下拉按钮，从弹出的列表中选择【排列对象】选项下的选项，如图 3-20 所示。
- 在【格式】选项卡的【排列】组中，单击【上移一层】或【下移一层】下拉按钮，选择相关选项，如图 3-21 所示。

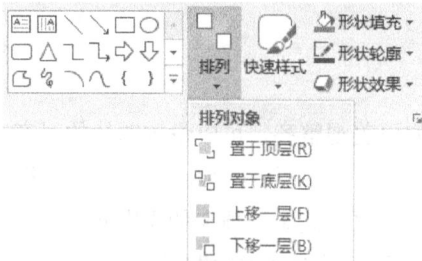

图 3-20　【排列】选项

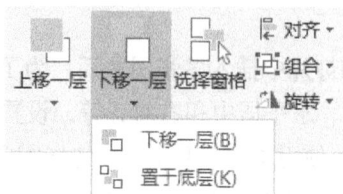

图 3-21　【上移一层】、【下移一层】按钮

● 在需要调整的图片上，右击，从弹出的菜单中选择【置于顶层】或【置于底层】命令，从弹出的子菜单中选择所需要的命令即可，如图 3-22 所示。

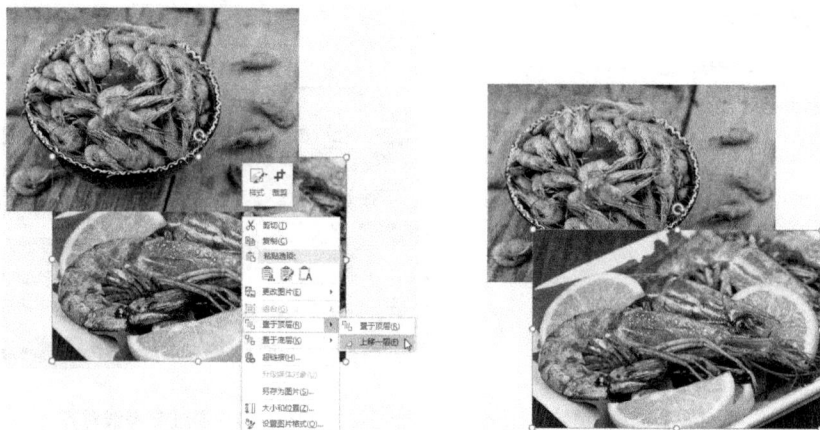

图 3-22　使用快捷菜单排列

2. 组合图片

在完成图片顺序的排列和调整后，可将这些图片组合成为一个整体，这样不仅可以防止图片之前的相对位置发生变化，还可以对多张图片进行统一操作，提高工作效率。

选择需组合的多张图片，再在【格式】选项卡的【排列】选项组中，单击【组合】按钮，在弹出的下拉列表中选择【组合】选项，即可看到组合后的图片已经成为一个整体，如图 3-23 所示。

图 3-23　组合图片

> **提示**
>
> 完成图片的组合后，单击【组合】按钮，在弹出的下拉列表中选择【取消组合】选项，可取消图片组合。此外，按 Ctrl+G 组合键，可快速组合选择的图片。按 Shift+Ctrl+G 组合键，可取消图片组合。

③2.4　调整图片的旋转角度

想让幻灯片中的图片排版效果更具个性化和多样化，可以对其旋转角度进行设置。在 PowerPoint 2016 中可以手动任意旋转图片，也可以通过命令翻转图片。

- 旋转图片：选择图片，将光标移动到图片上方的旋转控制点上，当光标变为↺形状时，拖动即可任意旋转图片。也可以在【格式】选项卡的【排列】组中单击【旋转】按钮，在弹出的菜单中选择【向左旋转 90°】、【向右旋转 90°】等命令，如图 3-24 所示。

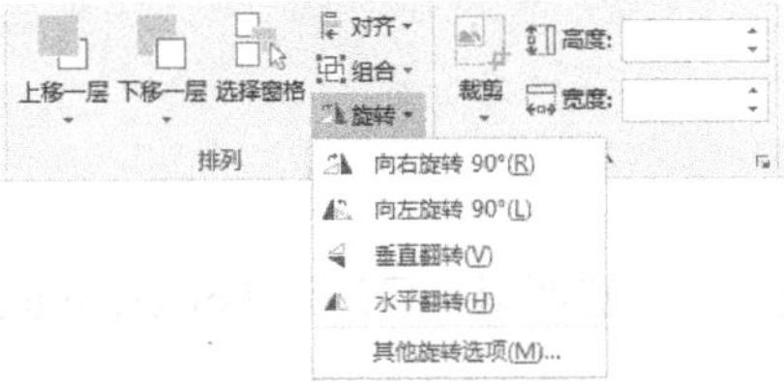

图 3-24　【旋转】选项

> **知识点**
>
> 单击【旋转】按钮，在弹出的菜单中选择【其他旋转选项】命令，在【设置图片格式】窗格的【大小】选项组中设置【旋转】数值可以旋转图片。

- 翻转图片：选择图片后，选择【格式】选项卡的【排列】组，单击【旋转】按钮。在弹出的菜单中选择【垂直翻转】和【水平翻转】选项，可将图片向该方向进行翻转。

③2.5　调整图片的颜色

PowerPoint 2016 有强大的图片编辑美化功能，可快速调整图片的颜色，使图片更加美观。要改变图片颜色，先选择需要调整颜色的图片，在【格式】选项卡的【调整】选项组中，单击【颜色】按钮，在弹出的下拉列表中选择所需选项，即可改变图片的颜色，如图 3-25 所示。

在【颜色】下拉列表中提供的颜色类别有限，用户还可以选择【其他变体】命令、【设置透明色】命令和【图片颜色选项】命令丰富图片颜色效果。

- 【其他变体】命令：用户可以根据需要自定义图片的颜色。【其他变体】子列表中选择相应的颜色即可将其设置为图片颜色，也可以具体调整颜色的 RGB 数值。
- 【设置透明色】命令：选择该选项，光标将变为形状，在图片背景上或某一颜色区域中单击，可将图片背景或当前选择的颜色区域设置为透明色。
- 【图片颜色选项】命令：选择该选项，打开【设置图片格式】窗格，在该窗格中可以对颜色饱和度、温度等选项的具体数值进行调整。此外，若是对当前设置的图片颜色不满意，可在【重新着色】栏中重新设置图片的颜色。若需取消颜色设置，直接单击【重置】按钮即可。

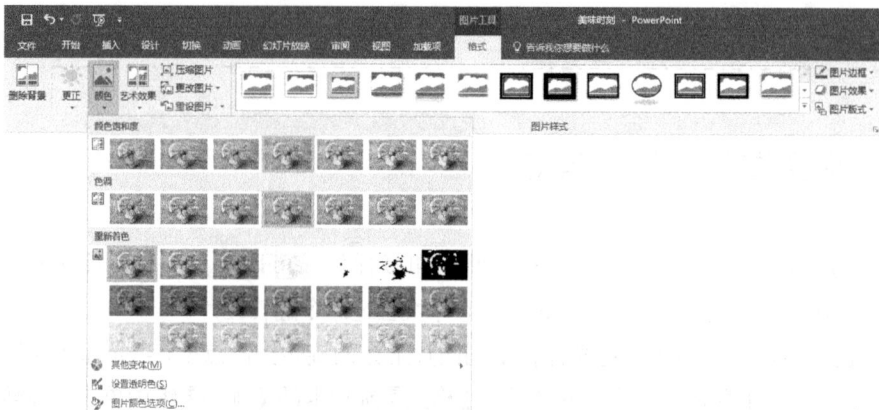

图 3-25   【颜色】选项

③.2.6   调整图片的亮度和对比度

在调整图片效果时，若是发现图片的亮度太低，或对比不够明显，可通过 PowerPoint 2016 调整图片亮度和对比度。

【例 3-5】在演示文稿中提高图片亮度和对比度。

(1) 打开"美味时刻"演示文稿，在幻灯片浏览窗格中选择第 4 张幻灯片，将其显示在窗口中。然后在幻灯片中，选择右侧的图片，如图 3-26 所示。

(2) 在【格式】选项卡的【调整】选项组后，单击【更正】按钮，在弹出的下拉列表中选择【亮度：20%，对比度：20%】，如图 3-27 所示。

图 3-26   选中图片

图 3-27   调整图片

> **提示**
>
> 在【更正】下拉列表中选择【图片更正选项】选项，可打开【设置图片格式】窗格，在其中可以对亮度和对比度的具体数值进行设置。

③.2.7 裁剪图片

插入到幻灯片中的图片，若是不符合要求，可以使用 PowerPoint 2016 的图片裁剪功能对图片进行裁剪。同时，为了幻灯片的美观，用户也可以按照一定的比例对图片进行裁剪，或将图片裁剪成其他形状。下面分别对这几种不同的裁剪方法进行介绍。

⊙ 选中图片后，在【大小】组中单击【裁剪】下拉按钮，从弹出的列表中选择【裁剪为形状】选项，从弹出列表框中选择一种形状，即可将图片裁剪为指定的形状，如图 3-28 所示。

⊙ 选中图片后，在【大小】组中单击【裁剪】下拉按钮，从弹出的列表中选择【纵横比】选项。从弹出的列表中，可以选择一定的比例尺寸来裁剪图片，如图 3-29 所示。

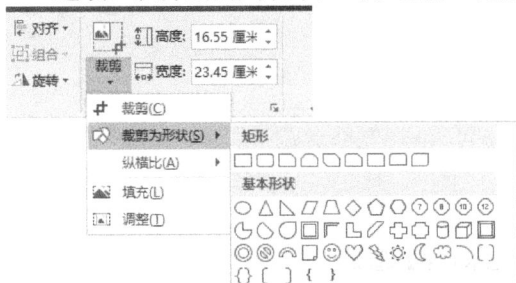

图 3-28 裁剪为形状

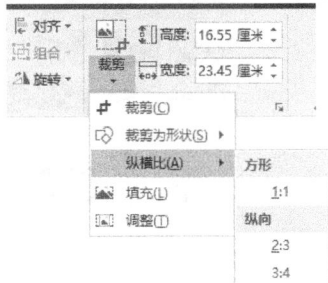

图 3-29 裁剪比例

⊙ 插入到幻灯片中的图片可以任意调整其大小。选中图片后，在【大小】组中单击【裁剪】按钮，将鼠标指针分别指向图片四周各个黑色控制点，拖动剪裁多余的图像，单击裁剪区域外任意位置完成裁剪，如图 3-30 所示。

图 3-30 调整裁剪范围

③.3 美化幻灯片中的图片

为了让图片更好看，PowerPoint 2016 提供了强大的图片美化功能，通过它可以对图片进行应用样式、艺术效果、边框等。

③ 3.1　为图片应用艺术效果

在 PowerPoint 2016 中，提供了多种图片艺术效果，包括铅笔素描、画图刷、水彩海绵、胶片颗粒等，通过这些艺术效果可以使图片更具个性化。选择图片，在【格式】选项卡的【调整】选项组中，单击【艺术效果】按钮，从弹出的下拉列表中选择所需的艺术效果选项即可，如图 3-31 所示。

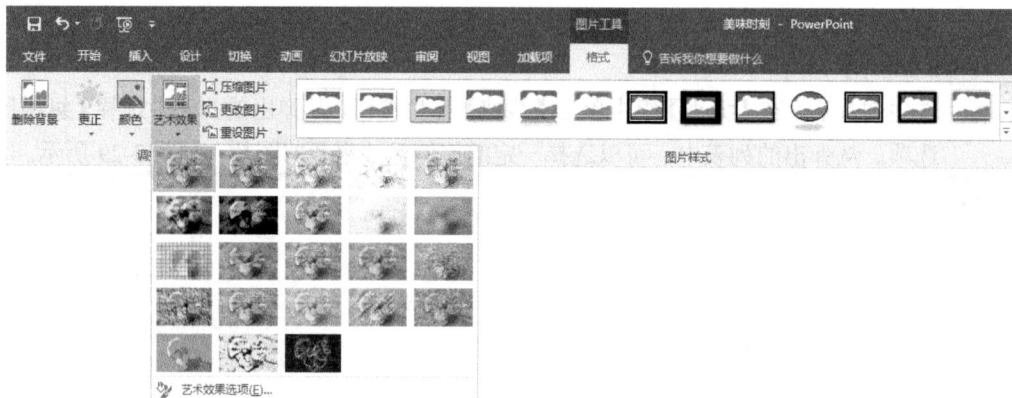

图 3-31　【艺术效果】选项

> **提示**
>
> 为图片应用艺术效果后，在【艺术效果】下拉列表中选择【无】选项，可取消图片的艺术效果。选择【艺术效果选项】选项，可在【设置图片格式】窗格中进一步调整艺术效果。

③ 3.2　为图片应用样式

为了方便用户快速对图片进行美化，PowerPoint 2016 预设了多种效果精美的图片样式，如映像圆角矩形、柔滑边缘矩形和矩形投影等。

选择图片，在【格式】选项卡的【图片样式】选项组的【图片样式】下拉列表框中选择所需的选项即可，如图 3-32 所示。

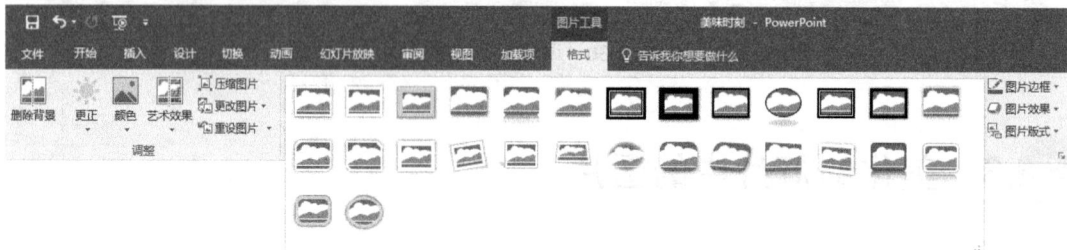

图 3-32　【图片样式】选项

【例3-6】在演示文稿中为图片应用图片样式。

(1) 打开"美味时刻"演示文稿，在幻灯片浏览窗格中选择第 4 张幻灯片，将其显示在窗口中，并选中幻灯片中的图片，如图 3-33 所示。

(2) 在【格式】选项卡的【图片样式】选项组中，单击图片样式列表框中的【其他】按钮，从弹出的下拉列表框中选择【剪去对角，白色】选项，如图 3-34 所示。

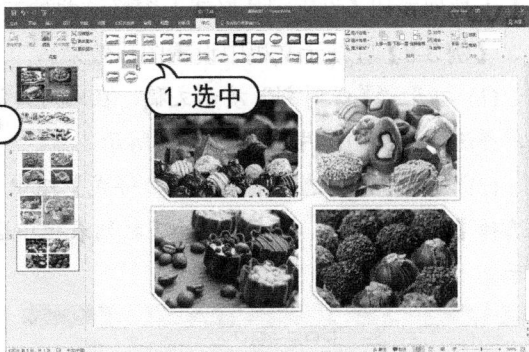

图 3-33　选中图片　　　　　图 3-34　应用图片样式

3.3.3　为图片添加边框

若图片颜色和幻灯片的背景颜色很接近，可以为图片添加边框，以达到区分图片和背景、美化图片的目的。在 PowerPoint 2016 中为图片添加边框，主要是通过为图片添加边框线，并对边框线进行美化的方法来实现的。

【例3-7】在演示文稿中为图片添加边框。

(1) 打开"美味时刻"演示文稿，在幻灯片浏览窗格中选择第 1 幻灯片，将其显示在窗口中，并选择左侧两张图片，如图 3-35 所示。

(2) 在【格式】选项卡的【图片样式】组中，单击【图片边框】按钮，在弹出的下拉列表框中设置【主题颜色】为【白色】。然后再单击【图片边框】按钮，在弹出的下拉列表框中选择【粗细】选项，再从弹出的列表中选择【3 磅】选项，如图 3-36 所示。

图 3-35　选中图片　　　　　图 3-36　设置图片边框

③.3.4 设置图片效果

在 PowerPoint 2016 中，用户可以根据需要为图片设置立体效果。PowerPoint 2016 提供的立体效果主要包括【预设】、【边缘】、【棱台】和【三维旋转】等，一般可以通过【图片效果】下拉列表和【设置图片格式】窗格这两种方法进行设置。

【例 3-8】在演示文稿中设置图片效果。

(1) 打开"美味时刻"演示文稿，在幻灯片浏览窗格中选择第 1 幻灯片，将其显示在窗口中，并选择右侧的图片，如图 3-37 所示。

(2) 在【格式】选项卡的【图片样式】组中，单击【图片效果】按钮，在弹出的下拉列表中选择【映像】选项，再从弹出的下拉列表框中选择【紧密映像: 8 磅偏移量】选项，如图 3-38 所示。

图 3-37　选中图片　　　　　　　　　　图 3-38　设置图片效果

(3) 在幻灯片浏览窗格中，选择第 2 张幻灯片将其显示在窗口中，并选中幻灯片中的图片。在【格式】选项卡的【图片样式】选项组中，单击图片样式列表框中的【其他】按钮，从弹出的下拉列表框中选择【映像右透视】选项，如图 3-39 所示。

图 3-39　设置图片效果

(4) 在【格式】选项卡的【图片样式】组中，单击【图片效果】按钮，在弹出的下拉列表中选择【三维旋转】选项。再从弹出的下拉列表框中的【透视】选项组中选择【透视: 极左极大】选项，如图 3-40 所示。

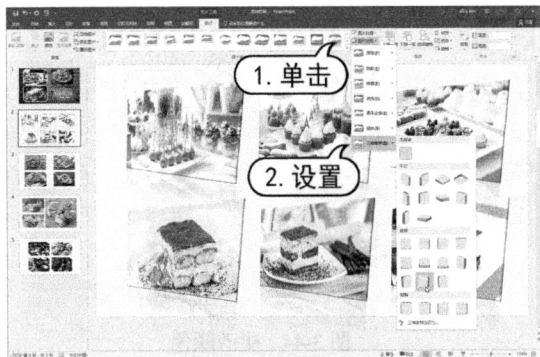

图 3-40　设置图片效果

3.5　应用图片版式

当需要将图片和文本结合使用时，手动排列和编辑会稍显繁琐。PowerPoint 2016 中提供了图片版式功能，通过该功能可快速将图片和文本融合为一个整体。

【例 3-9】在演示文稿中应用图片版式。

(1) 在打开的"美味时刻"演示文稿中，在幻灯片浏览窗格中选择第 3 幻灯片，将其显示在窗口中，并选中幻灯片中的图片，如图 3-41 所示。

(2) 在【格式】选项卡的【图片样式】选项组中，单击【图片版式】按钮。从弹出的下拉列表框中选择【标题图片块】选项，即可将插入的图片变成图文结合的 SmartArt 图形，如图 3-42 所示。

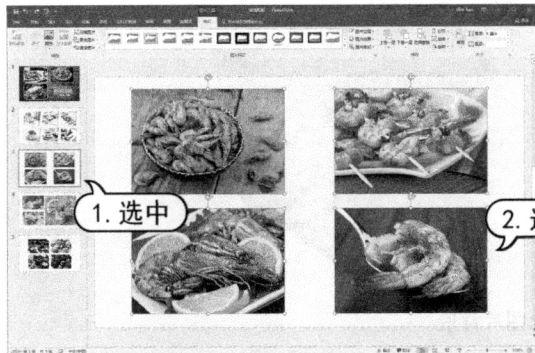

图 3-41　选中图片

图 3-42　应用图片版式

(3) 单击图片版式左侧的 ⟨ 按钮，在打开的文本框中输入文字内容，如图 3-43 所示。

(4) 打开【SmartArt 图形】的【设计】选项卡。在【SmartArt 样式】选项组中单击【更改色彩】按钮，从弹出的下拉列表框中选择【彩色范围-个性色 5 至 6】选项，如图 3-44 所示。

图 3-43　输入文字内容　　　　　　　　图 3-44　更改颜色

3.6　删除图片背景

在演示文稿中插入图片时，为了幻灯片的美观性，需要使图片与幻灯片背景相搭配。此时，可通过 PowerPoint 强大的图片编辑功能删除图片的背景，使图片与背景融为一体。

选择图片，选择【格式】选项卡的【调整】选项组中，单击【删除背景】按钮，此时图片的背景将变为紫红色。拖动鼠标调整图片区域的大小，然后在【背景消除】选项卡的【优化】选项组中，单击【标记要保留的区域】按钮。将光标移动到需要删除的图片区域并单击，并将需要保留的区域标记出来。标记完成后，单击【保留更改】按钮，即可完成图片背景的删除操作，如图 3-45 所示。

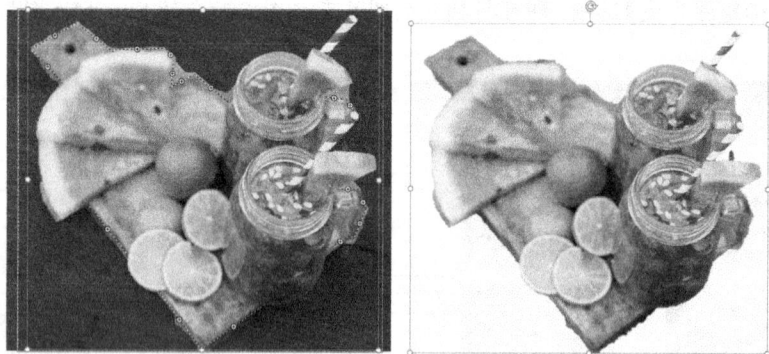

图 3-45　删除图片背景

知识点

若是背景区域较小，可单击【标记要删除的区域】按钮，直接标记需要删除的部分。若是误标记了需要删除的背景，可单击【删除标记】按钮删除标记点。若需取消标记操作，可单击【放弃所有更改】按钮。

③.3.7　压缩图片

当幻灯片中图片较多时，演示文稿所占用的空间就会相应增加，用户若需减小演示文稿所占用的硬盘空间，可以对幻灯片中的图片进行压缩处理。

选择图片，在【格式】选项卡的【调整】选项组中，单击【压缩图片】按钮。此时，将打开如图 3-46 所示的【压缩图片】对话框，在其中对图片的压缩要求进行设置，并单击【确定】按钮。

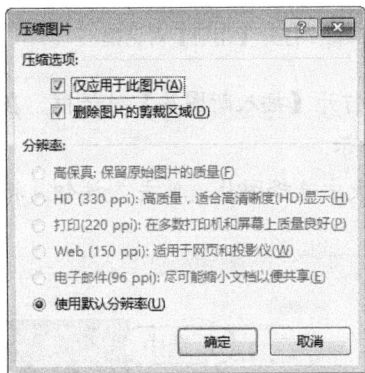

图 3-46　【压缩图片】对话框

> **知识点**
>
> 在【格式】选项卡的【调整】选项组中还有【更改图片】、【重设图片】等按钮。单击【更改图片】按钮，可将当前选择的图片更改为其他图片；单击【重设图片】按钮，可清除当前图片所设置的样式和效果。

③.4　电子相册的制作

随着数码相机的普及，使用计算机制作电子相册的用户越来越多，当没有制作电子相册的专门软件时，使用 PowerPoint 也能轻松制作出漂亮的电子相册。在商务应用中，电子相册同样适用于介绍公司的产品目录，或者分享图像数据及研究成果。

③.4.1　插入电子相册

在幻灯片中新建相册时，只要在【插入】选项卡的【图像】选项组中单击【相册】按钮，打开【相册】对话框。从本地磁盘的文件夹中选择相关的图片文件，单击【创建】按钮即可。

在插入相册的过程中可以更改图片的先后顺序、调整图片的色彩明暗对比与旋转角度，以及设置图片的版式和相框形状等。

【例 3-10】在演示文稿中，创建相册并以"郁金香展示相册"为名进行保存。

(1) 启动 PowerPoint 2016 应用程序，新建一个空白演示文稿，如图 3-47 所示。

(2) 打开【插入】选项卡，在【图像】选项组中单击【相册】按钮，打开【相册】对话框，如图 3-48 所示。

图 3-47 新建空白演示文稿　　　　图 3-48 打开【相册】对话框

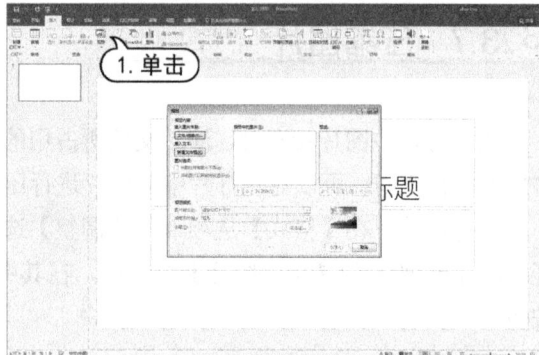

(3) 在【相册】对话框中，单击【文件/磁盘】按钮。打开【插入新图片】对话框。在图片列表中选中需要的图片，单击【插入】按钮，如图 3-49 所示。

(4) 返回到【相册】对话框，在【相册中的图片】列表中选择图片，单击↑按钮。将该图片向上移动到合适的位置，如图 3-50 所示。

图 3-49 选择相册图片　　　　图 3-50 调整相册图片顺序

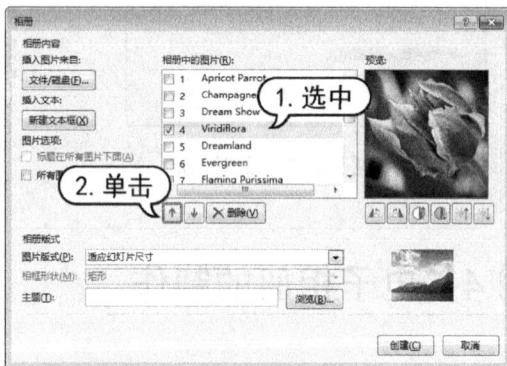

(5) 在【相册版式】选项区域的【图片版式】下拉列表中选择【2 张图片】选项，在【相框形状】下拉列表中选择【简单框架，白色】选项。然后单击【创建】按钮，创建包含 8 张幻灯片的电子相册，如图 3-51 所示。

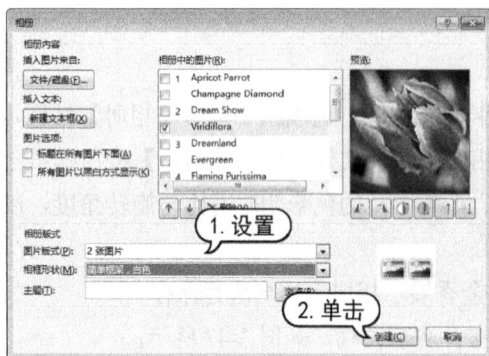

图 3-51 创建电子相册

(6) 打开【设计】选项卡，在【自定义】选项组中单击【设计背景格式】按钮，打开【设置背景格式】窗格。在窗格中，选中【图片或纹理填充】单选按钮，再单击【插入图片来自】选项组中的【文件】按钮，打开【插入图片】对话框。在对话框中选择所需要的图片，单击【插入】按钮，如图 3-52 所示。

(7) 在【设置背景格式】窗格中，单击【效果】图标。然后单击【艺术效果】下拉按钮，从弹出的列表中选择【十字图案蚀刻】，如图 3-53 所示。

图 3-52 设置幻灯片背景

图 3-53 设置图片效果

(8) 在幻灯片中，选中文本标题占位符。打开【格式】选项卡，在【形状样式】选项组中，单击【形状样式】列表框的【其他】按钮，从弹出的列表框中选中【细微效果-橙色，强调颜色2】选项，如图 3-54 所示。

(9) 在【设置形状格式】窗格中，在【渐变光圈】选项中更改占位符的渐变颜色，如图 3-55所示。

图 3-54 设置形状样式

图 3-55 调整形状填充

(10) 在【格式】选项卡中，在【插入形状】选项组中单击【编辑形状】按钮，从下拉列表中选择【更改形状】命令。在【星与旗帜】选项组中选择【带形：前凸】选项，如图 3-56 所示。

(11) 拖动占位符形状上的黄色控制点位置，调整标题占位符形状，并调整其位置，如图 3-57所示。

(12) 将光标移至插入的形状内单击，并输入文字内容。选中文字，在【开始】选项卡的【字体】选项组中设置【字体】为 Narkisim，【字号】为 60。单击【字体颜色】按钮，从弹出的下拉列表框中选择【白色】。单击【字符间距】按钮，从弹出的下拉列表中选择【稀疏】选项，如图 3-58 所示。

图 3-56 更改形状

图 3-57 调整形状

(13) 在幻灯片浏览窗格中，选中第 2 张至第 8 张幻灯片。在【设置背景格式】对话框中，选中【图片或纹理填充】单选按钮。单击【文件】按钮，打开【插入图片】对话框，选中所需要的图片，然后单击【插入】按钮，如图 3-59 所示。

图 3-58 输入文本

图 3-59 插入背景图片

(14) 在【设置背景格式】窗格中，设置【透明度】数值为 15%，【向上偏移】数值为-120%，如图 3-60 所示。

图 3-60 设置背景格式

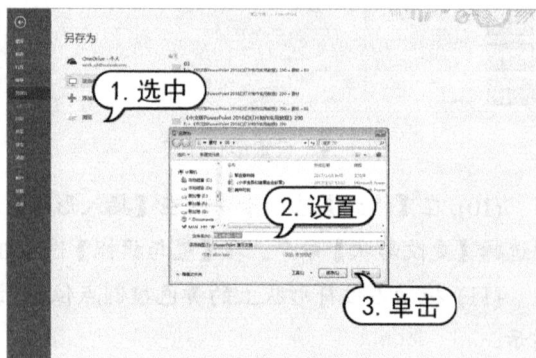

图 3-61 保存演示文稿

(15) 在快速访问工具栏中单击【保存】按钮。在显示的【另存为】窗格中，单击【浏览】按钮。在打开的【另存为】对话框中将演示文稿保存为"郁金香展示相册"，如图 3-61 所示。

③.4.2 编辑电子相册

对于建立的相册，如果不满意它所呈现的效果，可以在【插入】选项卡的【图像】选项组中单击【相册】按钮。在弹出的菜单中选择【编辑相册】命令，打开【编辑相册】对话框重新修改相册顺序、图片版式、相框形状、演示文稿设计模板等相关属性。

【例 3-11】在"郁金香展示相册"相册，重新设置相册格式并修改文本。

(1) 启动 PowerPoint 2016 应用程序，打开"郁金香展示相册"演示文稿，如图 3-62 所示。

(2) 打开【插入】选项卡，在【图像】选项组中单击【相册】按钮，从弹出的菜单中选择【编辑相册】命令，如图 3-63 所示。

图 3-62 打开演示文稿

图 3-63 选择【编辑相册】命令

(3) 打开【编辑相册】对话框。在【图片选项】选项组中，选中【标题在所有图片下面】复选框；在【相册版式】选项组中，重新设置【图片版式】属性为【2 张图片(带标题)】选项；单击【编辑相册】对话框中的【更新】按钮，此时即可在演示文稿中显示更新后的图片效果，如图 3-64 所示。

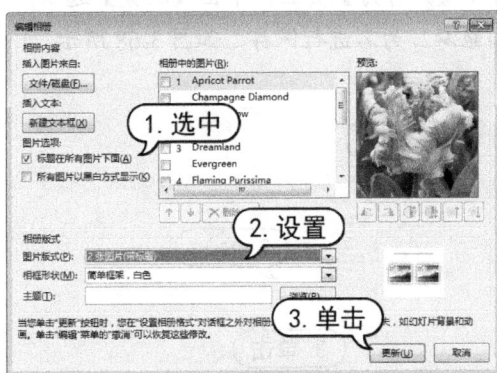

图 3-64 编辑相册

📖 **知识点** ----------------------

　　在【预览】框下方单击相应的按钮，可以调整当前所选择的一张或多张图片的亮度和对比度。同时，调整后的效果可以通过【预览】框进行查看。

　　(4) 在幻灯片浏览窗格中，选中第 2 张幻灯片，将其显示在编辑窗口中。单击【单击此处添加标题】文本占位符，然后输入标题文本。并在【开始】选项卡的【段落】选项组中单击【居中】按钮，如图 3-65 所示。

　　(5) 使用相同的方法，在其他幻灯片中输入标题文字。并在快速访问工具栏中单击【保存】按钮，保存"郁金香展示相册"演示文稿，如图 3-66 所示。

图 3-65　输入文本

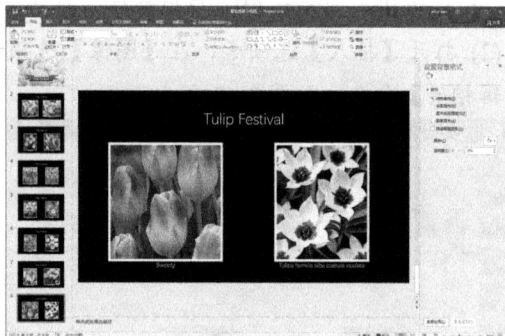

图 3-66　编辑、保存文本

③.5　上机练习

　　本章的上机练习通过制作"长白山旅游"演示文稿，使用户更好地掌握插入图片、编辑图片的方法，以巩固本章所学知识。

　　(1) 启动 PowerPoint 2016 应用程序，新建一个空白演示文稿，如图 3-67 所示。

　　(2) 单击快速访问工具栏中的【保存】按钮，打开【另存为】页面。单击【浏览】选项，在打开的【另存为】对话框中将演示文稿以"长白山旅游"为名进行保存，如图 3-68 所示。

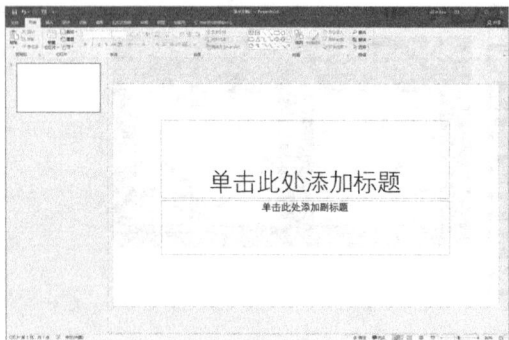

图 3-67　新建演示文稿

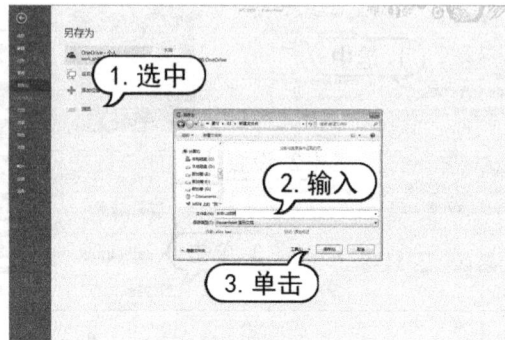

图 3-68　保存演示文稿

(3) 打开【插入】选项卡。在【图像】选项组中，单击【图片】按钮打开【插入图片】对话框。在对话框中，选择所需要的图片，单击【插入】按钮，如图 3-69 所示。

(4) 在插入的图片上右击，在弹出的快捷菜单中选择【置入底层】|【置入底层】命令，并根据幻灯片大小调整图像，如图 3-70 所示。

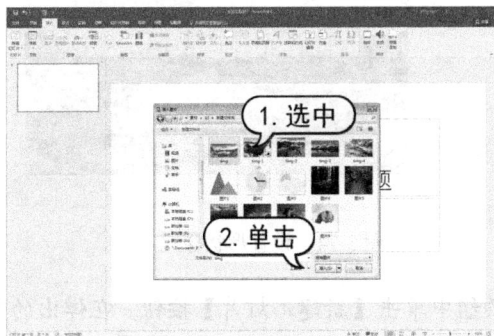

图 3-69　插入图片

图 3-70　调整图片

(5) 在【图片工具】的【格式】选项卡的【调整】选项组中，单击【更正】按钮。在弹出的下拉列表框中选择【亮度: -20% 对比度: +20%】选项，如图 3-71 所示。

(6) 在幻灯片中选中【单击此处添加标题】文本框，输入标题内容。在【开始】选项卡的【字体】选项组中，设置【字体】为 Aharoni，【字号】为 75，单击【加粗】按钮和【文字阴影】按钮，设置字体颜色为【白色】，如图 3-72 所示。

图 3-71　调整图片

图 3-72　输入文本

(7) 在幻灯片中选中【单击此处添加副标题】文本框，输入标题内容。在【开始】选项卡的【字体】选项组中，设置【字体】为 Adobe Gothic Std B，【字号】为 24，设置字体颜色为【白色】；在【段落】选项组中，单击【对齐文本】按钮，在弹出的下拉列表中选择【中部对齐】选项，如图 3-73 所示。

(8) 打开【绘图工具】的【格式】选项卡，在【形状样式】选项组中单击【形状轮廓】按钮，在弹出的下拉列表框中设置轮廓颜色为【白色】。然后选择【粗细】命令，在弹出的下拉列表中选择【1磅】选项，如图 3-74 所示。

(9) 将光标放置在文本框边角控制点上，当光标变为双向箭头形状时，按住 Ctrl 键向内拖动，缩小文本框大小，如图 3-75 所示。

图 3-73　输入文本

图 3-74　设置形状样式

(10) 打开【开始】选项卡，在【幻灯片】选项组中单击【新建幻灯片】按钮。在弹出的下拉列表框中选择【空白】版式，新建一张幻灯片，如图 3-76 所示。

图 3-75　缩小文本框

图 3-76　新建幻灯片

(11) 打开【插入】选项卡。在【插图】选项组中单击【形状】按钮，从弹出的下拉列表框中选择【矩形】选项。在幻灯片中拖动绘制矩形，在【格式】选项卡的【形状样式】选项组中单击【形状轮廓】按钮，在弹出的下拉列表框中选择【无轮廓】命令；再单击【形状填充】按钮，在弹出的下拉列表框中选中【白色，背景 1，深色 15%】选项，如图 3-77 所示。

(12) 打开【插入】选项卡。在【图像】选项组中单击【图片】按钮，打开【插入图片】对话框。在对话框中选择所需要的图片，单击【插入】按钮，如图 3-78 所示。

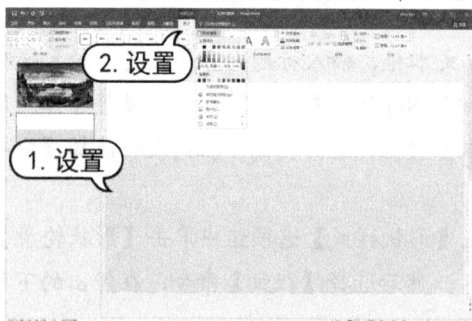

图 3-77　插入形状

图 3-78　插入图片

(13) 在幻灯片中调整插入图片的大小，并调整图片的位置，如图 3-79 所示。

(14) 打开【插入】选项卡，在【文本】选项组中单击【文本框】按钮，从弹出的下拉列表框中选择【横排文本框】选项，并在文本框中输入文本内容，如图 3-80 所示。

图 3-79　调整图片位置

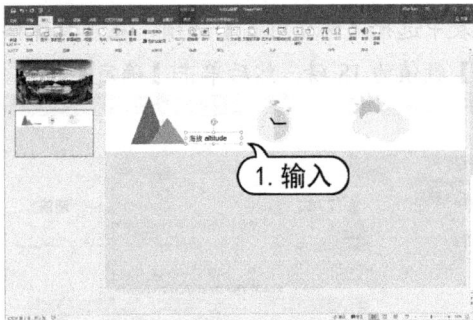

图 3-80　输入文本

(15) 在幻灯片中，按住 Ctrl 键拖动并复制文本框，然后根据需要修改文本框内的文本内容，如图 3-81 所示。

(16) 使用步骤(14)~(15)的操作方法，插入文本内容，并在【开始】选项卡的【字体】选项组中设置字体，如图 3-82 所示。

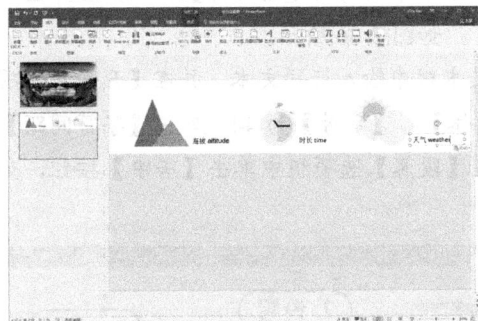

图 3-81　复制、修改文本

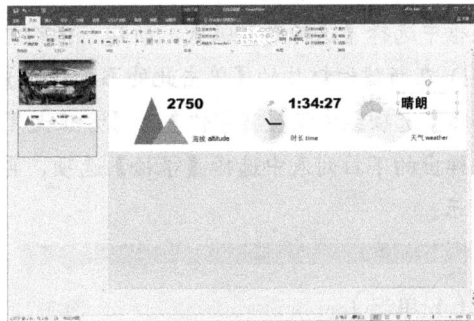

图 3-82　插入文本

(17) 打开【插入】选项卡，在【文本】选项组中单击【文本框】按钮，从弹出的下拉列表框中选择【横排文本框】选项，并在文本框中输入文本内容，如图 3-83 所示。

(18) 在文本框中选中中第一行文字。在【开始】选项卡的【字体】选项组中，设置【字体】为 Arial Black，【字号】为 24；在【段落】选项组中单击【居中】按钮，如图 3-84 所示。

图 3-83　输入文本

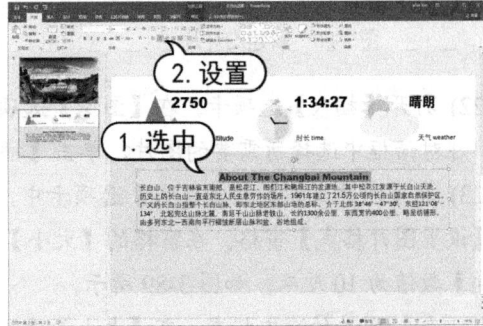

图 3-84　设置文本

(19) 在文本框中选中第二段文字，在【字体】选项组中，设置【字体】为【黑体】，【字号】为18；在【段落】选项组中单击对话框启动器按钮，打开【段落】对话框。在【对齐方式】下拉列表中选择【两端对齐】选项，在【特殊格式】下拉列表中选择【首行缩进】选项，设置【段前】数值为 18 磅，然后单击【确定】按钮，如图 3-85 所示。

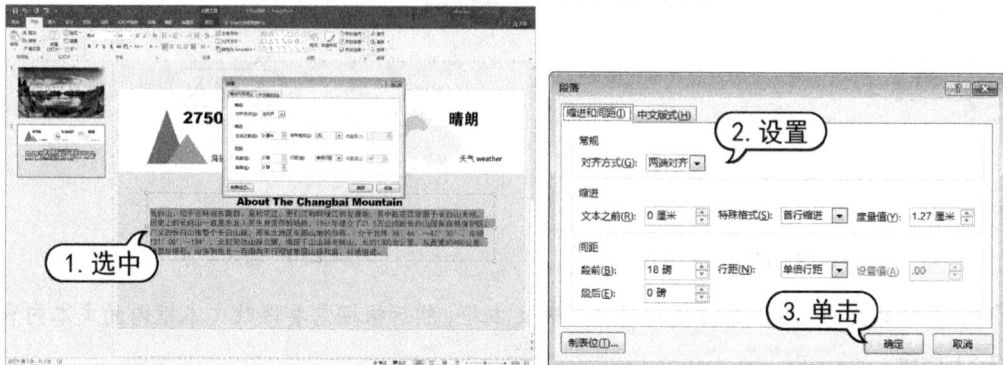

图 3-85　设置段落格式

(20) 打开【开始】选项卡。在【幻灯片】选项组中单击【新建幻灯片】按钮，在弹出的下拉列表框中选择【仅标题】版式，新建一张幻灯片，如图 3-86 所示。

(21) 在新建幻灯片的【单击此处添加标题】文本框中输入标题文本，并在【开始】选项卡的【字体】选项组中设置【字体】为【方正大黑简体】，【字号】为 44。单击【字符间距】按钮，在弹出的下拉列表中选择【很松】选项，再在【段落】选项组中单击【居中】按钮，如图 3-87 所示。

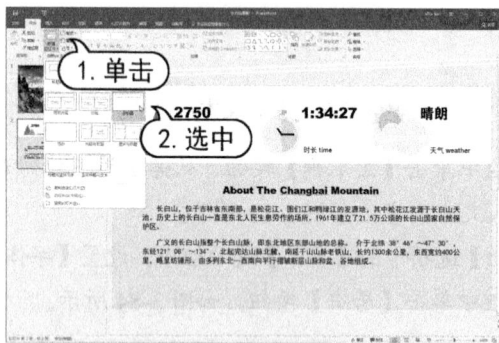

图 3-86　新建幻灯片

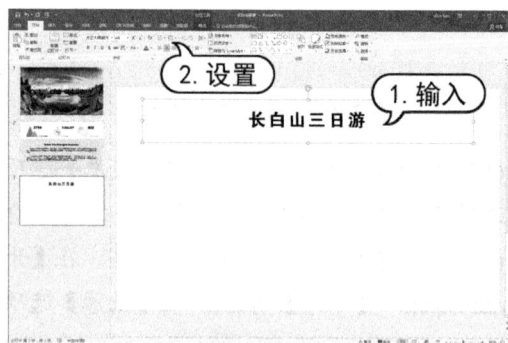

图 3-87　输入文本

(22) 打开【插入】选项卡。在【图像】选项组中单击【图片】按钮，打开【插入图片】对话框。在对话框中选择所需要的图片，单击【插入】按钮，如图 3-88 所示。

(23) 在【图片工具】的【格式】选项卡中，单击【大小】选项组的对话框启动器按钮，打开【设置图片格式】窗格。在窗格的【大小】选项栏中，选中【锁定纵横比】复选框，设置【高度】数值为 10 厘米，如图 3-89 所示。

(24) 保持图片的选中状态。在【大小】选项组中，单击【裁剪】按钮。在弹出的下拉列表中选择【纵横比】命令，再从弹出的列表中选择【1:1】选项。此时，图片上显示裁剪范围控制框。调整裁剪范围，然后在幻灯片空白处单击鼠标裁剪图片，如图 3-90 所示。

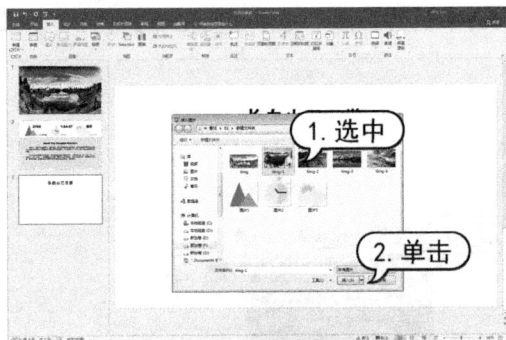

图 3-88　插入图片

图 3-89　设置图片大小

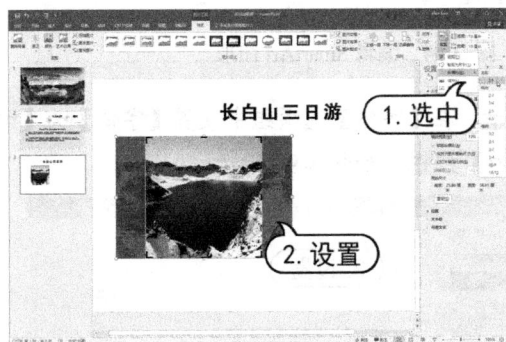

图 3-90　裁剪图片

(25) 选中图片，在【格式】选项卡的【图片样式】选项组中，单击【图片版式】按钮。从弹出的下拉列表框中单击【标题图片块】选项，如图 3-91 所示。

(26) 在图片版式中，选中文本框，将其拖动至适合位置。然后单击 图标，打开文本输入框，在其中输入文本内容，如图 3-92 所示。

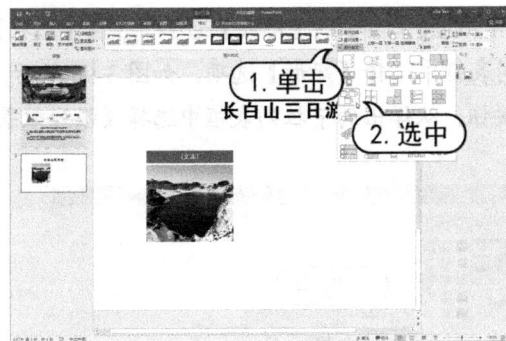

图 3-91　应用图片版式

图 3-92　输入文本

(27) 按 Enter 键继续在文本框中输入文本内容，输入完成后右击，在弹出的快捷菜单中选择【降级】命令，如图 3-93 所示。

(28) 关闭文本框，在图片版式中选中 DAY 1 文本框。打开【SmartArt 工具】的【格式】

选项卡，在【形状样式】选项组中单击【形状填充】按钮，从弹出的下拉列表框中选择【无填充颜色】命令；再单击【形状轮廓】按钮，从弹出的下拉列表框中选择【无轮廓】命令，如图3-94 所示。

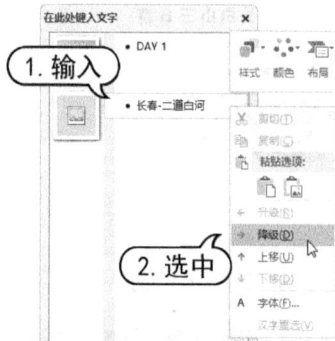

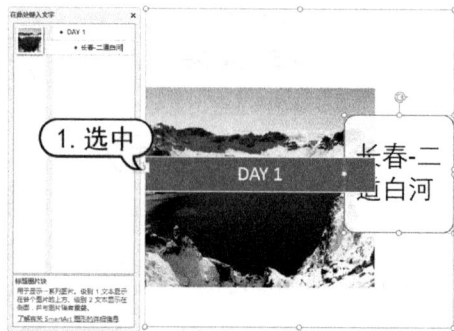

图 3-93　输入文本　　　　　　　图 3-94　编辑 SmartArt 图形

(29) 选中 DAY 1 文本框，打开【开始】选项卡。在【字体】选项组中设置【字体】为【方正大黑简体】，【字号】为18，并单击【文字阴影】按钮，如图3-95 所示。

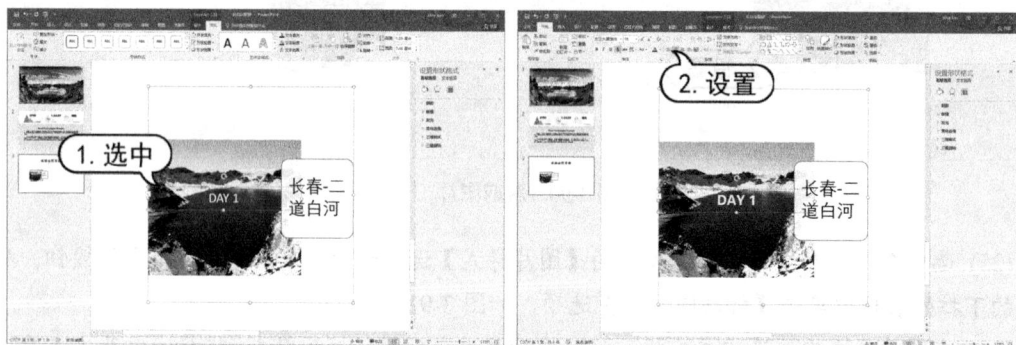

图 3-95　设置文本

(30) 在图片版式中选中二级文本框，打开【SmartArt 工具】的【格式】选项卡。在【形状】选项组中单击【更改形状】按钮，从弹出的下拉列表框中选择【矩形】选项，如图3-96 所示。

(31) 在【形状样式】选项组中单击【其他】按钮，从弹出的下拉列表框中选择【强烈效果-金色，强调颜色 4】选项，如图3-97 所示。

图 3-96　更改形状　　　　　　　图 3-97　应用形状样式

(32) 打开【开始】选项卡，在【字体】选项组中设置二级文本【字体】为【方正黑体简体】，【字号】为12，并在【段落】选项组中单击【居中】按钮，如图3-98所示。

(33) 将鼠标光标放置在二级文本框上，当光标变为双向箭头形状时，拖动调整文本框大小，并移动文本框位置，如图3-99所示。

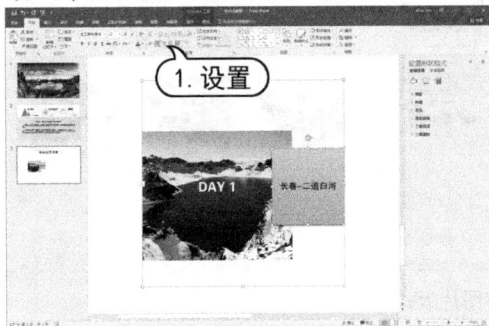

图 3-98 设置字体

图 3-99 调整文本框

(34) 选中图片版式，按住 Ctrl 键移动并复制图片版式，如图3-100所示。

(35) 选中复制的图片版式，并在版式的文本框中根据需要修改文字内容，如图3-101所示。

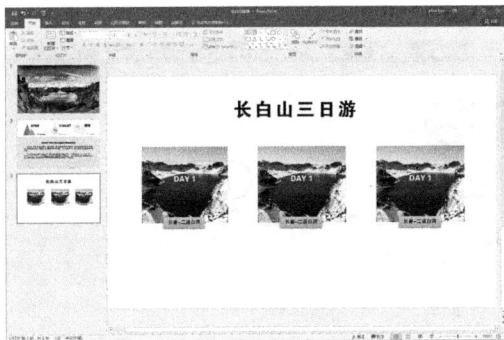

图 3-100 移动、复制图片版式

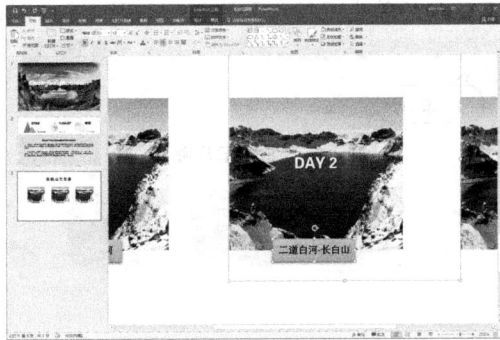

图 3-101 修改文字内容

(36) 选中版式中的图片，在【图片工具】的【格式】选项卡中，单击【调整】选项组中的【更改图片】按钮。从弹出的列表中选择【来自文件】命令，打开【插入图片】对话框。在对话框中，选择所需要的图片，然后单击【插入】按钮，如图3-102所示。

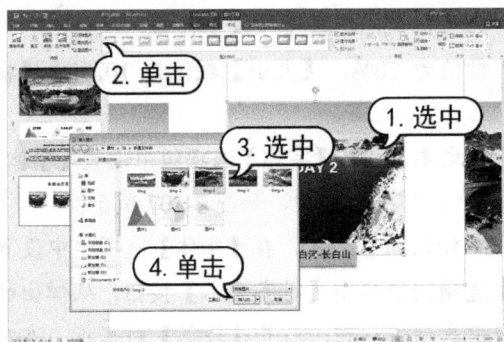

图 3-102 更改图片

(37) 根据步骤(35)~(36)的操作方法，更改第 3 个图片版式中的文本与图片，如图 3-103 所示。

图 3-103 调整图片版式

(38) 打开【开始】选项卡，在【幻灯片】选项组中单击【新建幻灯片】按钮，在弹出的下拉列表框中选择【空白】版式，新建一张幻灯片，如图 3-104 所示。

(39) 在新建幻灯片中，单击 图标，打开【插入图片】对话框。在对话框中，选择所需要的图片，然后单击【插入】按钮，如图 3-105 所示。

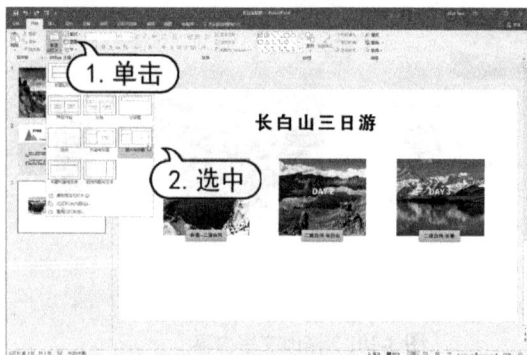

图 3-104 新建幻灯片   图 3-105 插入图片

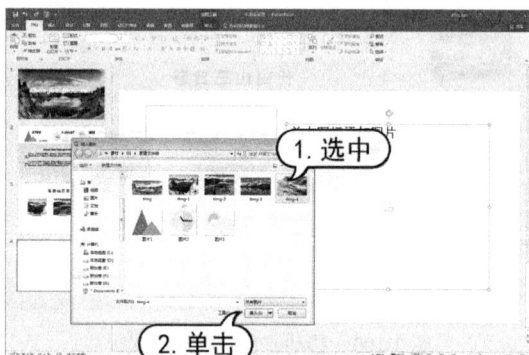

(40) 保持插入图片的选中状态，在【格式】选项卡的【图片样式】选项组中，单击【图片效果】按钮。从弹出的列表中选择【阴影】命令，再从弹出的列表框中选择【阴影选项】命令，打开【设置图片格式】窗格。在窗格中的【阴影】选项栏中，单击【预设】按钮，从弹出的列表框中选择【偏移：左下】选项，设置【透明度】数值为 70%，【大小】数值为 102%，【模糊】数值为 35 磅，如图 3-106 所示。

(41) 在【单击此处添加标题】文本框中输入标题文本，并在【字体】选项组中设置【字体】为【方正黑体简体】，第一行文本字号为 44，第二行文本字号为 32，如图 3-107 所示。

(42) 在幻灯片的【单击此处添加文本】文本框中输入内容文本，在【字体】选项组中设置【字体】为【黑体】，【字号】为 18。在【段落】选项组中单击【对齐文本】按钮，从弹出的下拉列表中选择【中部对齐】选项。然后单击对话框启动器按钮，打开【段落】对话框。在对话框中，在【对齐方式】下拉列表中选择【两端对齐】选项，在【特殊格式】下拉列表中选择

【首行缩进】选项，然后单击【确定】按钮，如图 3-108 所示。

图 3-106 调整图片效果

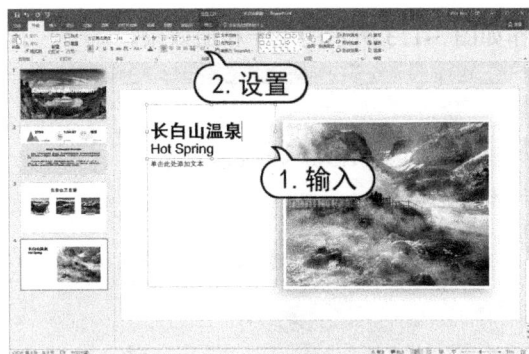

图 3-107 输入文本

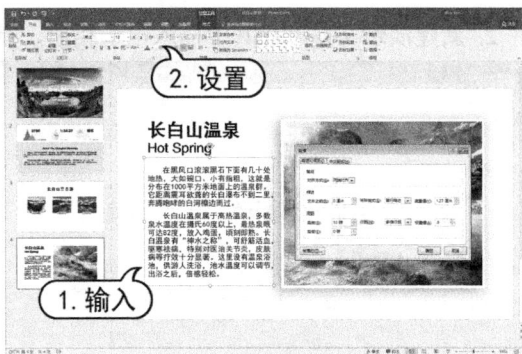

图 3-108 输入文本

(43) 在幻灯片浏览窗格中选中第一张幻灯片缩略图，右击，从弹出的快捷菜单中选择【复制幻灯片】命令。将复制的幻灯片拖动放置在演示文稿的最后，并修改幻灯片中文本内容，在【字体】选项组中设置【字号】为 60，如图 3-109 所示。

图 3-109 复制、编辑幻灯片

3.6 习题

1. 在幻灯片中插入如图 3-110 所示的两幅图片，然后在【格式】选项卡中为两幅图片添加

【简单框架，白色】图片样式，再添加【映像】效果，使得图片效果如图 3-111 所示。

图 3-110　习题 1(1)　　　　　　　　　　图 3-111　习题 1(2)

2. 新建演示文稿，在其中插入电子相册，制作如图 3-113 所示的电子相册效果。

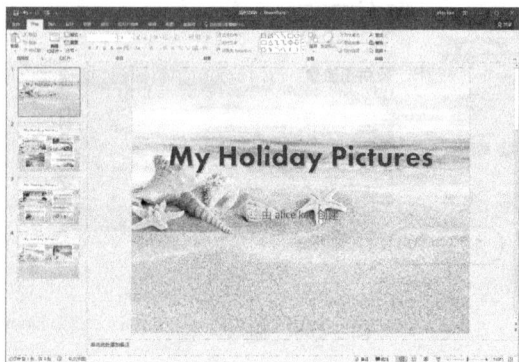

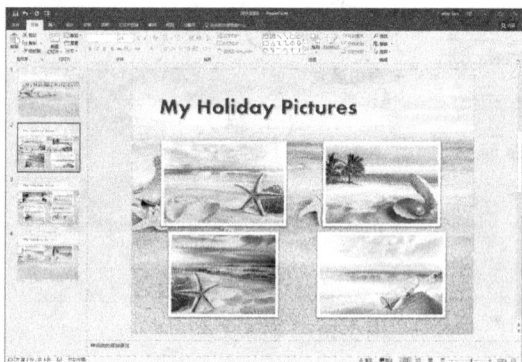

图 3-112　习题 2

第 **4** 章

使用表格和图表

表格是组织数据最有用的工具之一，能够以易于理解的方式显示数字或文本。而图表是一种将数据变为可视化图形的表达形式，具有较强的说服力，能够正确、直观地表现数据。主要用于演示数据和比较数据。

- ◉ 在幻灯片中插入表格
- ◉ 美化表格
- ◉ 在幻灯片中插入图表
- ◉ 美化图表数据

④.1　使用表格形象化数据

当需要处理的数据十分繁杂庞大时，通常需要通过表格将其分门别类地归纳起来，使得数据信息一目了然。在 PowerPoint 2016 中，若想使用表格来达到说明数据的作用，首先需在幻灯片中插入表格，然后才可根据实际情况对表格进行编辑、整理和美化。

④.1.1　在幻灯片中插入表格

在 PowerPoint 2016 中，主要可以通过直接插入表格和手动绘制表格这两种方式来完成表格的插入，下面分别进行介绍。

1. 直接插入表格

在 PowerPoint 2016 中插入表格的方法与插入其他对象方法类似，最常用的方法主要是通过占位符和功能组这两种方式。

当幻灯片的版式为内容版式或文字和内容版式时，可以通过幻灯片项目占位符中的【插入表格】按钮来创建。在 PowerPoint 中，单击占位符中的【插入表格】按钮，打开【插入表格】对话框。在对话框的【列数】和【行数】文本框中输入列数和行数，单击【确定】按钮，即可在幻灯片中插入表格，如图 4-1 所示。

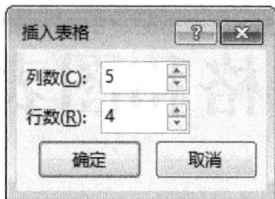

图 4-1　插入表格

除了可以通过占位符插入表格外，还可以通过【表格】选项组插入，方法有以下三种。

- 打开【插入】选项卡，在【表格】组中单击【表格】下拉按钮，从弹出的列表框中选择列数和行数，即可在幻灯片中插入表格，如图 4-2 所示。
- 打开【插入】选项卡，在【表格】组中单击【表格】下拉按钮，从弹出的下拉列表中选择【插入表格】命令，打开【插入表格】对话框。在对话框的【列数】和【行数】文本框中输入列数和行数，单击【确定】按钮，即可在幻灯片中插入表格。
- 打开【插入】选项卡，在【表格】组中单击【表格】下拉按钮，从弹出的列表中选择【Excel 电子表格】命令，即可在幻灯片中插入一个 Excel 电子表格，并进入 Excel 表格编辑界面，如图 4-3 所示。

图 4-2　使用列表框插入表格

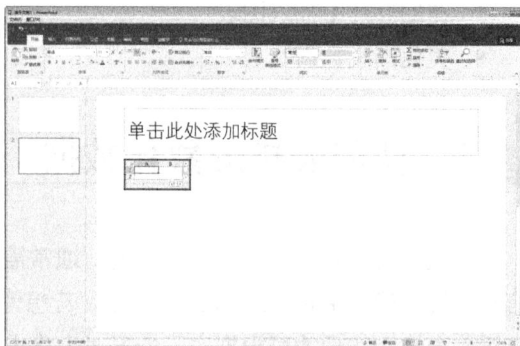

图 4-3　插入 Excel 表格

知识点

在幻灯片中插入的 Excel 电子表格与普通表格的区别是：Excel 电子表格可以进行排序、计算、使用公式等操作，而普通表格却无法进行这些操作。另外，使用【复制】和【粘贴】命令，可将 Word 创建的表格粘贴至幻灯片中使用。

2. 手动绘制表格

如果 PowerPoint 所提供的插入表格功能不能满足用户的需求，那么可以通过绘制表格功能来解决一些实际问题。

【例 4-1】新建"住房市场调研报告"演示文稿，并创建表格。

(1) 启动 PowerPoint 2016 应用程序，选择【文件】|【新建】命令。在【新建】窗格中，单击【个人】选项，在显示的个人模板中选择【商业-建筑】选项，单击【确定】按钮。在弹出的面板中，单击【创建】按钮，如图 4-4 所示。

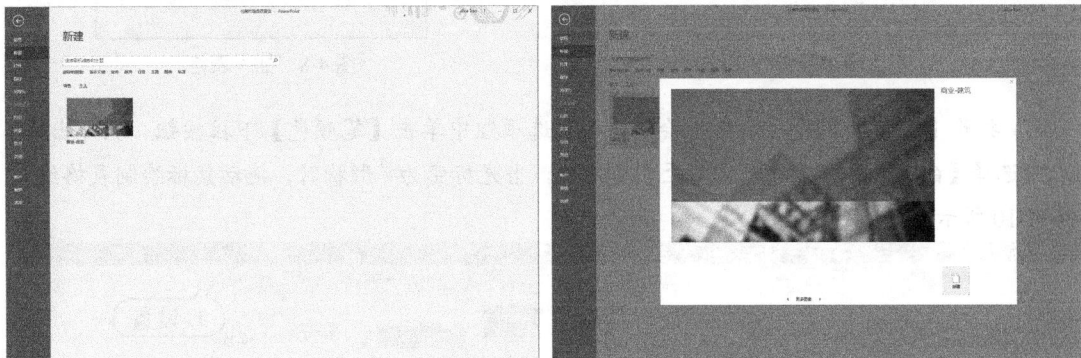

图 4-4　新建演示文稿

(2) 在第 1 张幻灯片中，单击【单击此处添加标题】占位符，在其中输标题内容，如图 4-5 所示。

(3) 单击【单击此处添加副标题】占位符，在其中输入副标题内容，如图 4-6 所示。

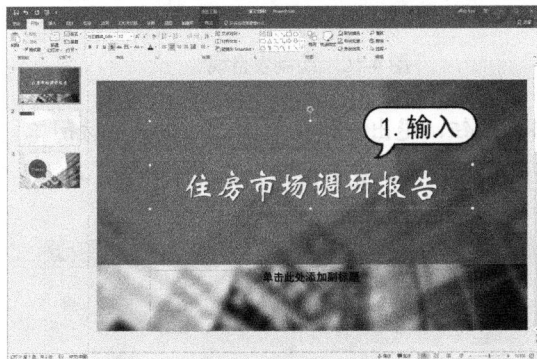

图 4-5　输入标题

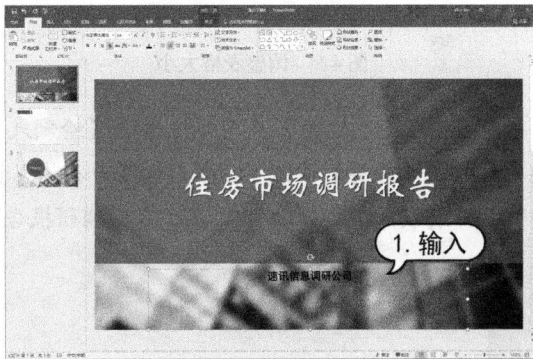

图 4-6　输入副标题

(4) 在幻灯片浏览窗格中，选中第 2 张幻灯片。单击【单击此处添加标题】占位符，在其中输入"上半年住宅与非住宅销售套数"，如图 4-7 所示。

(5) 选中对象占位符，在【插入】选项卡中单击【表格】组中的【表格】下拉按钮，从弹出的下拉菜单中选择【插入表格】选项。在打开的【插入表格】对话框中，设置【列数】为 7，【行数】为 3，然后单击【确定】按钮，如图 4-8 所示。

(6) 在幻灯片中，拖动插入表格外框，可以改变表格大小，如图 4-9 所示。

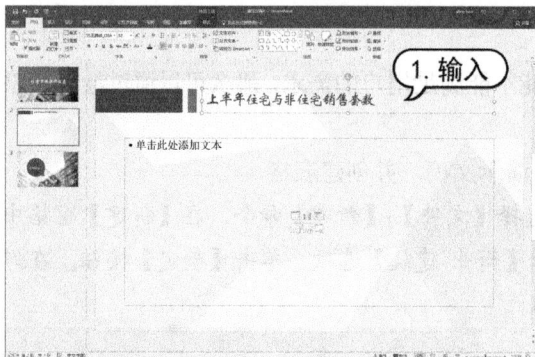

图 4-7 输入标题

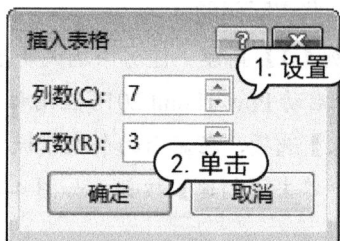

图 4-8 插入表格

(7) 打开【设计】选项卡，在【绘制边框】选项组中单击【笔颜色】下拉按钮。从弹出的列表中选择【白色】，然后将光标移至表格内部，当光标变为 ⌀ 形状时，拖动鼠标绘制表格线，如图 4-10 所示。

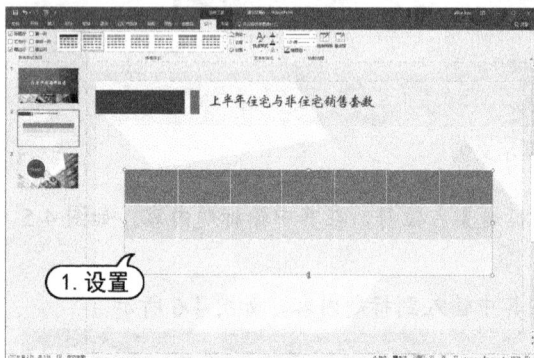

图 4-9 调整表格大小

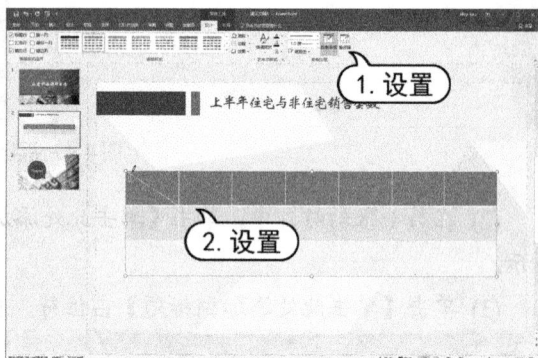

图 4-10 绘制表格线

(8) 在【绘制边框】选项组中单击【绘制表格】按钮，退出表格绘制模式。在快速访问工具栏中单击【保存】按钮，在显示的【另存为】页面中单击【浏览】按钮，在打开的【另存为】对话框中将演示文稿保存为"住房市场调研报告"，如图 4-11 所示。

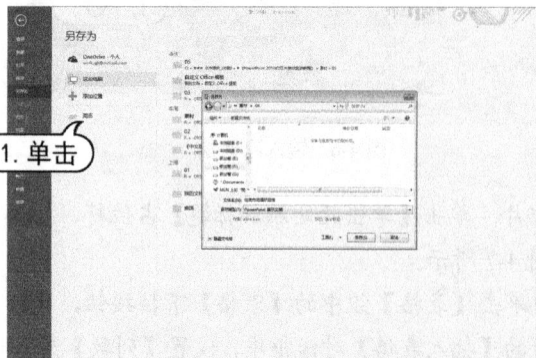

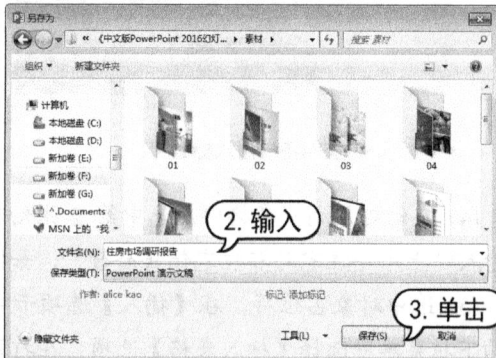

图 4-11 保存演示文稿

④.1.2　表格的基本操作

新建表格后，表格中没有任何内容，且行高、列宽等数值都是默认的，用户还需要在其中输入数据和文本、调整表格的大小和位置、改变单元格的行高和列宽、合并与拆分单元格、添加与删除单元格等。

1. 选择单元格

在对表格进行编辑操作前，必须先选择单元格。在 PowerPoint 2016 中选择单元格的方法与选择文本类似，常用的选择单元格的方法如下。

- ⊙ 选择单个单元格：将光标移动到需要选择的单元格的左侧，当光标变为 ↗ 形状时，单击鼠标即可，如图 4-12 所示。

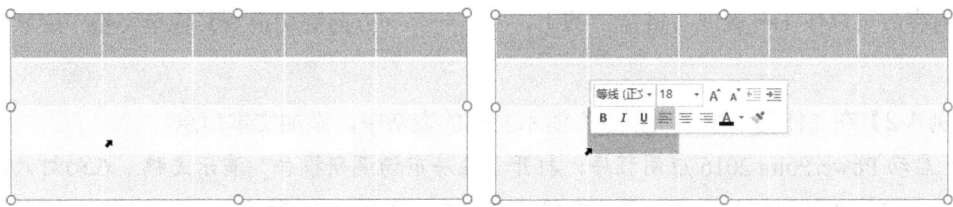

图 4-12　选择单个单元格

- ⊙ 选择连续单元格：将光标移动到需选择的单元格区域左上角，拖动到需选择区域的右下角，释放鼠标可选择该单元格区域，如图 4-13 所示。

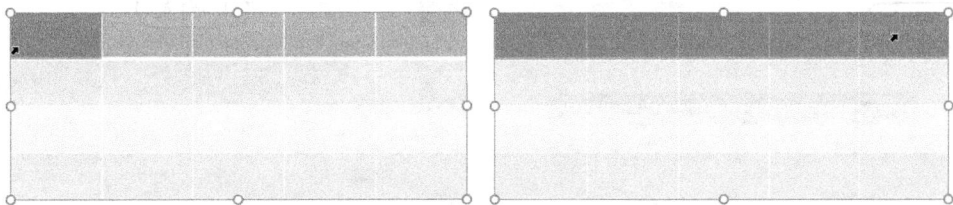

图 4-13　选择连续单元格

- ⊙ 选择整行或整列：将光标移到表格边框的左侧，当光标变为 → 形状时，单击鼠标即可选择该行；将光标移到表格边框的上方，当光标变为 ↓ 形状时，单击鼠标即可选择该列，如图 4-14 所示。

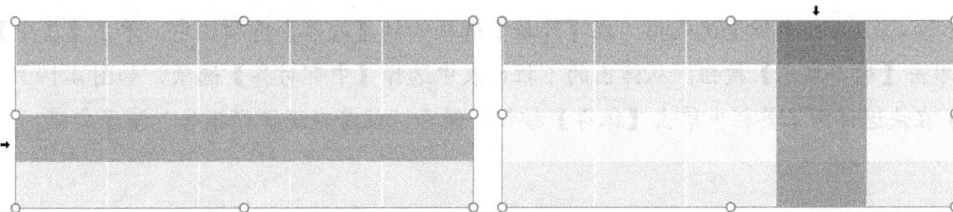

图 4-14　选择整行或整列

- 选择整个表格：将光标移动到任意单元格中单击，然后按 Ctrl+A 组合键即可选择整个表格，如图 4-15 所示。

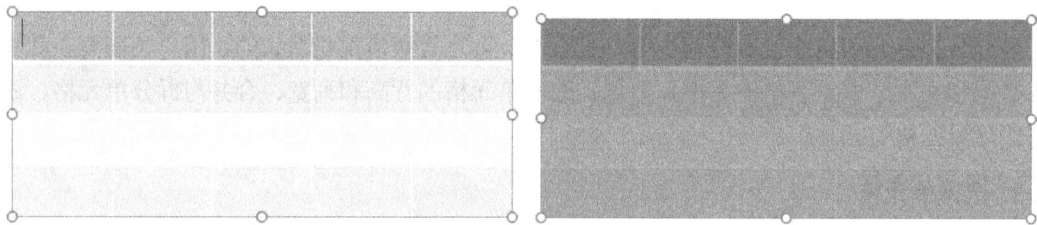

图 4-15　选择整个表格

2. 在表格中输入文本

创建完表格后，光标将停留在任意一个单元格中，用户可以在其中输入文本。输入完一个单元格内容后可以按 Tab 键或者键盘上的↑、↓、←、→方向键切换到其他单元格中继续输入文本。

【例 4-2】在"住房市场调研报告"演示文稿的表格中，添加文本信息。

(1) 启动 PowerPoint 2016 应用程序，打开"住房市场调研报告"演示文稿。在幻灯片浏览窗格中，选中第 2 张幻灯片，将其显示在编辑窗口中，如图 4-16 所示。

(2) 将光标移至表格内单击。此时，光标自动定位在第 1 行第一列的单元格中，在单元格中输入文字内容，并将第一行文字设置为右对齐，如图 4-17 所示。

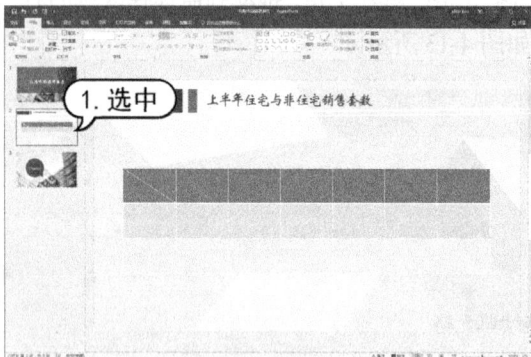

图 4-16　选中幻灯片

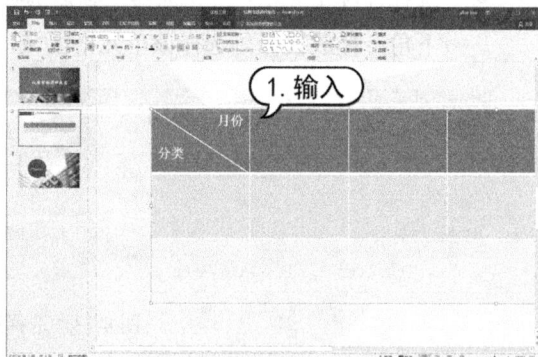

图 4-17　输入文本

(3) 按 Tab 键或键盘上的↑、↓、←、→键切换到其他单元格中继续输入文本，如图 4-18 所示。

(4) 按 Ctrl+A 组合键全选表格。在【开始】选项卡的【段落】选项组中，单击【居中】按钮，再单击【对齐文本】按钮，从弹出的下拉列表中选择【中部对齐】选项，如图 4-19 所示。

(5) 在快速访问工具栏中单击【保存】按钮，保存"住房市场调研报告"演示文稿。

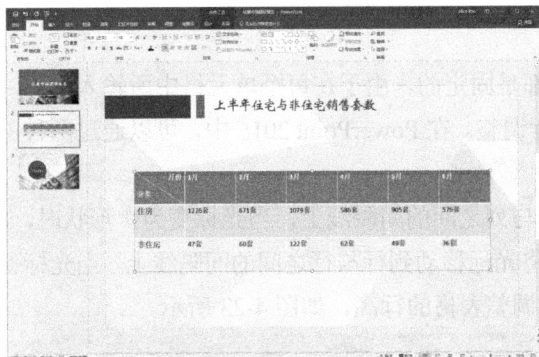

图 4-18 输入文本

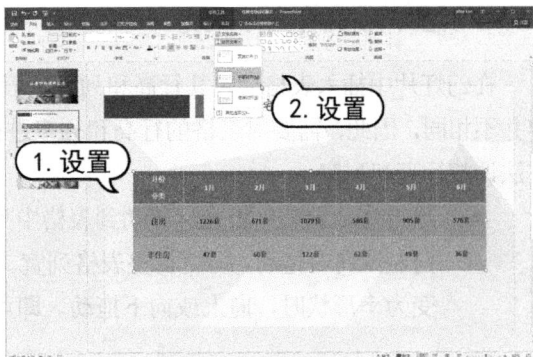

图 4-19 设置文本格式

3. 调整表格的大小和位置

直接在幻灯片中插入的表格其大小和位置均是默认的，并不能满足需要，此时就需对表格大小和位置进行调整。其方法非常简单，与调整图片的方法基本类似。只需选择整个表格，将光标移动到表格边框上，当光标变为 ↖、⤡、⤢、⤡、↔、↕ 形状时，拖动鼠标可调整其大小，如图 4-20 所示。

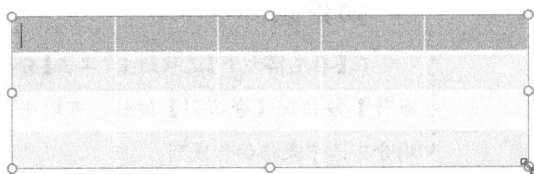

图 4-20 调整表格大小

✎ **知识点**

选中表格后，在【表格工具】的【布局】选项卡的【表格尺寸】选项组中，可以精确设置表格大小，如图 4-21 所示。

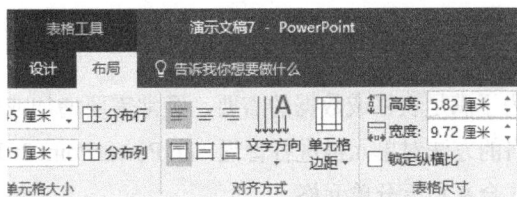

图 4-21 【表格尺寸】选项

选择整个表格，将光标移动到表格边框上，当光标变为 ✛ 形状时，拖动鼠标可调整其位置，如图 4-22 所示。

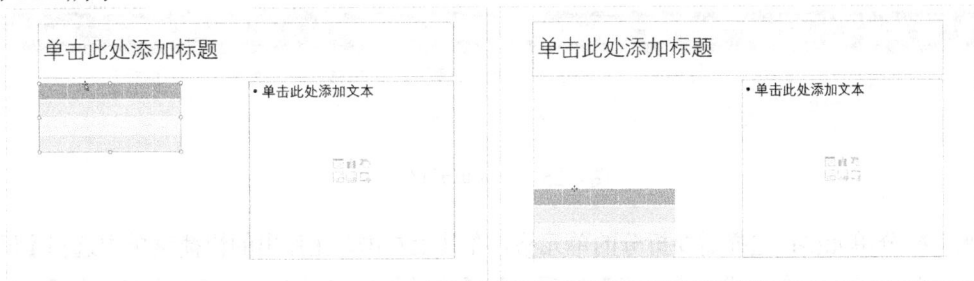

图 4-22 移动表格

4. 调整单元格的行高和列宽

在幻灯片中插入表格后，其行高和列宽一般都是固定的，由于在每个单元格中所输入的内容并不相同，因此，需要对表格的行高和列宽进行调整。在 PowerPoint 2016 中，可以通过两种方法调整行高和列宽。

- 通过拖动调整：将光标移动到表格中列与列之间的间隔线上，当光标变为 ╫ 形状时，向左或向右拖动，即可调整表格列宽。将光标移动到行与行之间的间隔线上，当光标变为 ÷ 形状时，向上或向下拖动，即可调整表格的行高，如图 4-23 所示。

图 4-23　通过拖动标调整单元格行高和列宽

- 通过功能组调整：选择表格，打开【表格工具】|【布局】选项卡的【单元格大小】选项组。在【高度】数值框中输入数值可调整单元格高度，在【宽度】数值框中输入数值可调整单元格宽度，如图 4-24 所示。

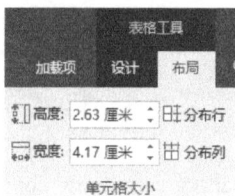

图 4-24　【单元格大小】选项组

知识点

在【单元格大小】选项组中，单击【分布行】按钮或【分布列】按钮，可以平均分布选中表格的行或列。

5. 合并与拆分单元格

为了满足表格或数据的需要，经常需要增加或删除某个单元格，此时，可通过合并或拆分单元格的方法对单元格进行管理。在 PowerPoint 2016 中，主要可通过对功能组和快捷菜单这两种方式合并和拆分单元格。

- 合并单元格：选择需要合并的单元格区域，在其上右击，在弹出的快捷菜单中选择【合并单元格】命令；或在【布局】选项卡的【合并】选项组中单击【合并单元格】按钮，如图 4-25 所示，可以合并所选择的单元格。

图 4-25　合并单元格

- 拆分单元格：选择需要拆分的单元格，在其上右击，在弹出的快捷菜单中选择【拆分单元格】命令；或在【布局】选项卡的【合并】功能组中单击【拆分单元格】按钮，打开【拆分单元格】对话框，在【列数】和【行数】数值框中分别输入需拆分成的行列数。然后单击【确定】按钮，如图4-26所示，即可完成单元格的拆分。

图4-26 拆分单元格

6. 添加与删除行或列

在编辑表格时，若是发现行、列数不够，可以手动在表格中插入行或列。同时，如果行、列数超过了需求，还可以将多余的行或列删除。

- 添加行或列：将光标定位到需要添加单元格的位置，在【布局】选项卡的【行和列】组中，单击【在上方插入】按钮、【在下方插入】按钮可插入行，如图4-27所示。单击【在左侧插入】按钮、【在右侧插入】按钮可插入列。

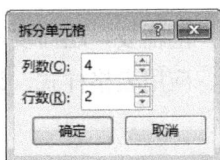

图4-27 在下方插入

- 删除行或列：将光标定位到需要删除的行或列单元格中，在【布局】选项卡的【行和列】组中单击【删除】按钮，在弹出的下拉列表中选择【删除列】选项可删除当前列，选择【删除行】选项可删除当前行，如图4-28所示。

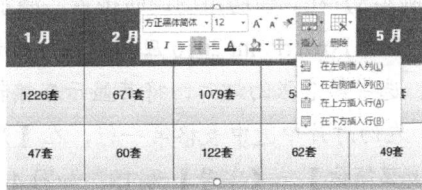

图4-28 删除行

提示

将光标定位到单元格中，在其中右击。在弹出的浮动工具栏中单击相应按钮，也可对单元格进行添加和删除操作，如图4-29所示。

图4-29 浮动工具栏

④.1.3 美化表格

完成表格的基本编辑后，为了让表格更符合幻灯片的风格或用户的需要，还需要进一步对表格的外观效果进行完善，如设置表格文本格式、添加边框和底纹、应用表格样式、设置表格阴影和映像效果等。

1. 应用表格样式

在 PowerPoint 2016 中，提供了多种精美的表格样式供用户快速应用。选择整个表格，在【设计】选项卡的【表格样式】选项组中，单击【其他】按钮，在弹出的下拉列表框中选择所需的选项即可应用表格样式，如图 4-30 所示。在应用了表格样式后，相应单元格即会应用该样式的填充颜色、边框等效果。

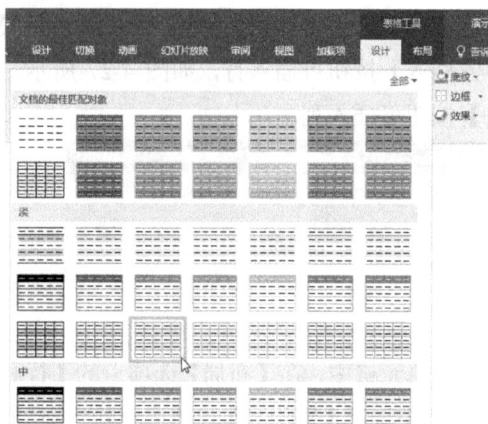

图 4-30 应用表格样式

2. 为表格添加边框和底纹

在插入表格时，表格一般会根据演示文稿的主题色自动应用表格的样式。其中，边框和底纹等均是默认的。若是对该样式不甚满意，可以手动设置表格的底纹和边框，使表格的样式更加个性化。

【例 4-3】在"住房市场调研报告"演示文稿的表格中，添加边框和底纹。

(1) 启动 PowerPoint 2016 应用程序，打开"住房市场调研报告"演示文稿。在幻灯片浏览窗格中，选中第 2 张幻灯片，将其显示在编辑窗口中，如图 4-31 所示。

(2) 在幻灯片中选中表格第一行，在【开始】选项卡的【字体】选项组中设置【字体】为【方正大黑简体】，【字号】为 18，如图 4-32 所示。

💡 提示

设置表格中文本内容的格式是指为表格中的文本内容设置字体、字号、颜色和对齐方式等，其设置方法与设置幻灯文本格式的方法基本一样。

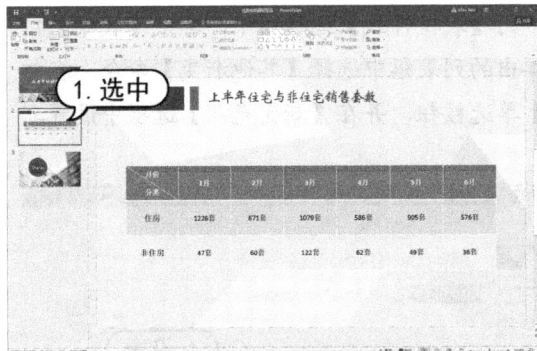

图 4-31　选中幻灯片

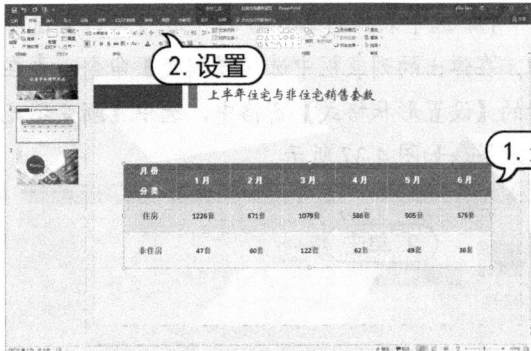

图 4-32　设置文本

(3) 使用步骤(2)的操作方法，选中表格的第 2 至 3 行，在【开始】选项卡的【字体】选项组中设置【字体】为【方正黑体简体】，【字号】为 16，如图 4-33 所示。

(4) 在幻灯片中选中表格，打开【表格工具】的【设计】选项卡的【绘制边框】选项组。单击【笔划粗细】下拉按钮，在弹出的下拉列表中选择 0.75 磅；单击【笔颜色】下拉按钮，从弹出的下拉列表框中选择所需颜色，如图 4-34 所示。

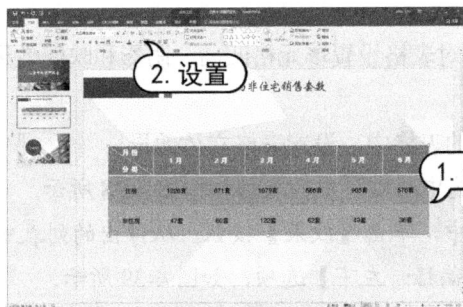

图 4-33　设置文本

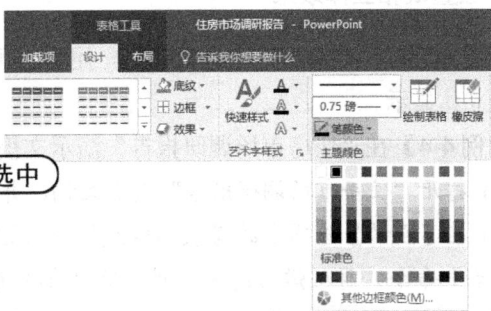

图 4-34　设置表格边框

(5) 在【设计】选项卡的【表格样式】选项组中，单击【边框】按钮，从弹出的列表中选择【内部框线】选项，如图 4-35 所示。

(6) 在表格中选中第一个单元格，单击【表格样式】选项组中的【边框】按钮，从弹出的列表中选择【斜下框线】选项，如图 4-36 所示。

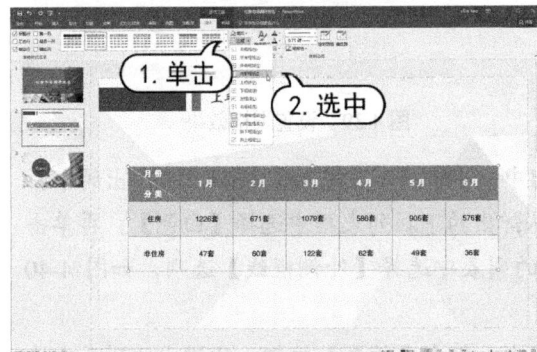

图 4-35　设置表格框线

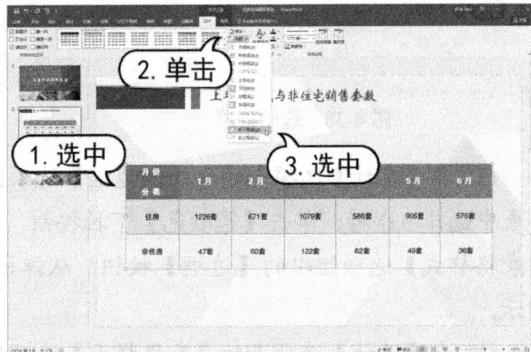

图 4-36　设置表格框线

计算机 基础与实训教材系列

(7) 选中表格的第 2~3 行。在【设计】选项卡的【表格样式】选项组中，单击【底纹】按钮。在弹出的列表框中选择【渐变】命令，再在弹出的列表框中选择【其他渐变】命令。在打开的【设置形状格式】窗格中，选中【渐变填充】单选按钮，并在【渐变光圈】选项中设置渐变效果，如图 4-37 所示。

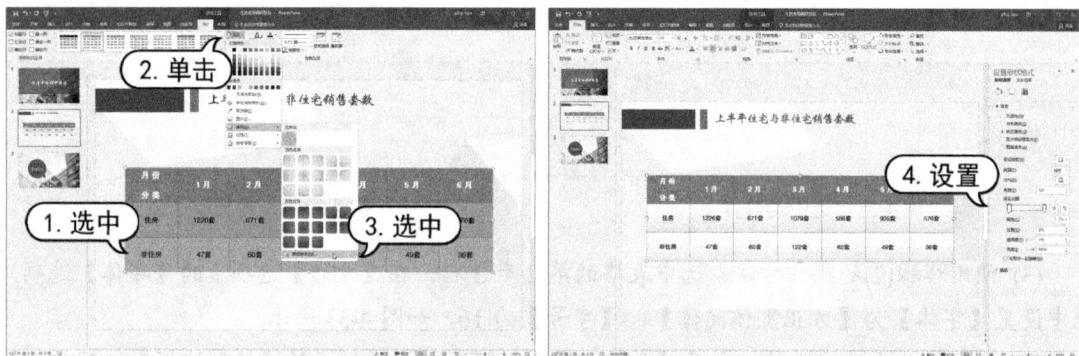

图 4-37　设置表格底纹

3. 设置表格立体效果

与图片一样，在对表格进行美化时，用户也可对表格设置单元格凹凸、阴影和映像效果，使其呈立体显示。

【例 4-4】在"住房市场调研报告"演示文稿的表格中，设置表格立体效果。

(1) 打开"住房市场调研报告"演示文稿，并选中幻灯片中的表格，如图 4-38 所示。

(2) 在【设计】选项卡的【表格样式】选项组中，单击【效果】按钮。从弹出的列表中选择【阴影】命令，再从弹出的下拉列表框中选择【偏移：左下】选项，如图 4-39 所示。

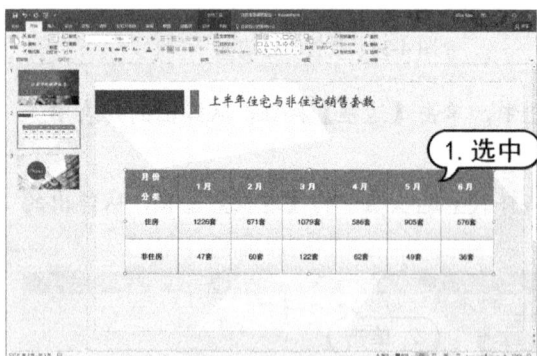

图 4-38　选中表格

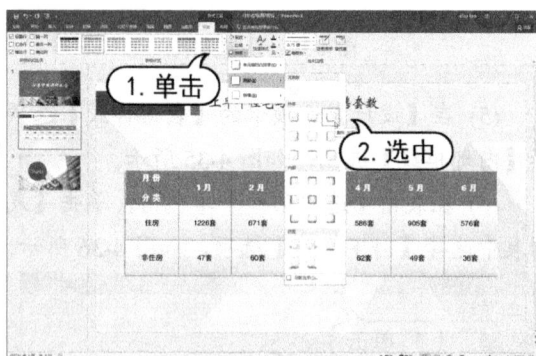

图 4-39　设置表格效果

(3) 在【设计】选项卡的【绘制边框】选项组中，单击【笔划粗细】按钮，在弹出的下拉列表中选择 3.0 磅；单击【笔颜色】下拉按钮，从弹出的下拉列表框中选择【白色】。再单击【表格样式】选项组中的【边框】按钮，从弹出的列表中选择【外侧框线】选项，如图 4-40 所示。

(4) 在【设计】选项卡的【表格样式】选项组中，单击【效果】按钮。从弹出的列表中选择【阴影】命令，再从弹出的下拉列表框中选择【阴影选项】命令，打开【设置形状格式】窗格。在窗格中设置【模糊】数值为 20 磅，【距离】数值为 10 磅，如图 4-41 所示。

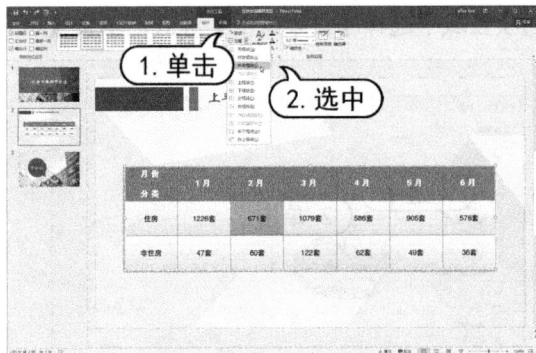

图 4-40 设置表格边框线

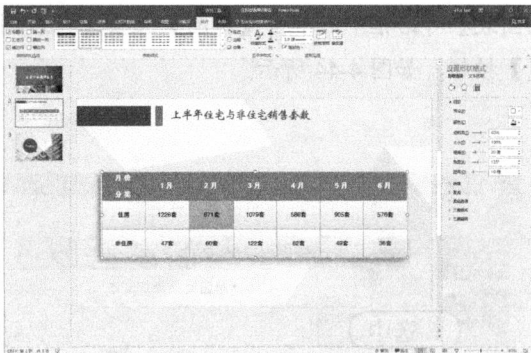

图 4-41 设置表格效果

4.2 使用图表直观化数据

与文字数据相比，形象直观的图表更容易让人理解，它以简单易懂的方式反映了各种数据关系。PowerPoint 附带了一种 Microsoft Graph 的图表生成工具，它能提供各种不同的图表来满足用户的需要。

4.2.1 在幻灯片中插入图表

打开【插入】选项卡，在【插图】组中单击【图表】按钮，打开如图 4-42 所示的【插入图表】对话框。在其中提供了 15 种图表类型，每种类型可以分别用来表示不同的数据关系。

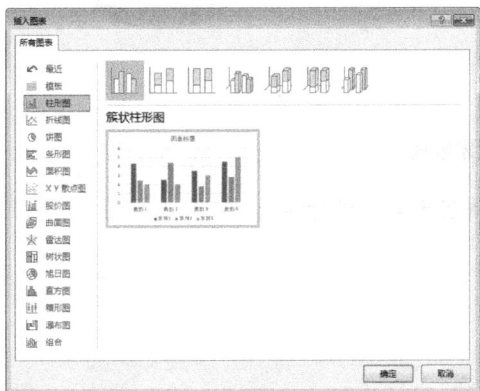

图 4-42 【插入图表】对话框

知识点

在幻灯片的对象占位符中单击【插入图表】图标，同样可以打开【插入图表】对话框。

【例 4-5】在"生鲜电商市场报告"演示文稿中插入图表。

(1) 打开"生鲜电商市场报告"演示文稿。在幻灯片浏览窗格中，选中第 2 张幻灯片，将其显示在幻灯片编辑窗口中，如图 4-43 所示。

（2）在幻灯片占位符中，单击【插入图表】图标 ，打开【插入图表】对话框。在【插入图表】对话框中，单击【饼图】选项。在右侧选项区域中选择【三维饼图】样式，单击【确定】按钮，如图 4-44 所示。

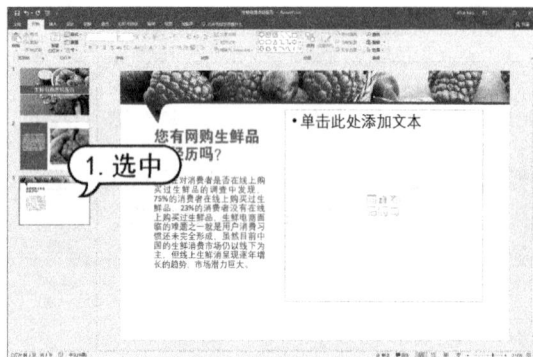

图 4-43　选中幻灯片　　　　　　图 4-44　选择图表样式

（3）此时，系统启动 Excel 应用程序，在 Excel 中输入需要在图表中表现的数据，拖动蓝色框线调节显示区域。关闭 Excel 应用程序，返回到幻灯片编辑窗口，可以看到编辑数据后的图表，如图 4-45 所示。

图 4-45　输入图表数据

（4）在快速访问工具栏中单击【保存】按钮，将演示文稿进行保存。

4.2.2　编辑和美化图表

创建图表后，如果对默认的图表样式不满意，或图表的样式和类型不符合幻灯片要求，可以对其进行编辑或美化，如更改图表类型、更改图表布局、更改图表颜色以及自定义图表样式等。

1. 更改图表类型

不同的图表其应用的领域存在着一定差异，如果创建图表后发现所选图表并不能很直观地反映数据对比，或其数据表现效果不如另一种图表清晰，可将当前图表更改为其他图表类型。选择需修改的图表类型的图表，在【设计】选项卡的【类型】选项组中，单击【更改图表类型】按钮，在打开的【更改图表类型】对话框中重新选择适合的图表类型，单击【确定】按钮即可更改图表类型。

2. 更改图表布局

更改图表的布局方式是指对图表中的标题、图例项和图表内容等项目的排列方式进行更改，不同的布局方式呈现出的效果也有一定差异。用户可以根据幻灯片的具体需要选择合适的图表布局。

【例4-6】在"生鲜电商市场报告"演示文稿中，编辑图表。

(1) 打开"生鲜电商市场报告"演示文稿。在幻灯片浏览窗格中，选中第 3 张幻灯片，将其显示在幻灯片编辑窗口中，并选中创建的图表，如图 4-46 所示。

(2) 在【设计】选项卡的【类型】选项组中，单击【更改图表类型】按钮，在打开的【更改图表类型】对话框中重新选择适合的图表类型，单击【确定】按钮即可更改图表类型，如图 4-47 所示。

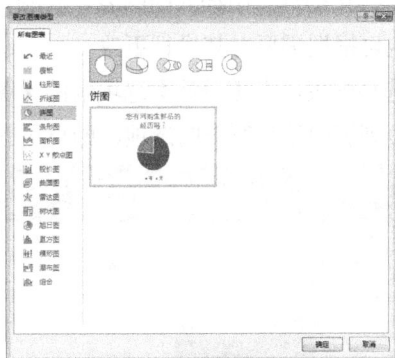

| 图 4-46　选中图表 | 图 4-47　更改图表类型 |

(3) 在【设计】选项卡的【图表布局】选项区中，单击【快速布局】按钮，从弹出的下拉列表框中选择【布局 6】选项，如图 4-48 所示。

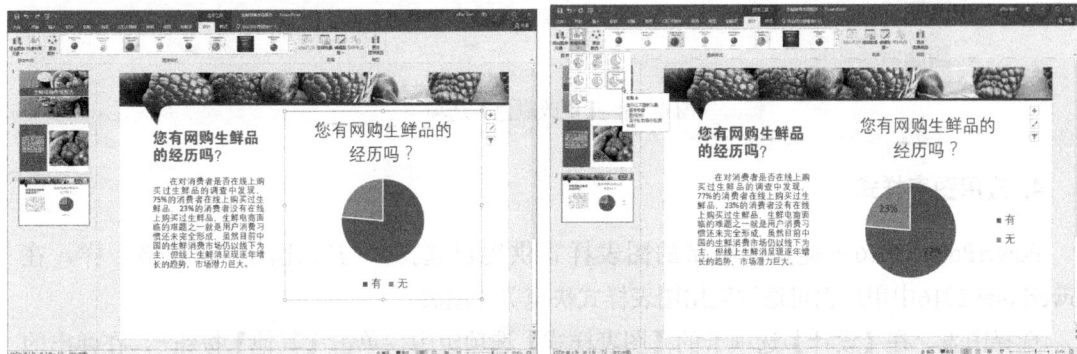

图 4-48　选择布局

(4) 在【设计】选项卡的【图表布局】选项区中，单击【添加图表元素】按钮，从弹出的

下拉列表中选择【数据标签】|【其他数据标签选项】命令，打开【设置数据标签格式】窗格。在【标签】选项区中，选中【类别名称】复选框；在【标签位置】选项区中，单击【居中】单选按钮，如图 4-49 所示。

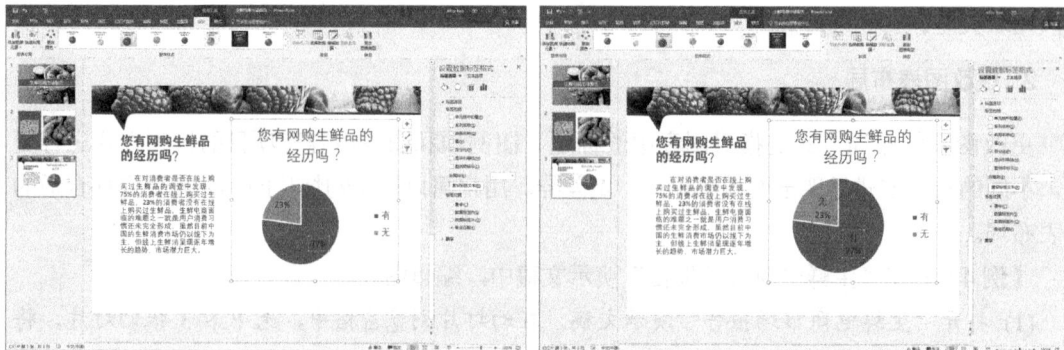

图 4-49 设置数据标签

3. 更改图表颜色

直接在幻灯片中插入的图表，其颜色效果为 PowerPoint 根据演示文稿主题色自动设置的，用户也可根据需要对其进行更改。

选择图表，在【设计】选项卡的【图表样式】选项组中，单击【更改颜色】按钮，在弹出的下拉列表中选择所需的选项，即可更改图表的颜色，如图 4-50 所示。

图 4-50 【更改颜色】选项

4. 应用图表样式

PowerPoint 2016 中提供了丰富的图表样式供用户选择，与美化图片和表格一样，在 PowerPoint 2016 中用户也可通过应用图表样式快速美化图表。

选择图表，在【设计】选项卡的【图表样式】选项组中，单击【其他】按钮▽，在弹出的下拉列表框中选择所需的图表样式选项即可。

【例 4-7】在"生鲜电商市场报告"演示文稿中，编辑图表。

(1) 打开"生鲜电商市场报告"演示文稿。在幻灯片浏览窗格中，选中第 3 张幻灯片，将其显示在幻灯片编辑窗口中，并选中创建的图表，如图 4-51 所示。

(2) 在【设计】选项卡的【图表样式】选项组中，单击【更改颜色】按钮，从弹出的下拉列表框中选择【彩色调色板 4】选项，如图 4-52 所示。

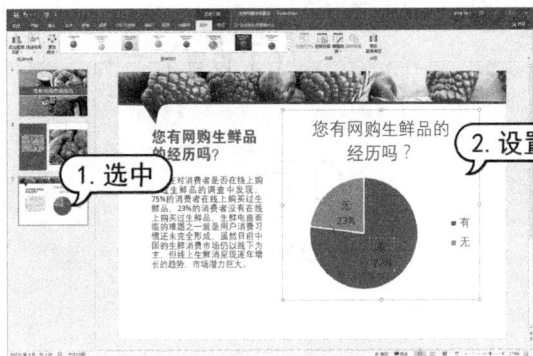

图 4-51　选中图表

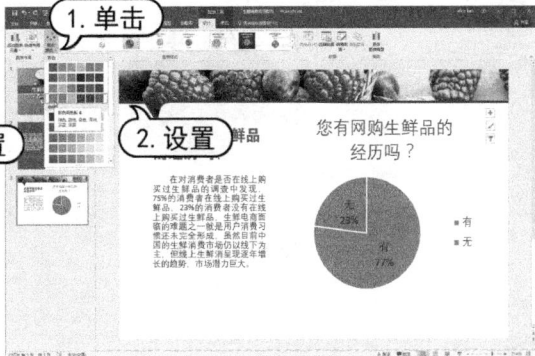

图 4-52　更改图表颜色

(3) 在【设计】选项卡的【图表样式】选项组中，单击【其他】按钮，在弹出的下拉列表框中选择【样式 3】图表样式，如图 4-53 所示。

(4) 选中图表中的数据标签，在【开始】选项卡的【字体】选项组中设置【字体】为【方正黑体简体】，【字号】为 7，如图 4-54 所示。

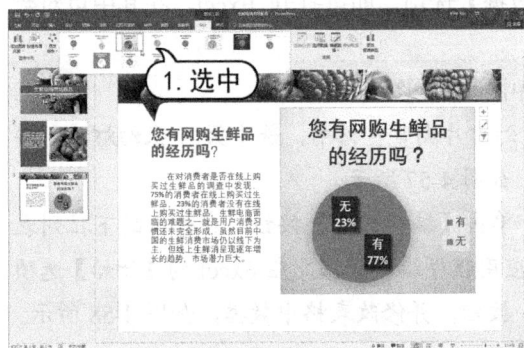

图 4-53　设置图表样式

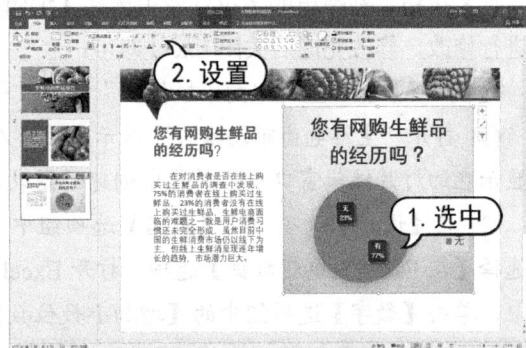

图 4-54　调整数据标签

知识点

选择图表后，在其右侧出现三个按钮。单击【图表元素】按钮，在弹出的下拉列表中也可以对图表元素进行设置；单击【图表样式】按钮，在弹出的下拉列表可设置图表的样式和配色方案；单击【图表筛选器】按钮，在弹出的下拉列表中可根据数据的系列和类别对数据进行筛选。

(5) 选中图表中的图表标题，在【开始】选项卡的【字体】选项组中设置【字体】为【方正黑体简体】，【字号】为 10.5，如图 4-55 所示。

(6) 选中图表中的饼图，在【开始】选项卡的【绘图】选项组中，单击【形状轮廓】按钮，在弹出的下拉列表框中设置轮廓颜色为【白色】。选择【粗细】命令，从弹出的下拉列表中选择 1.5 磅选项，如图 4-56 所示。

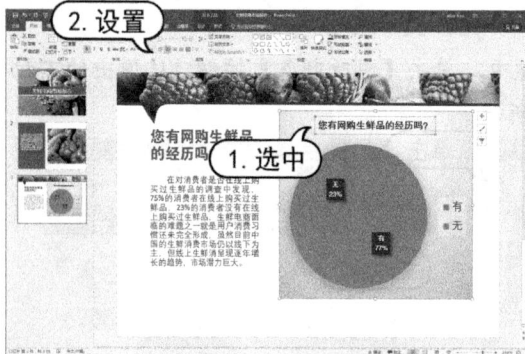

图 4-55　设置图表标题

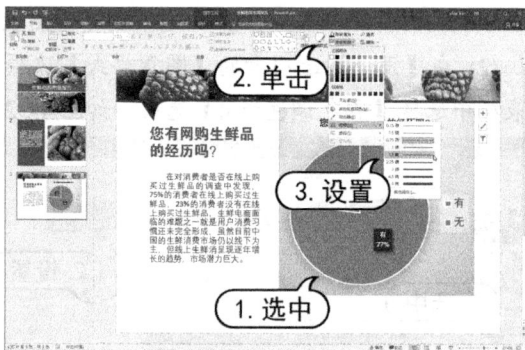

图 4-56　设置形状轮廓

4.2.3　编辑图表数据

　　创建图表后，如果发现图表中数据有误，或统计数据发生了变化，可以对数据进行重新编辑。编辑图表数据包括更改数据、选择数据源和切换行/列等。

　　更改图表数据的方法很简单。选择图表，在【设计】选项卡的【数据】选项组中，单击【编辑数据】按钮。在弹出的下拉列表中选择【编辑数据】选项，即可打开 Excel。在其中可对数据进行修改，修改完成后关闭 Excel 即可。

　　【例 4-8】在"生鲜电商市场报告"演示文稿中，编辑图表。

　　(1) 打开"生鲜电商市场报告"演示文稿。在幻灯片浏览窗格中，选中第 3 张幻灯片，将其显示在幻灯片编辑窗口中，并选中创建的图表，如图 4-57 所示。

　　(2) 在【设计】选项卡的【数据】选项组中，单击【编辑数据】按钮，在弹出的下拉列表中选择【在 Excel 中编辑数据】选项，打开 Excel 应用程序编辑数据。在 Excel 的【开始】选项卡中，单击【数字】选项组中的【增加小数位数】按钮，并修改表格中数据，如图 4-58 所示。

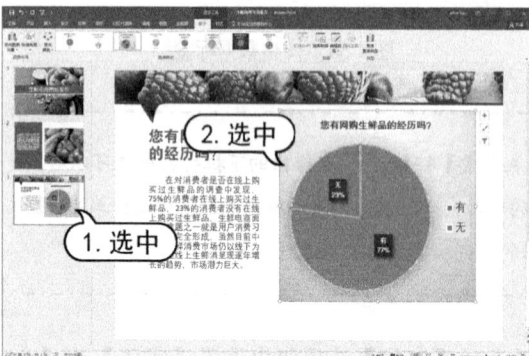

图 4-57　选中图表

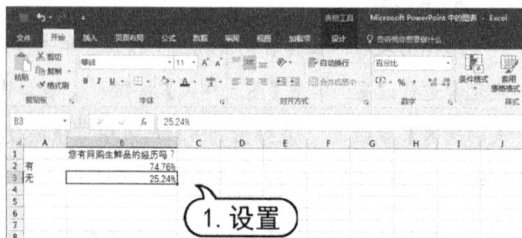

图 4-58　编辑数据

　　(3) 关闭 Excel 表格，在【设计】选项卡的【图表布局】选项区中，单击【添加图表元素】按钮。从弹出的下拉列表中选择【数据标签】|【其他数据标签选项】命令，打开【设置数据标

签格式】窗格。在窗格中，展开【数字】选项，在【类别】下拉列表中选择【百分比】选项，如图 4-59 所示。

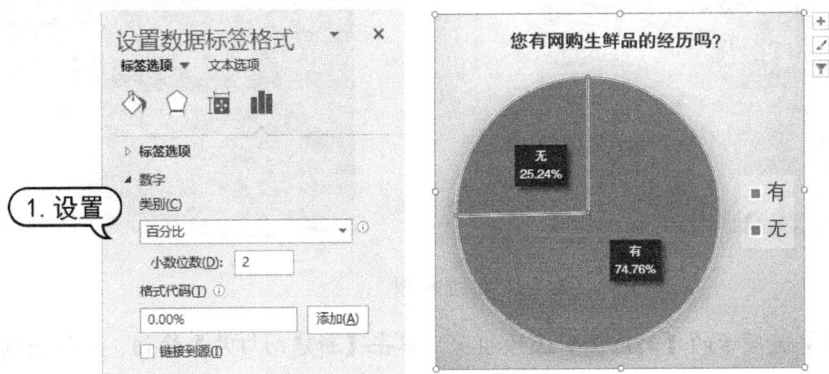

图 4-59 编辑数据

④.3 上机练习

本章的上机练习通过制作"手机流量调查分析"演示文稿，使用户更好地掌握图表、表格的创建与编辑的操作方法，以巩固本章所学知识。

(1) 启动 PowerPoint 2016 应用程序，在右侧的页面中选择【个人】选项，显示个人存储的 PowerPoint 模板。选择需要使用的模板，在弹出的面板中单击【创建】按钮，将新建一个基于模板的演示文稿，如图 4-60 所示。

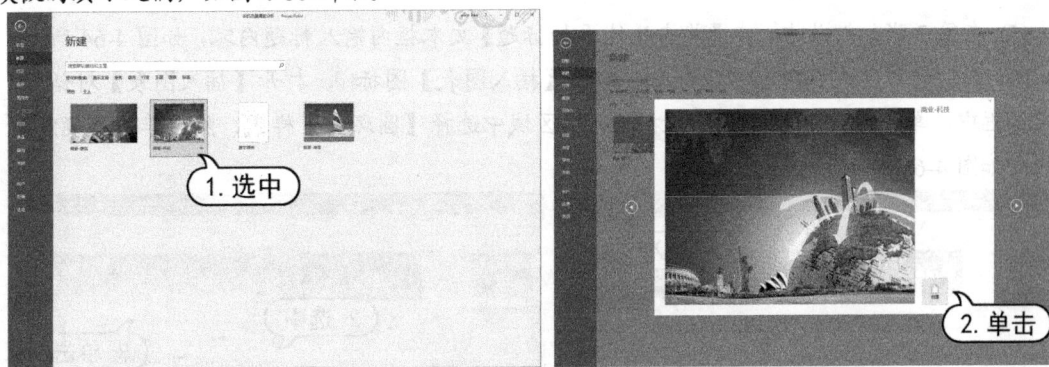

图 4-60 创建演示文稿

(2) 在新建的幻灯片中，单击【单击此处添加标题】文本框输入标题内容，并删除【单击此处添加副标题】文本框，如图 4-61 所示。

(3) 在快速访问工具栏中单击【保存】按钮，打开【另存为】页面。单击【浏览】选项，打开【另存为】对话框。在对话框中将新创建的演示文稿以"手机流量调查分析"为名进行保存，如图 4-62 所示。

图 4-61 添加标题

(4) 在【开始】选项卡的【幻灯片】选项组中，单击【新建幻灯片】按钮，从弹出的下拉列表框中选择【两栏内容】选项新建一张幻灯片，如图 4-63 所示。

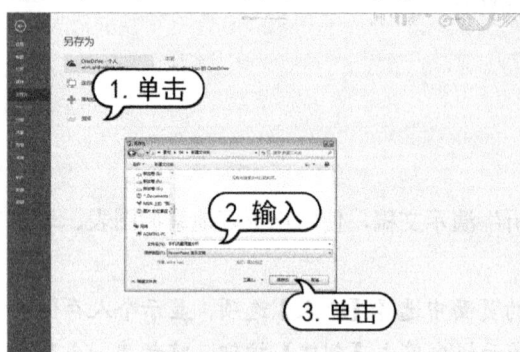

图 4-62 保存演示文稿

图 4-63 新建幻灯片

(5) 在第 2 张幻灯片中，在【单击此处添加标题】文本框内输入标题内容，如图 4-64 所示。

(6) 在幻灯片的左侧内容占位符中，单击【插入图表】图标，打开【插入图表】对话框。在对话框中，单击【饼图】选项，在右侧选项区域中选择【圆环图】样式，然后单击【确定】按钮，如图 4-65 所示。

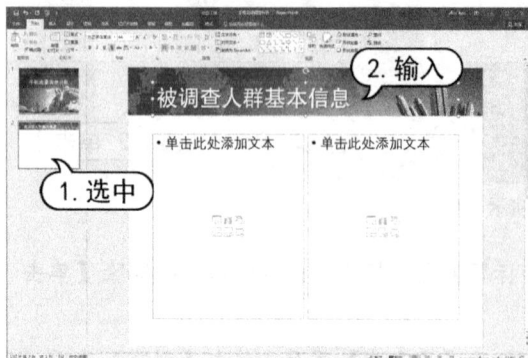

图 4-64 添加标题

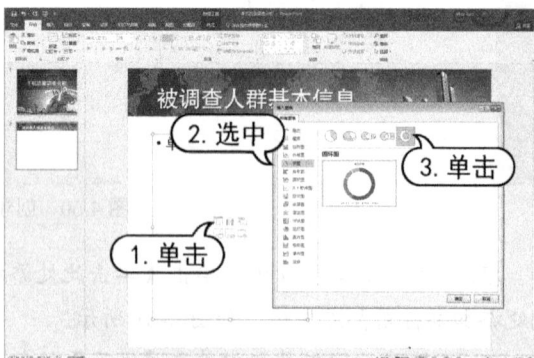

图 4-65 插入图表

(7) 在启动的 Excel 2016 应用程序中，输入图表数据，然后关闭 Excel 应用程序。在幻灯片中插入设置的图表，如图 4-66 所示。

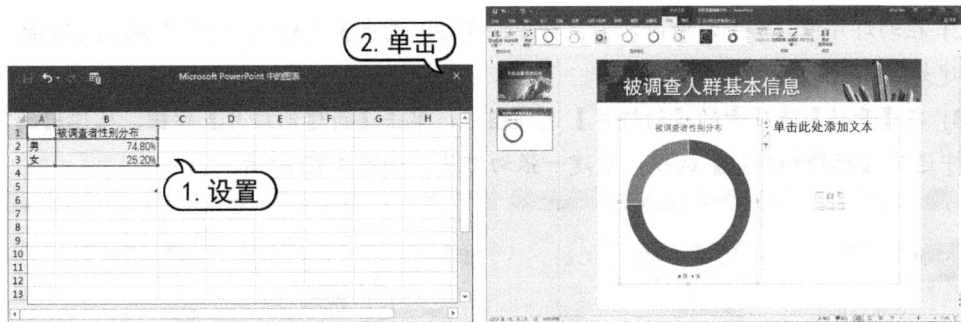

图 4-66 输入数据

(8) 在打开的【图表工具】的【设计】选项卡中，单击【图表样式】选项组的【其他】按钮，从弹出的列表框中选择【样式 3】，如图 4-67 所示。

(9) 在【图表布局】选项组中，单击【快速布局】按钮，从弹出的下拉列表框中选择【布局 2】选项，如图 4-68 所示。

图 4-67 选择图表样式

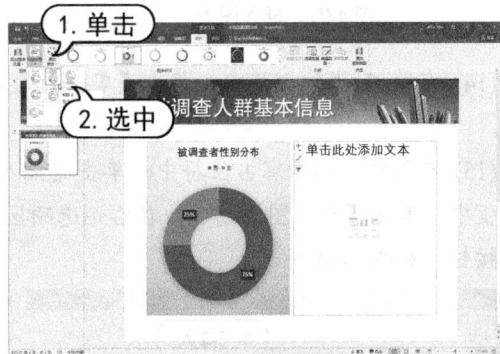

图 4-68 设置布局

(10) 选中图表上的数据标签，打开【图表工具】的【格式】选项卡。在【当前所选内容】选项组中，单击【设置所选内容格式】按钮，打开【设置数据标签格式】窗格。在窗格中，展开【数字】选项栏，在【类别】下拉列表中选择【百分比】选项，设置【小数位数】数值为 2，如图 4-69 所示。

(11) 在图表中分别单击数据标签，并将其拖动所需要的位置，如图 4-70 所示。

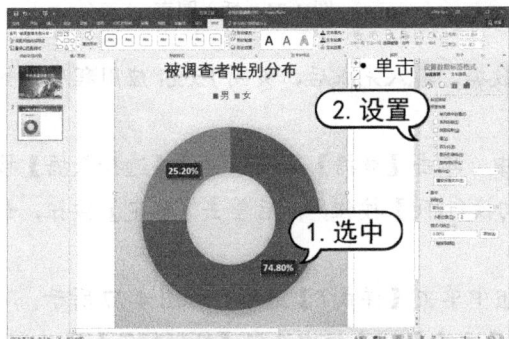

图 4-69 设置数据标签

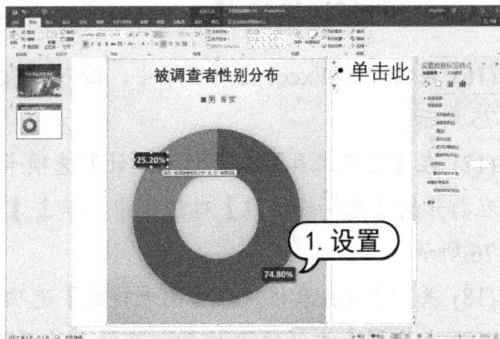

图 4-70 调整数据标签位置

(12) 在幻灯片中，单击右侧内容占位符中的【插入图表】图标▮▮，使用步骤(6)~(11)的操作方法创建如图 4-71 所示的图表。

(13) 在【开始】选项卡的【幻灯片】选项组中，单击【新建幻灯片】按钮，从弹出的下拉列表框中选择【标题和内容】选项，新建一张幻灯片，如图 4-72 所示。

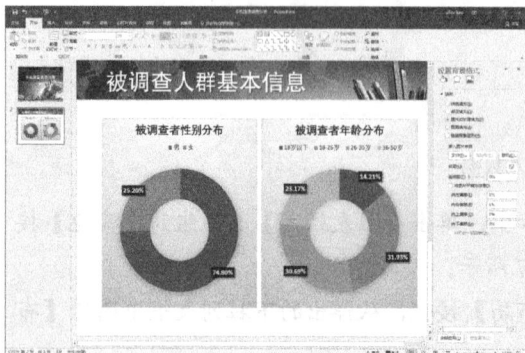

图 4-71　插入图表

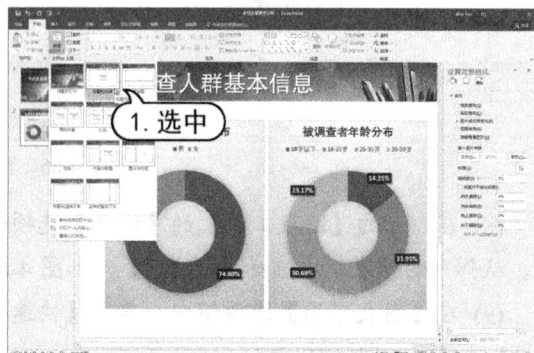

图 4-72　新建幻灯片

(14) 在第 3 张幻灯片中，单击【单击此处添加标题】占位符，输入标题内容，如图 4-73 所示。

(15) 在幻灯片的内容占位符中，单击【插入图表】图标▮▮，打开【插入图表】对话框。在对话框中，单击【面积图】选项，在右侧选项区域中选择【堆积面积图】样式，然后单击【确定】按钮，如图 4-74 所示。

图 4-73　输入标题

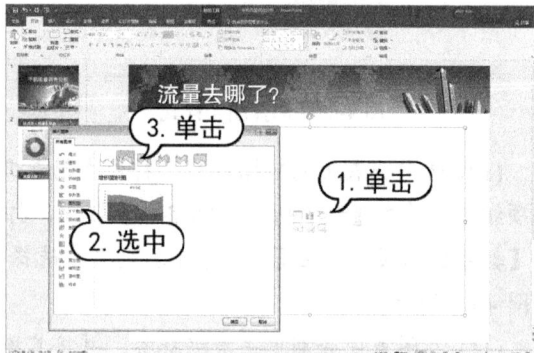

图 4-74　插入图表

(16) 在打开的 Excel 应用程序中，输入图表数据。输入完成后，关闭 Excel 应用程序，如图 4-75 所示。

(17) 在【图表工具】工具的【设计】选项卡中，单击【数据】选项组中的【选择数据】按钮。在打开的【选择数据源】对话框中，单击【切换行/列】按钮，然后单击【确定】按钮，如图 4-76 所示。

(18) 关闭 Excel 表格，在【图表样式】选项组中单击【样式 5】选项，如图 4-77 所示。

(19) 单击图表右侧的▐▐按钮，在弹出的【图表元素】列表框中选中【数据标签】复选框，如图 4-78 所示。

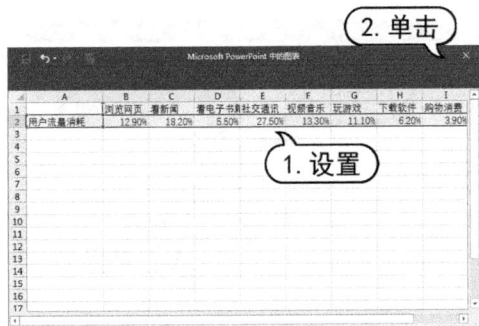

图 4-75 输入数据

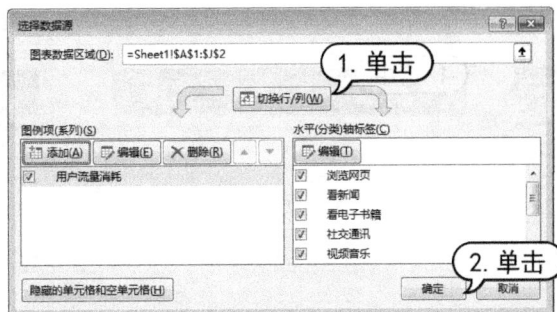

图 4-76 切换行/列

图 4-77 设置图表样式

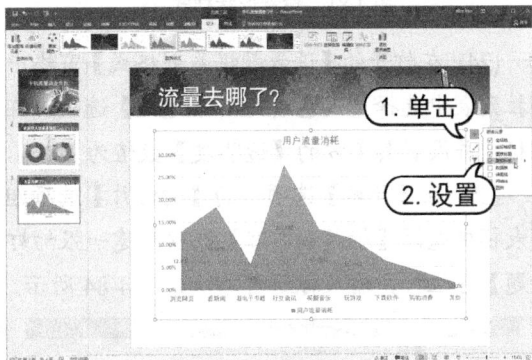

图 4-78 显示数据标签

(20) 在【图表布局】选项组中，单击【添加图表元素】按钮。从弹出的下拉列表中选择【线条】|【垂直线】，如图 4-79 所示。

(21) 在图表中选中数据标签，打开【图表工具】的【格式】选项卡。在【艺术字样式】选项组中单击【文本填充】按钮，从弹出的下拉列表框中选择【蓝色，个性色 5，深色 50%】色板选项，如图 4-80 所示。

图 4-79 添加图表元素

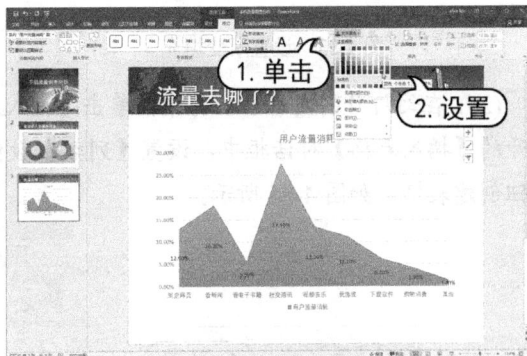

图 4-80 设置数据标签

(22) 选中图表中的数据图形，在【形状样式】选项组中单击【彩色轮廓-金色，强调颜色 4】选项，如图 4-81 所示。

(23) 在【形状样式】选项组中单击【形状填充】按钮，从弹出的下拉列表框中选择【渐变】命令，再从弹出的列表框中选择【其他渐变】命令，如图 4-82 所示。

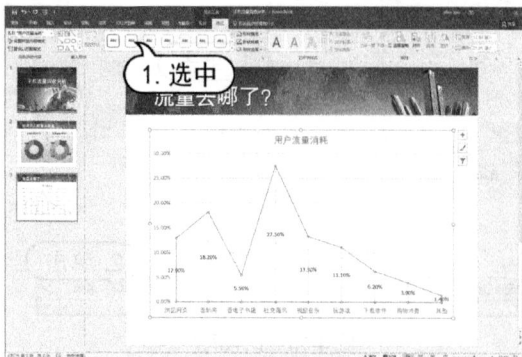

图 4-81　设置形状样式

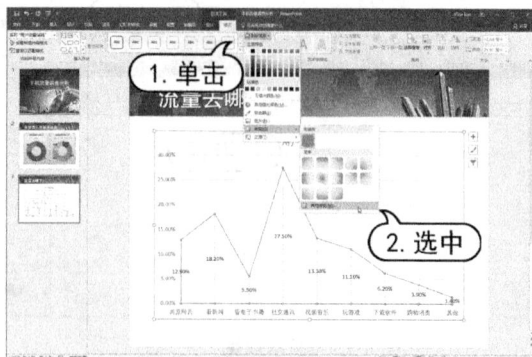

图 4-82　选择【其他渐变】命令

(24) 在打开的【设置数据系列格式】窗格中，选中【渐变填充】单选按钮。在【预设渐变】下拉列表中选择【浅色渐变-个性色 4】选项，在【渐变光圈】选项中选中【停止点 1(属于 4)】色标，并设置其下方的【透明度】数值为 100%，如图 4-83 所示。

(25) 在【开始】选项卡的【幻灯片】选项组中，单击【新建幻灯片】按钮，从弹出的下拉列表框中选择【标题和内容】选项新建一张幻灯片。在第 4 张幻灯片中，单击【单击此处添加标题】占位符，输入标题内容，如图 4-84 所示。

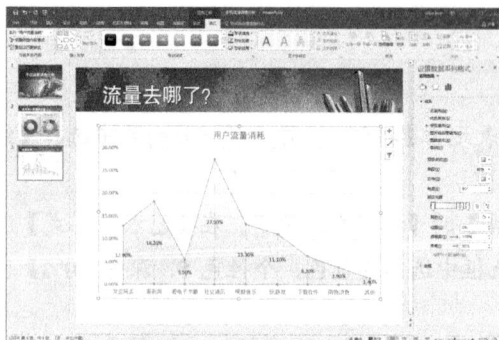

图 4-83　设置渐变填充

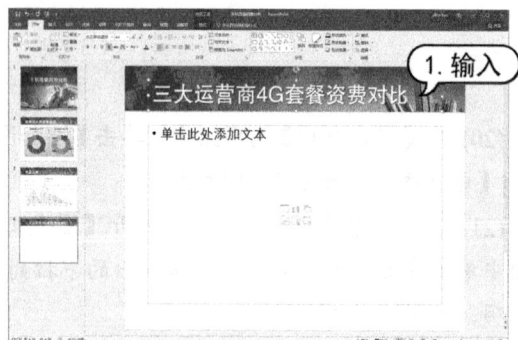

图 4-84　输入标题

(26) 在幻灯片的内容占位符中，单击【插入表格】图标，打开【插入表格】对话框。在打开的【插入表格】对话框中，设置【列数】数值为 7，【行数】数值为 4，然后单击【确定】按钮创建表格，如图 4-85 所示。

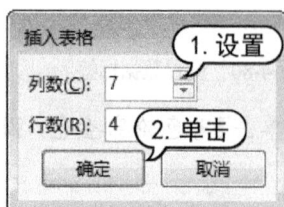

图 4-85　插入表格

(27) 在创建的表格中，输入与表格相关的文字内容，如图 4-86 所示。

(28) 在创建表格中，选中第 1 行。打开【开始】选项卡，在【字体】选项组中设置【字体】为【方正黑体简体】，字号为 16；在【段落】选项组中单击【居中】按钮，再单击【对齐文本】按钮，从弹出的下拉列表中选择【中部对齐】选项，如图 4-87 所示。

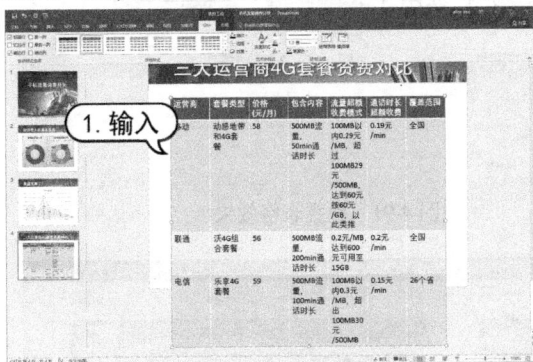

图 4-86　输入表格文本

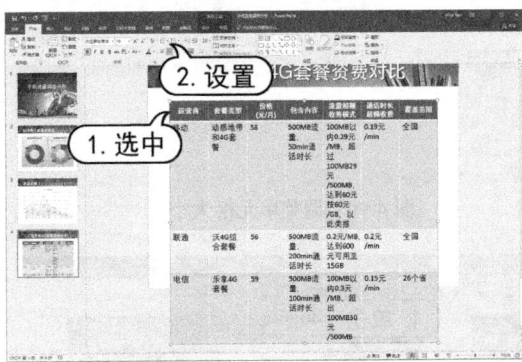

图 4-87　设置文字格式

(29) 在创建的表格中，选中第 2 至第 4 行。在【字体】选项组中，设置【字体】为【楷体】，【字号】为 14；打开【表格工具】的【布局】选项卡，单击【对齐方式】选项组中的【垂直居中】按钮，如图 4-88 所示。

(30) 选中表格的第 3 列，在【布局】选项卡的【单元格大小】选项组中，设置【宽度】数值为 2 厘米，如图 4-89 所示。

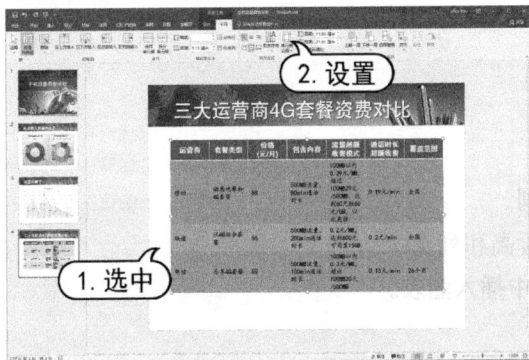

图 4-88　设置文字格式

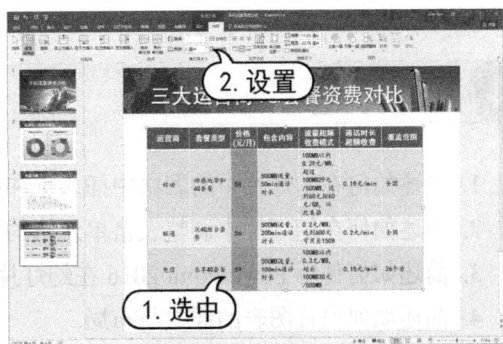

图 4-89　调整单元格大小

(31) 使用相同方法，调整表格其他列的列宽数值，如图 4-90 所示。

(32) 打开【设计】选项卡，选中表格第 1 行。在【表格样式】选项组中，单击【效果】下拉按钮。从弹出的列表中选择【单元格凹凸效果】选项，从弹出的列表中选择效果样式，如图 4-91 所示。

(33) 选择【表格样式】选项组，单击【底纹】下拉按钮，从弹出的下拉列表框中选择【浅蓝】色板选项，如图 4-92 所示。

(34) 选中整个表格，调整其在幻灯片中的位置。然后单击快速工具访问栏中的【保存】按钮，保存演示文稿，如图 4-93 所示。

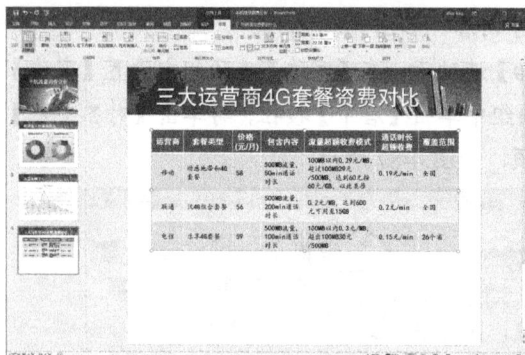

图 4-90　调整单元格大小

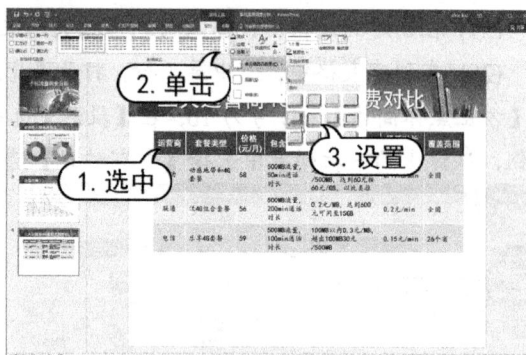

图 4-91　设置表格效果

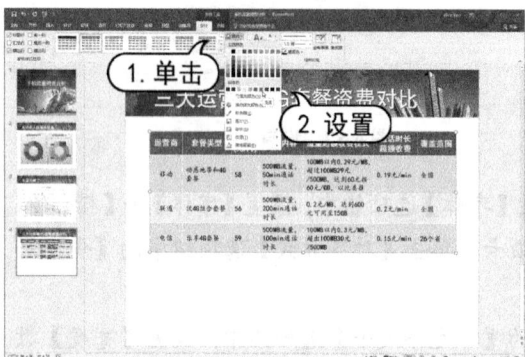

图 4-92　设置表格底纹

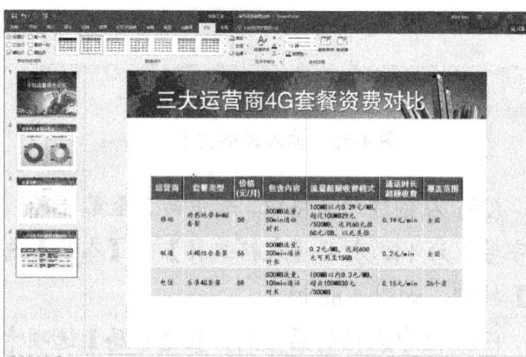

图 4-93　保存演示文稿

④.4　习题

1. 简述如何在幻灯片中的表格中插入行和列。
2. 简述如何在幻灯片中调整表格单元格的行高和列宽。
3. 简述如何使用 PowerPoint 2016 在幻灯片中插入图表。
4. 简述如何设置图表的样式与布局。

第5章

形状和 SmartArt 图形的使用

将文本信息图形化，通过形象的图形来阐述信息内容，可以让观众更加直观的理解。在制作图形化幻灯片过程中，经常需要插入图形、流程图或关系图等。这时不需要通过其他应用程序绘制，直接通过 PowerPoint 2016 的形状和 SmartArt 图形功能就能完成绘制。

本章重点

- ⊙ 插入形状
- ⊙ 编辑形状
- ⊙ 插入 SmartArt 图形
- ⊙ 美化 SmartArt 图形
- ⊙ 编辑 SmartArt 图形

⑤.1　在幻灯片中使用形状

幻灯片中的形状可以将文本信息通过图形化进行表达，以增强文本的说明性和感染力。在日常办公中，如需制作各种示意图、说明图，都可以通过 PowerPoint 2016 的形状功能来完成。

⑤.1.1　插入形状

PowerPoint 2016 提供了功能强大的绘图工具，利用绘图工具可以在幻灯片中绘制各种线条、连接符、几何图形、星形和箭头等复杂的图形。

打开【插入】选项卡，在【插图】组中单击【形状】按钮，在弹出的下拉列表框中选择需要的形状，然后通过拖动在幻灯片中绘制需要的图形即可，如图 5-1 所示。

图 5-1 【形状】选项

5.1.2 在形状中输入文本

为了满足编辑需要，在绘制完形状后，通常还需要在其中添加说明文本，以达到让文本信息图形化的目的。在形状中添加文本的方法很简单，只需选择幻灯片中的形状，切换到常用输入法后，输入所需文本即可，如图 5-2 所示。或在形状上右击，在弹出的快捷菜单中选择【编辑文字】命令，即可在形状中输入所需文本，并对文本效果进行美化。

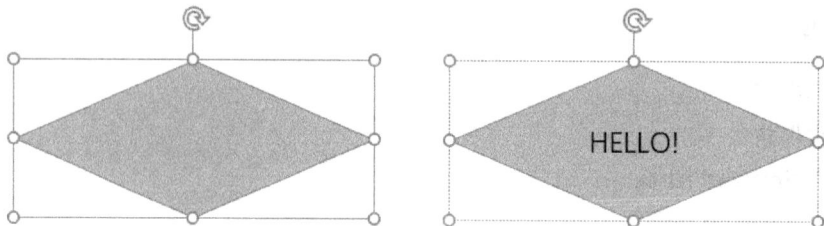

图 5-2 在形状中输入文本

5.1.3 编辑形状

绘制形状后，打开【格式】选项卡，单击【插入形状】组中的【编辑形状】按钮，在弹出的列表中选择【更改形状】命令，可以重新选择插入的形状，如图 5-3 所示。

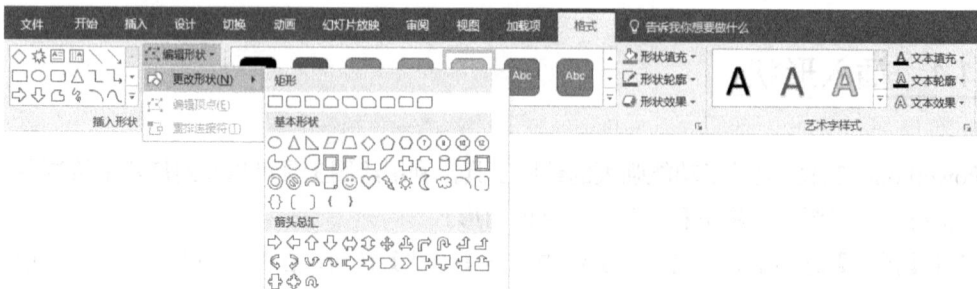

图 5-3 【更改形状】命令

选择【编辑顶点】命令，可以在绘制的形状上显示锚点。当选中其中一个锚点时，会显示出该锚点的控制柄，拖动控制柄，可以改变插入形状的外观，如图 5-4 所示。按住 Alt 键可以拖动一侧的控制柄。

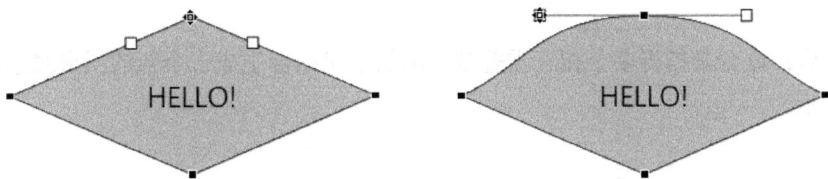

图 5-4　编辑形状

5.1.4　组合形状

组合图形是将选取的两个或两个以上的形状组合成一个整体，以便将其作为一个单一的对象来进行处理。

在幻灯片中，选中多个图形后单击，从弹出的快捷菜单中选择【组合】|【组合】命令，即可将多个图形进行组合，如图 5-5 所示。被组合后的图形，将作为一个图形被选中、复制或移动。

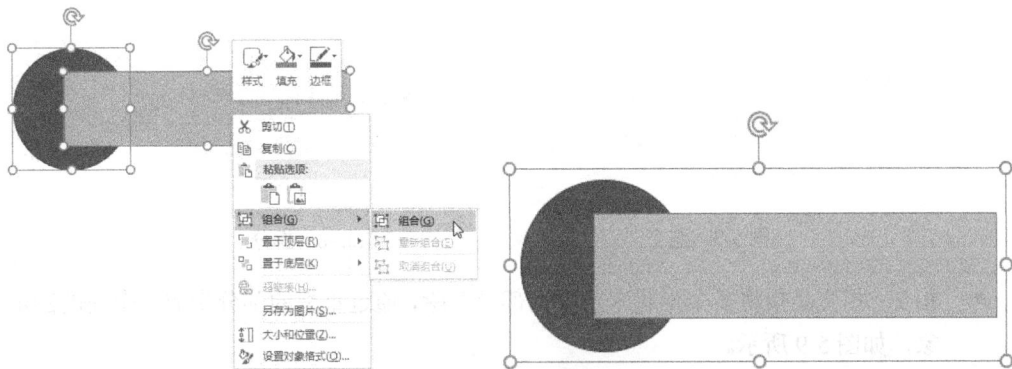

图 5-5　组合形状

用户也可以在选中多个图形对象后，打开【格式】选项卡，在【排列】组中单击【组合】下拉按钮，从弹出的列表中选择【组合】选项。当形状组合后，【组合】下拉列表中的【取消形状】选项将变亮。如果要取消组合后的形状，先选择组合后的形状，然后在【组合】下拉列表中选择【取消组合】选项即可。

5.1.5　合并形状

PowerPoint 的形状组合功能，可以按照一定的方式将两个或多个形状合并成一个新的形状，包括联合、组合、拆分、相交和剪除等。

选择需要进行合并的多个形状后，在【格式】选项卡的【插入形状】选项组中，单击【合并形状】按钮，在弹出的下拉列表中选择所需的选项即可。PowerPoint 2016 提供了 5 种组合图形的方式。

- 联合：联合是指将多个相互重叠或分离的形状结合生成一个新的图形对象，如图 5-6 所示。

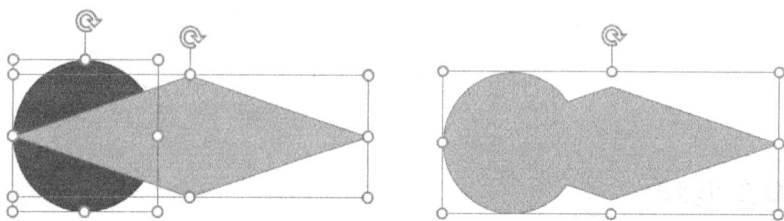

图 5-6　联合

- 组合：组合是指将多个相互重叠或分离的形状结合生成一个新的图形对象，但形状的重合部分将被剪除，如图 5-7 所示。
- 拆分：拆分是指将多个相互重叠的形状按照其重叠和未重叠部分拆分为多个新的图形对象，如图 5-8 所示。

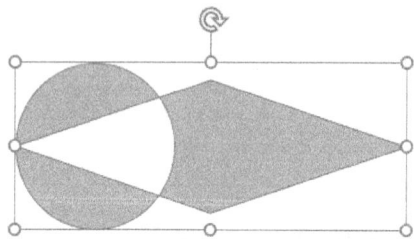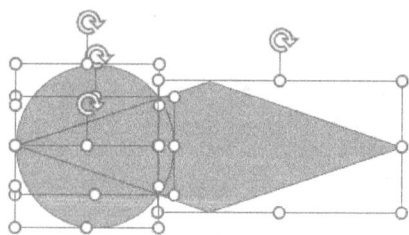

图 5-7　组合　　　　　　　　　　　　图 5-8　拆分

- 相交：相交是指将多个形状未重叠的部分剪除，通过重叠的部分生成一个新的图形对象，如图 5-9 所示。
- 剪除：剪除是指将被剪除的形状覆盖或被其他对象覆盖的部分清除，从而产生新的图形对象，如图 5-10 所示。

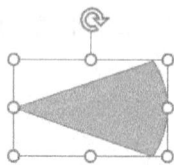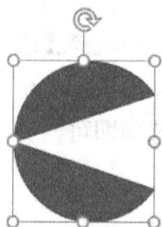

图 5-9　相交　　　　　　　　　　　　图 5-10　剪除

【例 5-1】在演示文稿中，插入形状。

(1) 启动 PowerPoint 2016 应用程序，打开如图 5-11 所示的演示文稿。

(2) 打开【插入】选项卡，在【插图】选项组中单击【形状】按钮，从弹出的下拉列表中选择【平行四边形】选项，如图 5-12 所示。

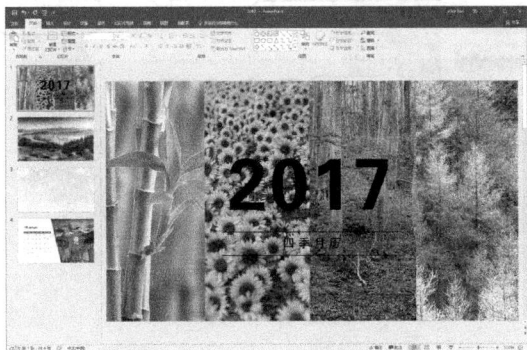

图 5-11　打开演示文稿

图 5-12　插入形状

(3) 在幻灯片中拖动绘制平行四边形，在【格式】选项卡的【排列】选项组中连续单击【下移一层】按钮将绘制的平行四边形放置在文本下方。然后在【形状样式】选项组中单击【形状填充】按钮，在弹出的下拉列表框中选择【白色】；再单击【形状轮廓】按钮，在弹出的下拉列表框中选择【无轮廓】选项，如图 5-13 所示。

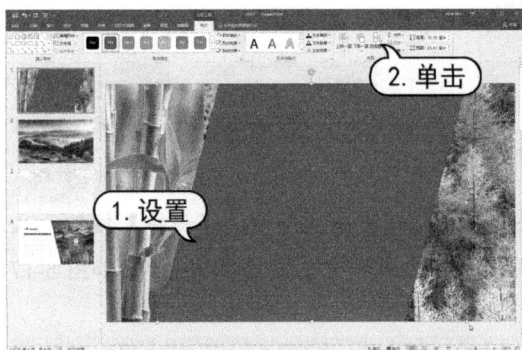

图 5-13　编辑形状

(4) 在【格式】选项卡的【插入形状】选项组中，选择形状选项区中的【矩形】选项，并在幻灯片顶部绘制一个矩形条，然后在【形状样式】选项组中，选择【彩色填充-黑色，深色 1】选项，如图 5-14 所示。

(5) 在【格式】选项卡的【插入形状】选项组中，单击形状选项区的【其他】按钮，从弹出的下拉列表框中选择【直角三角形】选项，并在幻灯片中拖动绘制三角形。绘制完成后，单击【排列】选项组中的【旋转】按钮，从弹出的下拉列表中选择【垂直翻转】选项，如图 5-15 所示。

(6) 在【形状样式】选项组中，单击【形状轮廓】按钮，从弹出的下拉列表框中选择【无轮廓】命令；再单击【形状填充】按钮，从弹出的下拉列表框中选择【其他填充颜色】命令，打开【颜色】对话框。在【颜色】对话框中，选中【标准】选项卡，在【颜色】选项区中选择所需颜色，并设置【透明度】数值为28%。设置完成后，单击【确定】按钮应用，如图 5-16 所示。

图 5-14　插入形状

图 5-15　插入形状

图 5-16　编辑形状样式

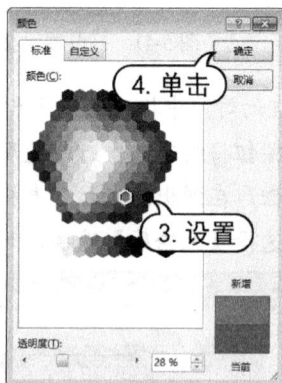

(7) 继续在幻灯片中拖动绘制直角三角形，并单击【排列】选项组中的【旋转】按钮，从弹出的下拉列表中选择【水平翻转】选项。然后使用步骤(6)的操作方法设置形状样式，如图 5-17 所示。

图 5-17　设置形状

(8) 在幻灯片中选中平行四边形。在【插入形状】选项组中，单击【编辑形状】按钮。从弹出的下拉列表中选择【编辑顶点】选项，然后调整平行四边形的倾斜度，如图 5-18 所示。

(9) 选中幻灯片中的标题文本，打开【开始】选项卡，在【字体】选项组中设置【字号】为185，然后再调整标题文本位置，如图 5-19 所示。

图 5-18　编辑形状

图 5-19　设置文本

(10) 在幻灯片中选中标题文本和平行四边形，在【格式】选项卡的【插入形状】选项组中单击【合并形状】按钮，从弹出的下拉列表中选择【组合】选项。然后在【形状样式】选项组中单击【形状填充】按钮，从弹出的下拉列表框中设置填充为【白色】；再单击【排列】选项组中的【下移一层】按钮将合并后的形状放置在文字下方，如图 5-20 所示。

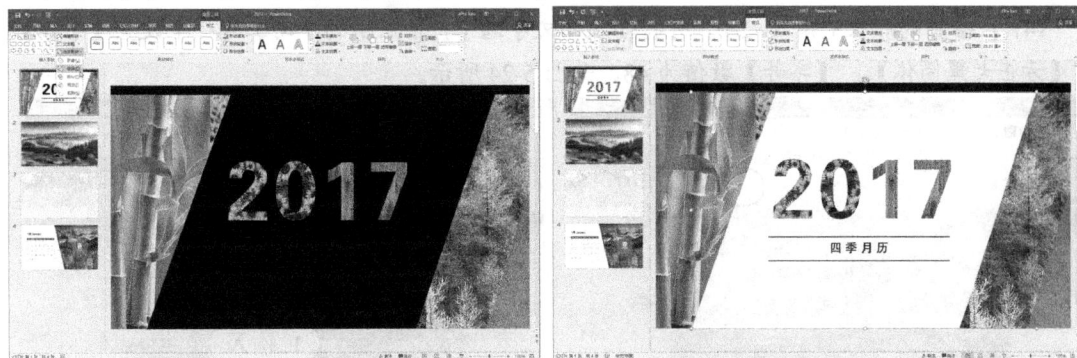

图 5-20　组合形状

⑤ 1.6　美化形状

在完成形状的插入和编辑后，还需要对形状进行美化，使其更适应幻灯片的风格和版面。美化形状与美化幻灯片的其他对象一样，主要包括应用形状样式、设置填充效果、设置轮廓效果和设置特殊效果等。

【例 5-2】在演示文稿中，美化插入形状样式。

(1) 在 PowerPoint 2016 中打开演示文稿，并在幻灯片窗格中选中第 2 张幻灯片，将其显示在窗口中，如图 5-21 所示。

(2) 在【开始】选项卡的【绘图】选项组中，单击【插入形状】选项区的【其他】按钮，从弹出的下拉列表框中选择【椭圆】选项，并在幻灯片中按住 Shift 键拖动绘制圆形，如图 5-22 所示。

图 5-21　选中幻灯片　　　　　　　　　　图 5-22　插入图形

(3) 打开【格式】选项卡，在【形状样式】选项组中单击【设置形状格式】窗格启动器按钮，打开【设置形状格式】窗格。在【设置形状格式】窗格的【填充】选项组中，单击【颜色】按钮，从弹出的下拉列表框中选择标准色中的【深红】，并设置【透明度】数值为 40%；在【线条】选项组中，单击【无线条】单选按钮，如图 5-23 所示。

(4) 在绘制的形状中输入文字，并将输入的文字选中，在显示的浮动工具栏中设置【字体】为【方正大黑简体】，【字号】数值为 48，如图 5-24 所示。

图 5-23　设置形状格式　　　　　　　　　图 5-24　在形状中输入文字

(5) 在【格式】选项卡的【插入形状】选项组中，单击形状选项区的【其他】按钮，从弹出的下拉列表框中选择【空心弧】选项，并在幻灯片中拖动绘制形状。绘制完成后，拖动形状上控制点调整空心弧弧度。然后在【设置形状格式】窗格的【填充】选项组中，单击【颜色】按钮，从弹出的下拉列表框中选择【白色】，并设置【透明度】数值为 40%；在【线条】选项组中，单击【无线条】单选按钮，如图 5-25 所示。

(6) 选中绘制的圆形和空心弧，在【格式】选项卡的【排列】选项组中，单击【组合】按钮，从弹出的下拉列表中选择【组合】选项，如图 5-26 所示。

(7) 按 Ctrl+C 组合键复制组合后的对象，按 Ctrl+V 组合键粘贴对象，并修改复制后对象中的文字内容，如图 5-27 所示。

(8) 选中幻灯片中绘制的所有图形，单击【绘图】选项组中的【排列】按钮，从弹出的下拉列表中选择【对齐】|【横向分布】命令，如图 5-28 所示。

图 5-25　插入形状

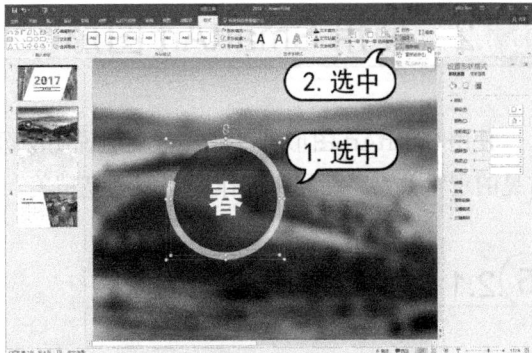

图 5-26　组合形状

图 5-27　复制、粘贴对象

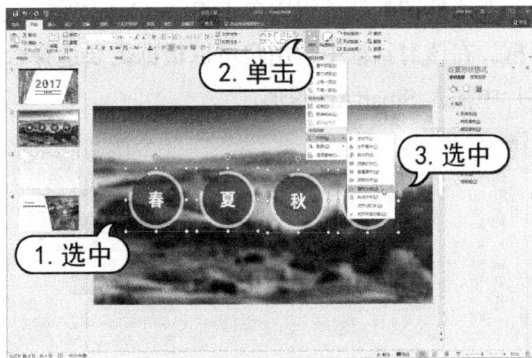

图 5-28　排列对齐对象

(9) 在【绘图】选项组中，单击【形状效果】按钮，从弹出的下拉列表中选择【发光】选项，再从弹出的下拉列表框中选择所需的形状效果，如图 5-29 所示。

(10) 在【设置形状格式】窗格中，调整【大小】数值为【35 磅】，【透明度】数值为 75%，如图 5-30 所示。

图 5-29　设置形状效果

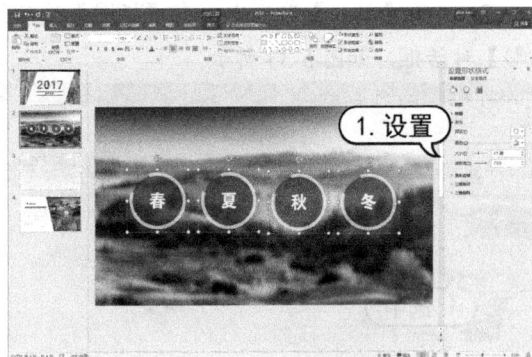

图 5-30　设置形状格式

(11) 设置完成后，单击快速访问工具栏中的【保存】按钮，保存幻灯片设置。

⑤.2 使用 SmartArt 图形

使用 SmartArt 图形可以非常直观地说明层级关系、附属关系、并列关系、循环关系等各种常见的逻辑关系，而且所制作的图形漂亮精美，具有很强的立体感和画面感。

⑤.2.1 插入 SmartArt 图形

PowerPoint 2016 提供了多种 SmartArt 图形类型，如流程、层次结构等。打开【插入】选项卡，在【插图】选项组中单击 SmartArt 按钮，打开如图 5-31 所示的【选择 SmartArt 图形】对话框。在该对话框中，用户可以根据需要选择合适的类型，然后单击【确定】按钮，即可在幻灯片中插入 SmartArt 图形。

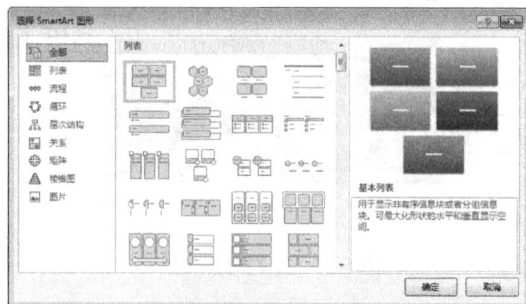

图 5-31 【选择 SmartArt 图形】对话框

知识点

在幻灯片的对象占位符中，单击【插入 SmartArt 图形】图标，同样可以打开【选择 SmartArt 图形】对话框。

【例 5-3】在演示文稿中，插入 SmartArt 图形。
(1) 打开演示文稿，选择第 3 张幻灯片将其显示在窗口中，如图 5-32 所示。
(2) 打开【插入】选项卡，在【插图】选项组中单击 SmartArt 按钮，打开【选择 SmartArt 图形】对话框，如图 5-33 所示。

图 5-32 选中幻灯片

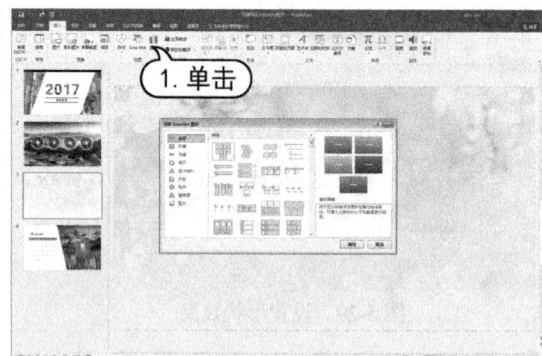

图 5-33 打开【选择 SmartArt 图形】对话框

(3) 在对话框中，选择【列表】选项，在右侧的列表框中选择【垂直图片重点列表】选项，然后单击【确定】按钮，如图 5-34 所示。

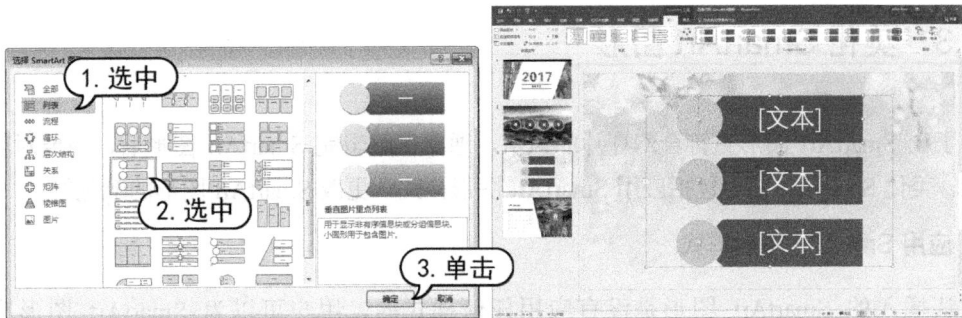

图 5-34　选择 SmartArt 图形样式

⑤.2.2　在 SmartArt 图形中输入文本

在幻灯片中插入了 SmartArt 图形后，用户可以在每个图形中输入文本。在 SmartArt 图形中，可以通过直接输入和文本窗格这两种方式输入文本。

在 SmartArt 图形中添加文本的方法与在形状中添加文本的方法一样，只须单击需要添加文本的形状，将光标定位于形状中，然后输入文本即可，如图 5-35 所示。

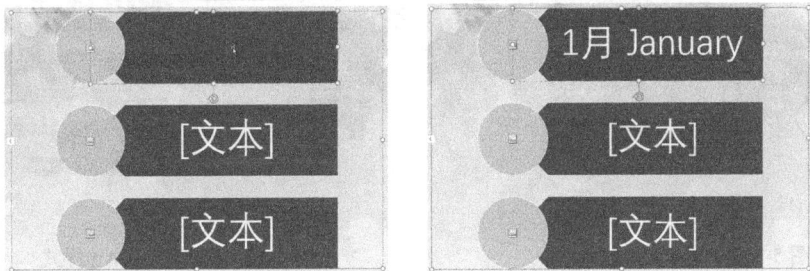

图 5-35　在 SmartArt 图形输入文本

在幻灯片中插入 SmartArt 图形后，选择整个 SmartArt 图形，在其左侧将出现一个 ❮ 按钮，单击该按钮即可展开文本窗格，在文本窗格中用户可直接为 SmartArt 图形输入文本，如图 5-36 所示。在文本窗格中，选中输入的文本，再右击，从弹出的快捷菜单中选择【升级】或【降级】命令可以将选中的文本进行升级或降级，如图 5-37 所示。

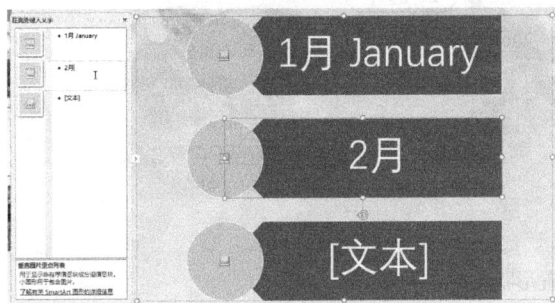

图 5-36　在文本窗格中输入文本

图 5-37　降级文本

⑤2.3 美化 SmartArt 图形

为了让 SmartArt 图形更符合幻灯片的风格，通常在编辑完 SmartArt 图形后，还要对其进行美化。美化 SmartArt 图形包括应用 SmartArt 图形样式、更改 SmartArt 图形的颜色等。

1. 应用 SmartArt 图形样式

默认插入的 SmartArt 图形是没有应用任何样式的，用户可以为 SmartArt 图形应用 PowerPoint 2016 预设的快速样式，也可以单独为某个形状应用样式，以美化 SmartArt 图形。

【例 5-4】在演示文稿中，应用 SmartArt 图形样式。

(1) 打开演示文稿，选择第 3 张幻灯片将其显示在窗口中，并选中 SmartArt 图形，如图 5-38 所示。

(2) 打开【SmartArt 工具】的【设计】选项卡，在【SmartArt 样式】选项组中单击 SmartArt 样式选项区的【其他】按钮，从弹出的下拉列表框中选择所需的样式，如图 5-39 所示。

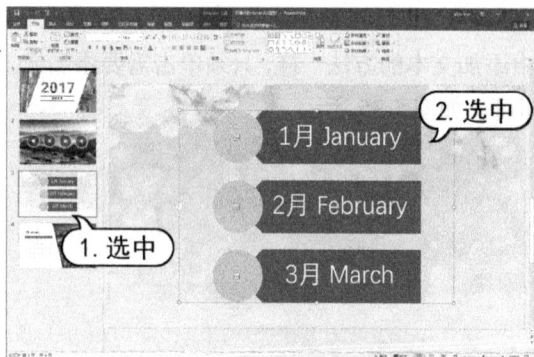

图 5-38　选中幻灯片

图 5-39　设置 SmartArt 样式

(3) 选中 SmartArt 图形中的圆形，打开【SmartArt 工具】的【格式】选项卡。在【形状样式】选项组中单击【形状轮廓】按钮，从弹出的下拉列表框中设置轮廓颜色为【白色】，如图 5-40 所示。

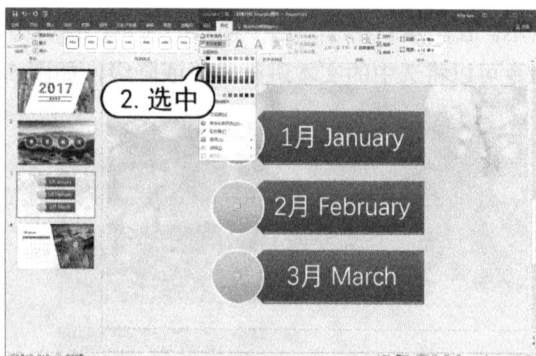

图 5-40　设置形状轮廓

(4) 再次单击【形状样式】选项组中的【形状轮廓】按钮，从弹出的下拉列表框中选择【粗

细】选项，再从弹出的下拉列表中选择【4.5 磅】选项，如图 5-41 所示。

图 5-41　设置形状轮廓

2. 更改 SmartArt 图形的颜色

在幻灯片中插入 SmartArt 图形时，PowerPoint 会根据幻灯片自身的主题颜色自动为 SmartArt 图形预设出与之相符的颜色。选择 SmartArt 图形，在【设计】选项卡的【SmartArt 样式】选项组中，单击【更改颜色】按钮，在弹出的下拉列表中选择所需的颜色选项即可，如图 5-42 所示。

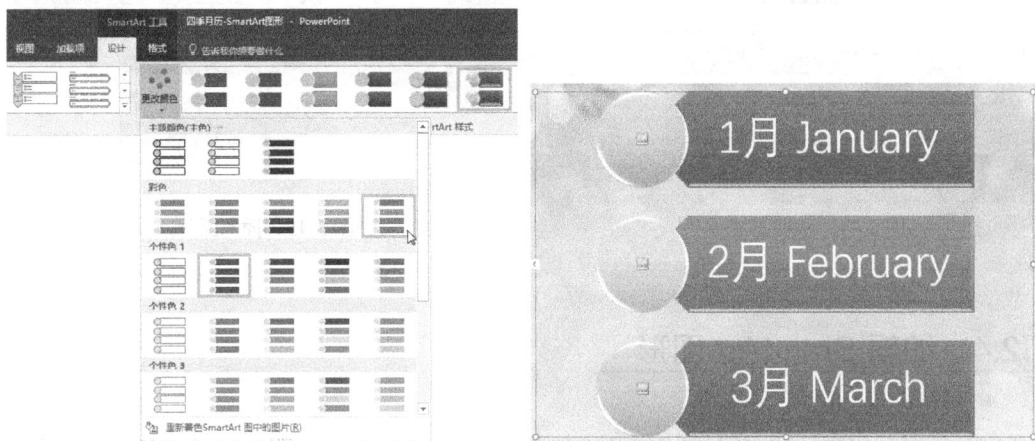

图 5-42　更改颜色

3. 在 SmartArt 图形中添加图片

有的 SmartArt 图形中可以插入图片以便更好地表达图形的含义。在 SmartArt 图形中的图片位置处单击【插入图片】图标，打开【插入图片】选项面板，即可在其中选择插入的图片来源。

【例 5-5】在演示文稿中，为 SmartArt 图形样式添加图片。

(1) 打开演示文稿，在 SmartArt 图形中，单击第一个圆形中的【插入图片】图标，打开【插入图片】选项面板。单击【来自文件】选项右侧的【浏览】按钮，打开【插入图片】对话框。

在【插入图片】对话框中，选择所需的图片，然后单击【插入】按钮，如图 5-43 所示。

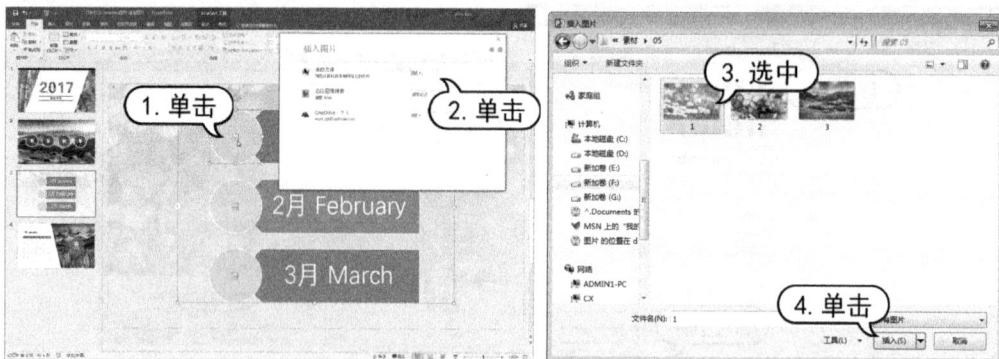

图 5-43　插入图片

(2) 打开【图片工具】的【格式】选项卡，在【大小】选项组中单击【裁剪】按钮，调整插入图片的裁剪范围，如图 5-44 所示。调整完成后在幻灯片的空白处单击，退出编辑模式。

(3) 使用步骤(1)~(2)相同的操作方法，插入其他所需图片，如图 5-45 所示。

图 5-44　裁剪图片

图 5-45　插入图片

5.2.4　编辑 SmartArt 图形

新建 SmartArt 图形后，用户可以对其进行各种编辑，如插入或删除、调整形状和更改布局等操作。

1. 更改布局

当用户创建完 SmartArt 图形后，如果发现该 SmartArt 图形不能很好地反映各个数据、内容关系，则可以更改 SmartArt 图形的布局。

【例 5-6】在演示文稿中，更改 SmartArt 图形的布局。

(1) 打开演示文稿。在幻灯片浏览窗格中选中第 3 张幻灯片，将其显示在幻灯片编辑窗口中，如图 5-46 所示。

(2) 选中 SmartArt 图形，打开【SmartArt 工具】的【设计】选项卡。在【版式】选项组中单击【其他】按钮，从弹出的下拉列表框中选择【其他布局】命令，如图 5-47 所示。

图 5-46　打开幻灯片　　　　　　　　图 5-47　设置布局

(3) 打开【选择 SmartArt 图形】对话框，选择【流程】选项。在右侧的选项框中选择【图片重点流程】选项，然后单击【确定】按钮，如图 5-48 所示。返回到幻灯片编辑窗口，即可查看更改布局后的效果。

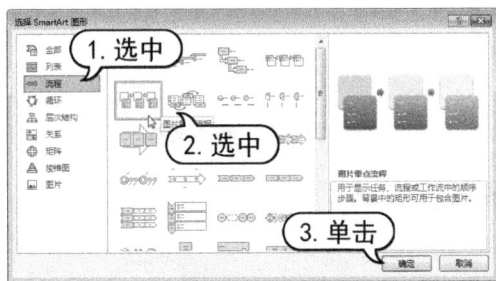

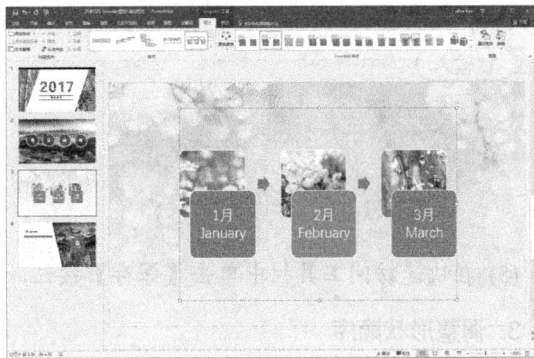

图 5-48　更改形状布局

(4) 在快速访问工具栏中单击【保存】按钮，保存演示文稿。

2. 添加、删除形状

默认情况插入的 SmartArt 图形的形状较少，用户可以根据需要在相应的位置添加形状。如果形状过多，还可以对其进行删除。

【例 5-7】在演示文稿中，为 SmartArt 图形添加形状。

(1) 打开演示文稿。在幻灯片浏览窗格中选中第 3 张幻灯片，将其显示在幻灯片编辑窗口中，如图 5-49 所示。

(2) 选中最左侧的"1 月 January"形状，打开【SmartArt 工具】的【设计】选项卡，在【创建图形】组中单击【添加形状】下拉按钮。从弹出的下拉菜单中选择【在前面添加形状】命令，如图 5-50 所示。

(3) 此时，即可在选中的形状左侧添加一个形状，如图 5-51 所示。

(4) 在新建的形状中，输入文本内容，并插入所需的图片，如图 5-52 所示。

图 5-49　打开幻灯片

图 5-50　选择【在前面添加形状】命令

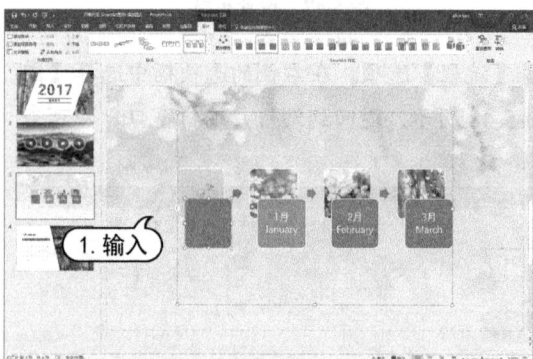

图 5-51　添加形状效果

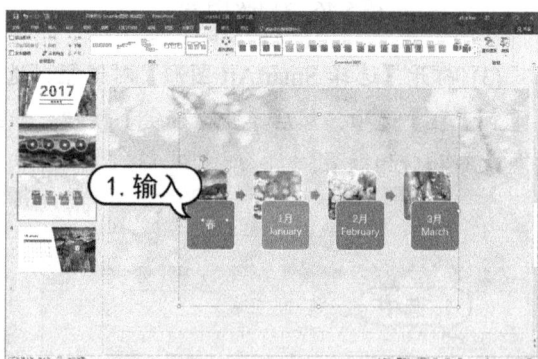

图 5-52　输入文本

(5) 在快速访问工具栏中单击【保存】按钮，保存演示文稿。

3. 调整形状顺序

在制作 SmartArt 图形的过程中，用户可以根据自己的需求调整图形间各形状的顺序。例如，将上一级的形状调整到下一级。选中形状，打开【SmartArt 工具】的【设计】选项卡，在如图 5-53 所示的【创建图形】组中单击【升级】按钮，将形状上调一个级别；单击【降级】按钮，将形状下调一个级别；单击【上移】或【下移】按钮，将形状在同一级别中向上或向下移动。

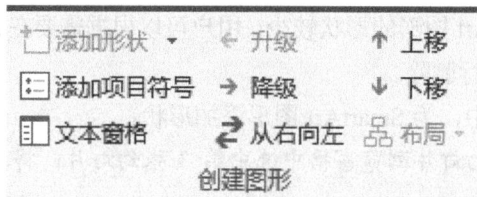

图 5-53　【创建图形】选项组

⑤2.5　重置 SmartArt 图形

插入 SmartArt 图形并对其样式等进行设置后，如果对 SmartArt 图形效果不满意，可对其进行重设，然后再重新选择所需样式和效果。选择 SmartArt 图形，在【设计】选项卡的【重置】选项组中，单击【重设图形】按钮，即可取消已为 SmartArt 图形设置的所有样式和效果。

⑤.3 上机练习

本章的上机练习通过制作"小学语文课件"演示文稿，使用户更好地掌握形状和 SmartArt 图形的创建与编辑的操作方法和技巧，以巩固本章所学知识。

(1) 启动 PowerPoint 2016 应用程序，选择【新建】命令打开【新建】页面，单击【个人】选项显示自定义模板。单击所需要的【教学课件-小学】模板，在弹出的面板中单击【创建】按钮，新建一个演示文稿，如图 5-54 所示。

图 5-54 新建演示文稿

(2) 在快速访问工具栏中单击【保存】按钮，打开【另存为】页面。单击【浏览】选项，打开【另存为】对话框。在对话框中将新创建的演示文稿以"小学语文课件"为名进行保存，如图 5-55 所示。

(3) 在幻灯片中，在【单击此处添加标题】文本框中输入标题文字。在【开始】选项卡的【字体】选项组中设置【字体】为【方正粗圆_GBK】，【字号】为 60。在【段落】选项组中，单击【对齐文本】按钮，从弹出的下拉列表中选择【顶端对齐】选项，如图 5-56 所示。

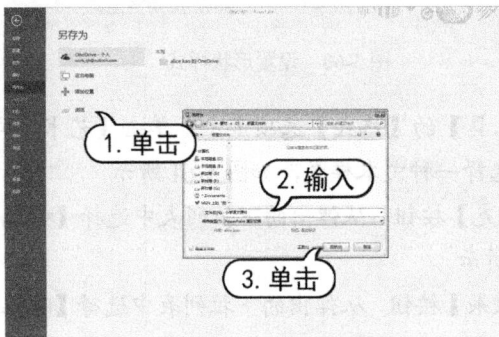

图 5-55 保存演示文稿

图 5-56 输入标题

(4) 单击【单击此处添加副标题】文本框，输入副标题文字。在【开始】选项卡的【字体】

计算机基础与实训教材系列

组中设置【字体】为【方正黑体简体】，【字号】为20；在【段落】组中单击【左对齐】按钮。调整副标题文本占位符大小及位置，如图5-57所示。

(5) 打开【插入】选项卡，在【插图】选项组中单击【形状】按钮，从弹出的列表框中选择【直线】选项，如图5-58所示。

图5-57　输入副标题

图5-58　插入形状

(6) 拖动绘制直线，打开【绘图工具】的【格式】选项卡。在【形状样式】选项组中，单击【形状轮廓】按钮，从弹出的列表中选择【粗细】命令，再从弹出的列表中选择【1.5 磅】选项，如图5-59所示。

(7) 单击【形状轮廓】按钮，从弹出的列表框中选择【虚线】命令，再从弹出的列表中选择【短划线】选项，如图5-60所示。

图5-59　设置形状轮廓

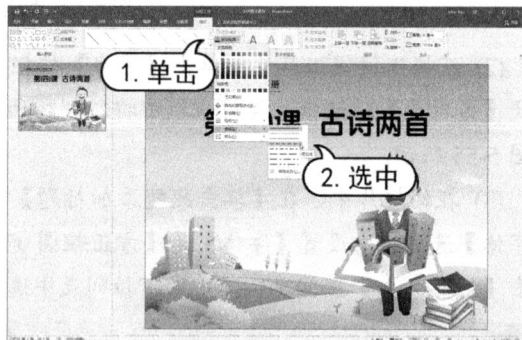

图5-60　设置形状样式

(8) 在幻灯片中，选中标题文本。在【绘图工具】的【格式】选项卡中，单击【艺术字样式】选项组的【其他】按钮，从弹出的列表框中选择一种文本样式，如图5-61所示。

(9) 在【艺术字样式】选项组中单击【文本填充】按钮，从弹出的下拉列表中选择【橙色，个性色2，深色25%】选项填充文本，如图5-62所示。

(10) 在【艺术字样式】选项组中单击【文本效果】按钮，从弹出的下拉列表中选择【映像】命令，再从弹出的列表框中选择一种效果样式，如图5-63所示。

(11) 打开【开始】选项卡，在【幻灯片】选项组中单击【新建幻灯片】按钮。从弹出的列表框中，选择【Office 主题】栏下方的【空白】版式选项，如图5-64所示。

图 5-61　设置艺术字样式

图 5-62　设置文本填充

图 5-63　设置文本效果

图 5-64　新建幻灯片

(12) 打开【插入】选项卡，在【图像】组中单击【图片】按钮，打开【插入图片】对话框。在对话框中，选择所需要的图片，单击【插入】按钮，如图 5-65 所示。

(13) 调整插入图片的大小，选择【图片工具】的【格式】选项卡。在【图片样式】选项组中单击【其他】按钮，从弹出的列表框中选择【旋转，白色】样式，如图 5-66 所示。

图 5-65　插入图片

图 5-66　设置图片样式

(14) 打开【插入】选项卡，在【插图】选项组中单击【形状】按钮，从弹出的列表框中选择【思想气泡：云】选项，如图 5-67 所示。

(15) 在幻灯片中，拖动绘制形状，并拖动形状上黄色控制点调整形状，如图 5-68 所示。

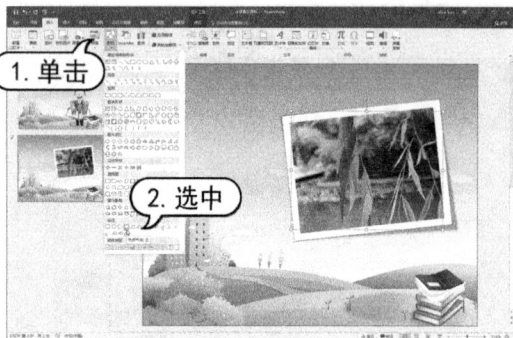

图 5-67　插入形状

图 5-68　调整形状

(16) 打开【绘图工具】的【格式】选项卡。在【形状样式】组中，选中【彩色轮廓-橙色，强调颜色 6】形状外观样式，如图 5-69 所示。

(17) 在插入的形状内，输入文字内容。打开【开始】选项卡，在【字体】组中设置【字体】为【方正少儿_GBK】，【字号】为 28，如图 5-70 所示。

图 5-69　设置形状样式

图 5-70　输入文本

(18) 在幻灯片浏览窗格中，按 Enter 键新建一张空白版式幻灯片。打开【插入】选项卡，在【文本】选项组中单击【文本框】按钮，从弹出的列表中选择【横排文本框】选项，如图 5-71 所示。

(19) 将光标移至幻灯片中，单击并拖动创建文本框。在文本框中输入文字内容。打开【开始】选项卡，在【字体】选项组中设置【字体】为【方正仿宋_GBK】，【字号】为 40，单击【加粗】按钮；在【段落】组中，单击【居中】按钮，如图 5-72 所示。

图 5-71　插入文本框

图 5-72　输入文本

(20) 在文本框中，选中第 2 行作者名称，在【字体】选项组中设置【字号】为 18。选中古诗正文部分，在【段落】选项组中单击对话框启动器按钮，打开【段落】对话框。在对话框的【文本之前】数值框中输入 1 厘米，然后单击【确定】按钮，如图 5-73 所示。

图 5-73　设置文本

(21) 在幻灯片中选中整个文本框，在【段落】选项组中单击对话框启动器按钮，打开【段落】对话框。在对话框的【间距】选项区中，设置【段前】数值为【0 磅】，【段后】数值为【6 磅】。然后单击【确定】按钮，如图 5-74 所示。

(22) 在【开始】选项卡中，单击【绘图】选项组中的【快速样式】按钮，从弹出的列表框中选择【细微效果-金色，强调颜色 4】样式选项，如图 5-75 所示。

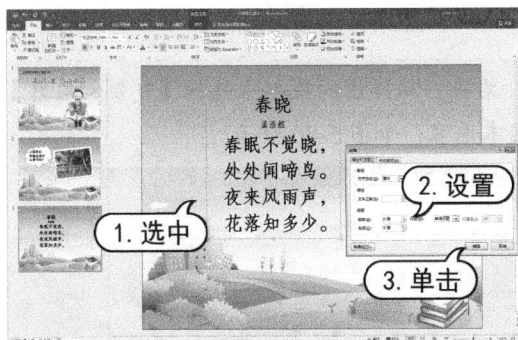

图 5-74　设置文本

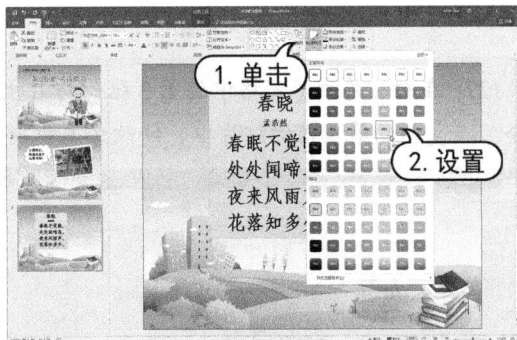

图 5-75　设置形状样式

(23) 在【绘图】选项组中，单击插入现成形状选项组中的【其他】按钮，从弹出的列表框中选择【思想气泡: 云】形状选项。然后在幻灯片中插入形状，并调整其形状，如图 5-76 所示。

(24) 单击【绘图】组中的【快速样式】下拉按钮，从弹出的列表框中选择【彩色轮廓-橙色，强调颜色 6】形状外观样式，如图 5-77 所示。

(25) 在绘制的形状中，输入提示文字内容。在【字体】选项组中设置【字体】为【黑体】，【字号】为 18，单击【字体颜色】按钮，从弹出的列表中选择【红色】，如图 5-78 所示。

(26) 在【段落】选项组中，单击对话框启动器按钮，打开【段落】对话框。在对话框的【对齐方式】下拉列表中选择【两端对齐】选项，在【特殊格式】下拉列表中选择【首行缩进】选项，然后单击【确定】按钮，如图 5-79 所示。

图 5-76　插入形状

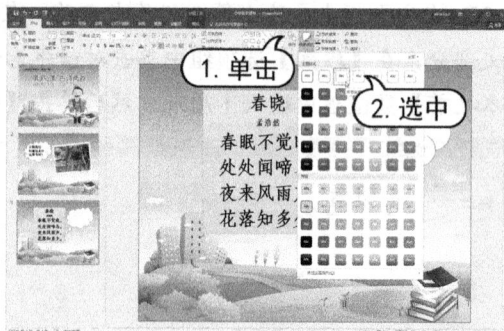

图 5-77　设置形状样式

图 5-78　输入文本

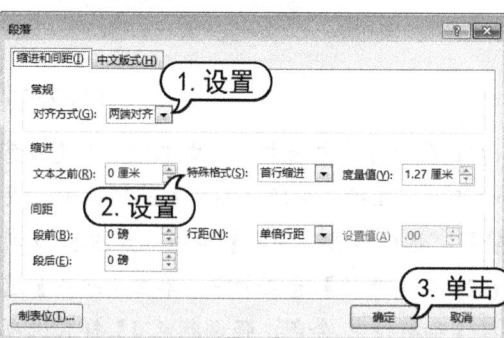

图 5-79　设置段落格式

(27) 在幻灯片浏览窗格中的第 3 张幻灯片上，右击，从弹出的菜单中选择【复制幻灯片】命令。在复制的第 4 张幻灯片中，修改文本框内文本内容，如图 5-80 所示。

图 5-80　复制、修改幻灯片

(28) 打开【开始】选项卡。在【幻灯片】选项组中单击【新建幻灯片】按钮，从弹出的列表框中，选择【Office 主题】栏下方的【空白】版式选项，如图 5-81 所示。

(29) 打开【插入】选项卡。在【图像】组中单击【图片】按钮，打开【插入图片】对话框。在对话框中，选择所需要的图片，单击【插入】按钮，如图 5-82 所示。

(30) 在打开的【图片工具】的【格式】选项卡中，单击【图片样式】选项组中的【其他】按钮，从弹出的列表框中选择【松散透视，白色】样式，如图 5-83 所示。

图 5-81　新建幻灯片

图 5-82　插入图片

(31) 单击【图片样式】选项组的对话框启动器按钮，打开【设置图片格式】窗格。在窗格的【三维旋转】选项栏中，设置【Y 旋转】为 320°，【Z 旋转】为 5°，如图 5-84 所示。

图 5-83　设置图片样式

图 5-84　设置图片样式

(32) 在【设置图片格式】窗格中，单击【大小与属性】图标，在显示的选项中设置【缩放高度】为 120%，如图 5-85 所示。

(33) 打开【插入】选项卡。在【图像】组中单击【图片】按钮，打开【插入图片】对话框。在对话框中，选择所需要的图片，单击【插入】按钮，如图 5-86 所示。

图 5-85　设置【缩放高度】选项

图 5-86　插入图片

(34) 打开【图片工具】的【格式】选项卡。在【图片样式】选项组中单击【图片版式】按钮，从弹出的列表框中选择【气泡图片列表】版式。在幻灯片中，调整图片版式框的大小及位置，如图 5-87 所示。

(35) 打开【SmartArt 工具】的【设计】选项卡。在【SmartArt 样式】选项组中，单击【更改颜色】下拉按钮，从弹出的列表框中选择【彩色范围-个性色 5 至 6】选项，如图 5-88 所示。

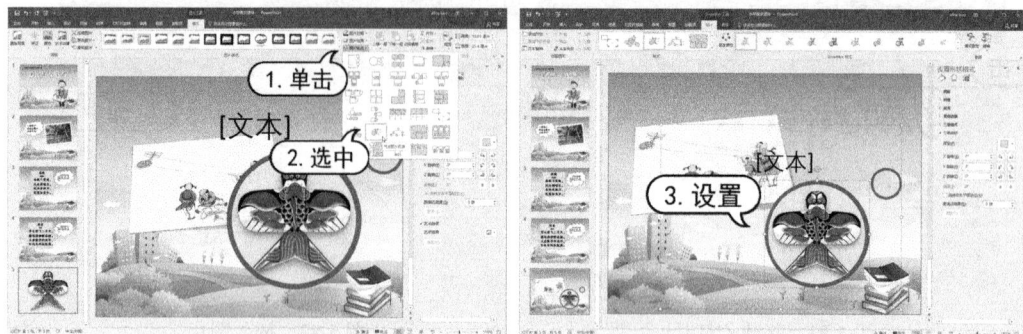

图 5-87　设置图片版式

(36) 在【SmartArt 样式】组中，单击 SmartArt 图形总体外观样式组中的【其他】按钮，从弹出的列表框中选择【细微效果】样式，如图 5-89 所示。

图 5-88　更改 SmartArt 图形颜色　　　　　　　图 5-89　设置 SmartArt 图形外观

(37) 在图片版式中，调整文本框位置并输入文字内容。打开【开始】选项卡，在【字体】选项组中设置【字体】为【方正粗圆_GBK】，【字号】为 45，【字体颜色】为【白色】，单击【加粗】按钮和【文字阴影】按钮，如图 5-90 所示。

(38) 保持图片版式中文本的选中状态。打开【SmartArt 工具】的【格式】选项卡，在【艺术字样式】选项组的文本外观样式组中选择【填充：白色；轮廓：蓝色，主题色 5；阴影】样式，如图 5-91 所示。

图 5-90　输入文本　　　　　　　图 5-91　设置艺术字样式

(39) 在幻灯片中，分别选中插入的图片和 SmartArt 图形中各元素，并调整其位置，如图 5-92 所示。

(40) 打开【开始】选项卡。在【幻灯片】选项组中单击【新建幻灯片】下拉按钮,从弹出的列表框中选择【自定义设计方案】栏中的【空白】版式选项,如图 5-93 所示。

图 5-92　调整 SmartArt 图形　　　　　图 5-93　新建幻灯片

(41) 打开【插入】选项卡,在【插图】选项组中单击【形状】按钮。从弹出的下拉列表中选择【标注】选项栏的【对话气泡: 椭圆形】选项,然后在新建幻灯片中拖动绘制形状,并调整形状效果,如图 5-94 所示。

图 5-94　插入形状

(42) 在【绘图工具】的【格式】选项卡中,单击【形状样式】选项栏中的【形状填充】按钮。从弹出的下拉列表框中选择【白色】;再单击【形状轮廓】按钮,从弹出的下拉列表框中选择【橙色,个性色 2,深色 50%】色板选项,如图 5-95 所示。

(43) 在绘制的形状中,输入文字内容。打开【开始】选项卡,在【字体】选项组中设置【字体】为【方正粗圆_GBK】,【字号】为 32,如图 5-96 所示。

(44) 打开【插入】选项卡。单击【表格】选项组中的【表格】按钮,从弹出的下拉列表中选择【插入表格】对话框。在对话框中,设置【列数】数值为 5,【行数】数值为 3,然后单击【确定】按钮,如图 5-97 所示。

(45) 在幻灯片中,调整插入表格框大小及位置。打开【表格工具】的【设计】选项卡,在【表格样式】选项组中单击【其他】按钮,从弹出的下拉列表框中选择【中度样式 2-强调 2】样式,如图 5-98 所示。

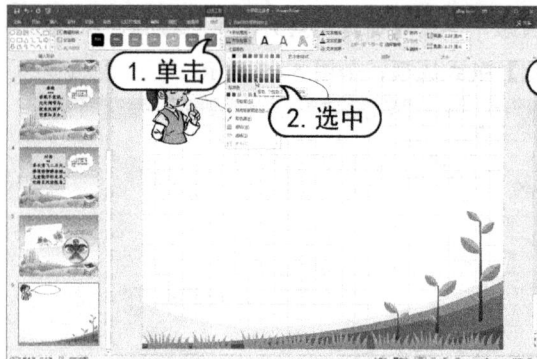

图 5-95　设置形状样式

图 5-96　输入文本

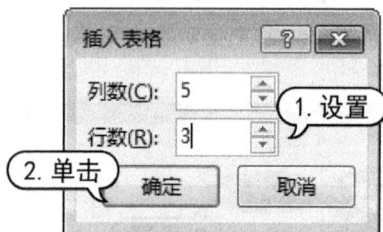

图 5-97　插入表格

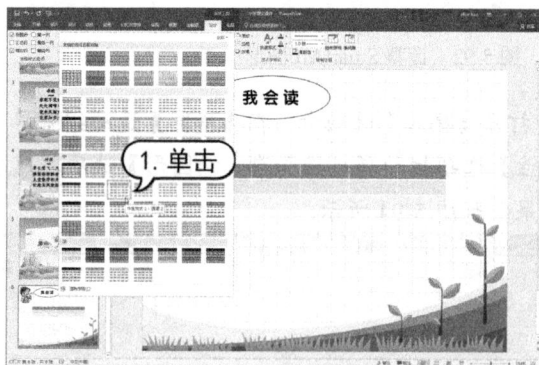

图 5-98　设置表格样式

(46) 在表格中，输入文字内容。然后选中表格框，打开【开始】选项卡，在【字体】组中设置【字体】为【方正仿宋_GBK】，【字号】为 44，单击【加粗】按钮；在【段落】组中，单击【居中】按钮，单击【对齐文本】下拉按钮，从弹出的列表中选择【中部对齐】选项，如图 5-99 所示。

(47) 在幻灯片浏览窗格中的第 6 张幻灯片上，右击，从弹出的菜单中选择【复制幻灯片】命令，如图 5-100 所示。

图 5-99　输入文本

图 5-100　复制幻灯片

(48) 在复制的幻灯片中，修改标题项目文字，并删除表格内文字。选中表格最后一列，打开【表格工具】的【布局】选项卡。在【行和列】选项组中，单击【删除】按钮，从弹出的下拉列表中选择【删除列】命令，如图 5-101 所示。

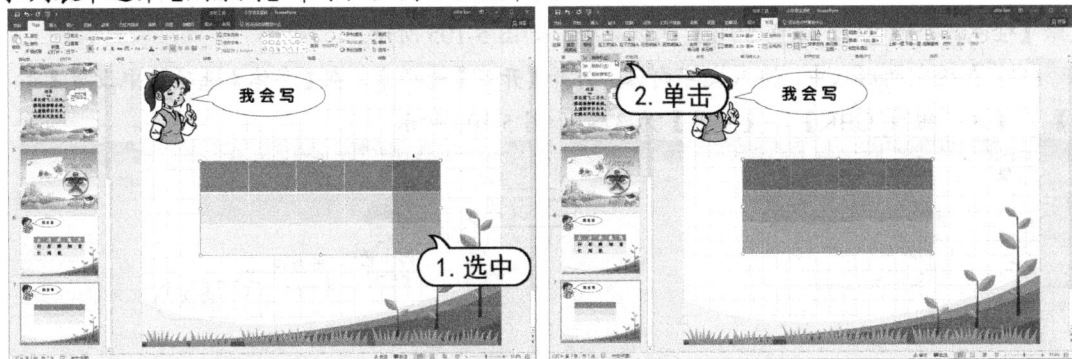

图 5-101 删除列

(49) 在幻灯片中，调整表格位置，并在表格中重新输入文字内容，如图 5-102 所示。

(50) 打开【开始】选项卡，在【幻灯片】组中单击【新建幻灯片】下拉按钮，从弹出的列表框中选择【1_自定义设计方案】栏中的【标题和内容】版式选项，如图 5-103 所示。

图 5-102 输入文本

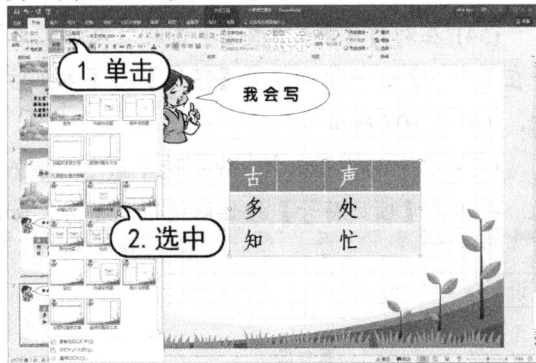

图 5-103 新建幻灯片

(51) 在新建幻灯片中，删除【单击此处添加标题】文本框。打开【插入】选项卡，在【插图】选项组中单击【形状】按钮，从弹出的下拉列表中选择【标注】选项栏的【对话气泡：椭圆形】选项。然后在新建幻灯片中拖动绘制形状，并调整形状效果，如图 5-104 所示。

图 5-104 插入形状

(52) 在【绘图工具】的【格式】选项卡中，单击【形状样式】选项栏中的【形状填充】按钮，从弹出的下拉列表框中选择【白色】；再单击【形状轮廓】按钮，从弹出的下拉列表框中选择【橙色，个性色 2，深色 50%】色板选项，如图 5-105 所示。

(53) 在绘制的形状中，输入文字内容。打开【开始】选项卡，在【字体】选项组中设置【字体】为【方正粗圆_GBK】，【字号】为 32，如图 5-106 所示。

图 5-105　设置形状样式

图 5-106　输入文本

(54) 在幻灯片中，调整【单击此处添加文本】文本框的大小及位置。在其中输入文字内容，并在【字体】选项组中设置【字体】为【方正仿宋_GBK】，【字号】为 32，单击【加粗】按钮，如图 5-107 所示。

(55) 在输入的文本中，分别选中第 2、4、6 行，单击【段落】组中的【提高列表级别】按钮，并单击【项目符号】按钮取消项目符号，如图 5-108 所示。

图 5-107　输入文本

图 5-108　编辑文本

(56) 选中文本框，单击【绘图】组中的【快速样式】下拉按钮，从弹出的列表框中选择【细微效果-金色，强调颜色 4】外观样式，如图 5-109 所示。

(57) 在幻灯片浏览窗格中的第 7 张幻灯片上，右击，从弹出的菜单中选择【复制幻灯片】命令，如图 5-110 所示。

(58) 在复制的幻灯片中，修改标题文字，并删除内容文本框中的文本，如图 5-111 所示。

(59) 在幻灯片浏览窗格中，选中第 3 张幻灯片，并选中文本框中的文字内容。然后在【开始】选项卡的【剪贴板】选项组中单击【复制】按钮，如图 5-112 所示。

图 5-109　设置形状样式

图 5-110　复制幻灯片

图 5-111　编辑文本

图 5-112　复制文本

(60) 在幻灯片浏览窗格中，选中第 8 张幻灯片，将其显示在编辑窗口中。选中内容占位符，单击【剪贴板】组中的【粘贴】按钮，并在【段落】选项组中单击【项目符号】按钮取消项目符号，如图 5-113 所示。

(61) 在文本框中，选中第二行文字，在【字体】选项组中设置【字号】为 16。然后修改其他文字内容，如图 5-114 所示。

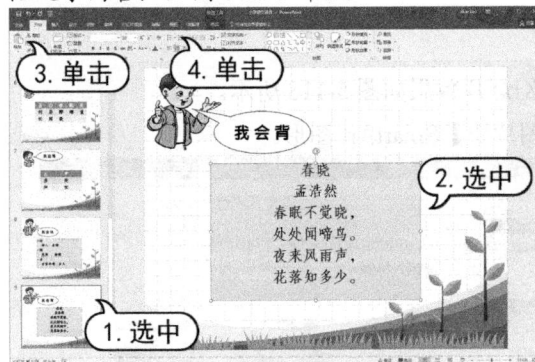
图 5-113　粘贴文本

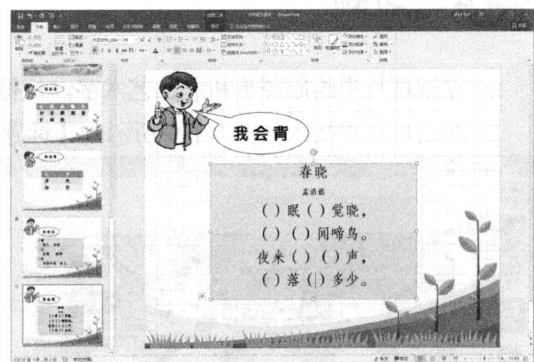
图 5-114　编辑文本

(62) 在幻灯片浏览窗格中的第 9 张幻灯片上，右击，从弹出的菜单中选择【复制幻灯片】命令，如图 5-115 所示。

(63) 在幻灯片浏览窗格中，选中第 4 张幻灯片，并选中文本框中的文字内容。然后在【开始】选项卡的【剪贴板】选项组中单击【复制】按钮，如图 5-116 所示。

图 5-115　复制幻灯片

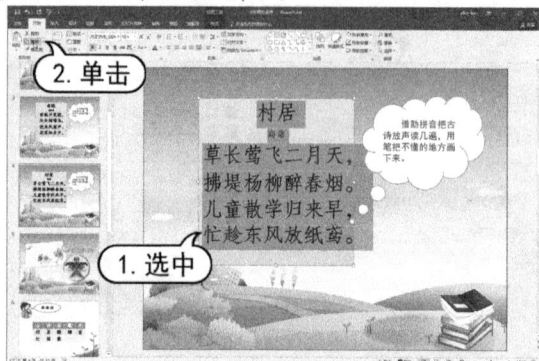

图 5-116　复制文本

(64) 使用步骤(60)~(61)的操作方法，修改复制幻灯片中的文本内容，如图 5-117 所示。

图 5-117　编辑文本

(65) 在快速访问工具栏中单击【保存】按钮，保存"小学语文课件"演示文稿。

5.4 习题

1. 在幻灯片中绘制图形和添加艺术字，使得幻灯片效果如图 5-118 所示。
2. 在幻灯片中插入如图 5-119 所示的【标题图片块】SmartArt 图形。

图 5-118　习题 1

图 5-119　习题 2

第6章

灵活使用主题与母版

学习目标

　　在制作演示文稿时，使用主题可以统一为演示文稿中的幻灯片应用相同的主题色和背景色，而使用母版可以快速制作出风格统一的且具有个性化的演示文稿。本章将对主题与母版的相关知识进行讲解，掌握这些知识可以提高制作演示文稿的速度与质量。

本章重点

- ◉ 应用内置的主题
- ◉ 自定义主题
- ◉ 编辑幻灯片母版
- ◉ 自定义幻灯片母版背景
- ◉ 设计讲义母版

6.1　主题的使用

　　主题中包含了设置好的字体效果、背景效果和主题色，使用主题可以快速让演示文稿中的幻灯片有一个统一的外观。PowerPoint 2016 提供了多种主题和背景样式，使用这些主题和背景样式，可以使幻灯片具有丰富的色彩和良好的视觉效果。

6.1.1　应用内置的主题

　　PowerPoint 中内置了多种主题样式，用户可以根据需要选择合适的主题应用于当前演示文稿中。在当前打开的演示文稿【设计】选项卡的【主题】选项组中，在其中的列表框中列出了提供的主题，选择需要的主题，即可应用于当前演示文稿中，如图 6-1 所示。

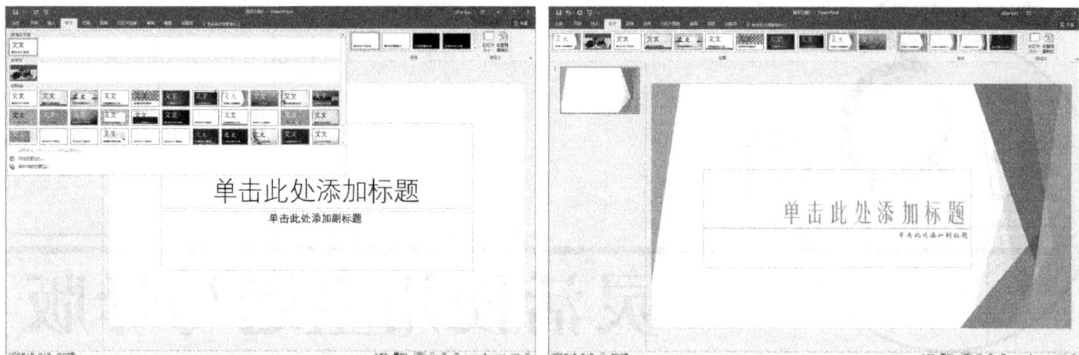

图 6-1　应用内置的主题

⑥.1.2　更改主题效果

在【设计】选项卡的【主题】选项组中为当前演示文稿应用主题后，如果觉得该主题不能更好地突出幻灯片中的内容，可以在【设计】选项卡的【变体】选项组中对主题的颜色、字体进行更改，使其更符合当前演示文稿。

1. 更改预设主题颜色

在【设计】选项卡的【变体】选项组中将显示对应主题的可用主题颜色。在其中的列表框中选择相应的主题颜色，即可对其进行更改，如图 6-2 所示。

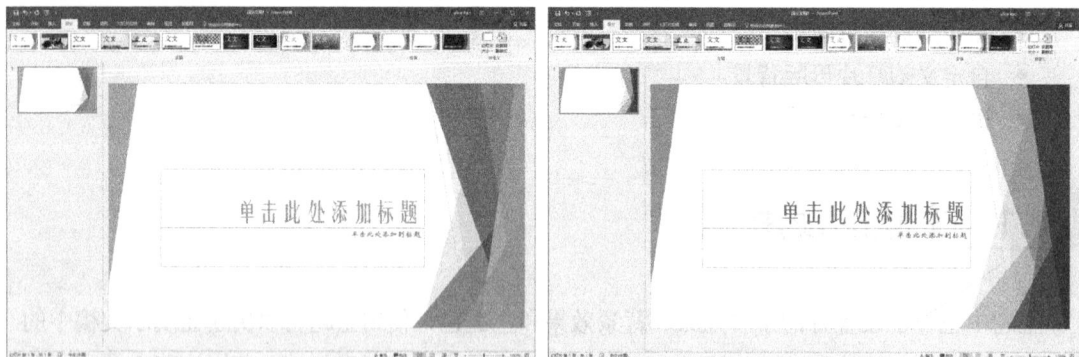

图 6-2　更改预设主题颜色

2. 更改主题颜色

在【设计】选项卡的【变体】选项组中单击自定义设计外观组中的【其他】按钮▽，从弹出的列表中选择【颜色】选项。该选项用于设置主题的颜色，但只能用于主题中的形状，不能应用于整个主题，如图 6-3 所示。在【颜色】选项的列表中选择【自定义颜色】选项，打开如图 6-4 所示的【新建主题颜色】对话框在其中即可修改幻灯片中各元素的颜色。

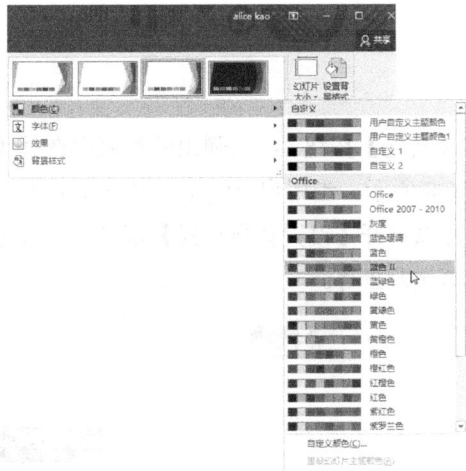

图 6-3　【颜色】选项

图 6-4　【新建主题颜色】对话框

3. 更改主题字体

如果要统一更改主题的字体，可在【设计】选项卡的【变体】选项组中单击自定义设计外观组中的【其他】按钮，从弹出的列表中选择【字体】选项。在弹出的子列表中显示了自带的字体选项，如图 6-5 所示。在弹出的列表中选择【自定义字体】选项，打开如图 6-6 所示的【新建主题字体】对话框，在其中即可修改幻灯片中主题字体。

图 6-5　【字体】选项

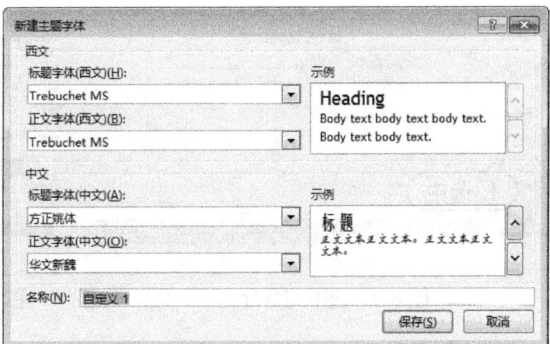

图 6-6　【新建主题字体】对话框

4. 【效果】选项

【效果】选项是 PowerPoint 预置的一些图形元素以及特效。在【变体】选项组中单击自定义设计外观组中的【其他】按钮，从弹出的列表中选择【效果】选项。在弹出的列表框中显示了预置的主题效果样式，如图 6-7 所示。

5.【背景样式】选项

【变体】选项组中单击自定义设计外观组中的【其他】按钮，从弹出的列表中选择【背景样式】选项。该选项用于设置主题的背景，如图 6-8 所示。当用户不满足于 PowerPoint 提供的背景样式时，可以选择【设置背景格式】命令，可以打开【设置背景格式】窗格。在该窗格中可以设置背景的填充样式、渐变以及纹理、图案填充背景等。

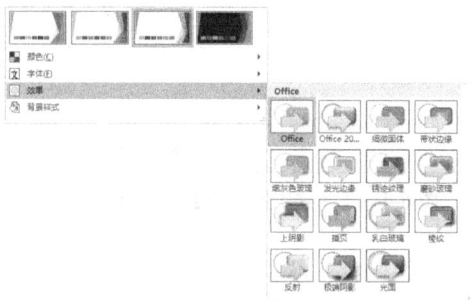

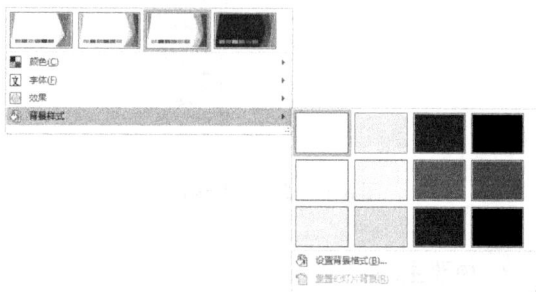

图 6-7　【效果】选项　　　　　　　　图 6-8　【背景样式】选项

【例6-1】在"自定义主题背景"演示文稿中，设置主题背景。

(1) 启动 PowerPoint 2016 应用程序，打开"自定义主题背景"演示文稿，并在幻灯片浏览窗格中选中第 5 张幻灯片，如图 6-9 所示。

(2) 打开【设计】选项卡，在【变体】选项组中单击自定义设计外观组中的【其他】按钮，在弹出的列表中选择【背景样式】选项。在弹出的列表框中选择【设置背景格式】命令，打开【设置背景格式】窗格，如图 6-10 所示。

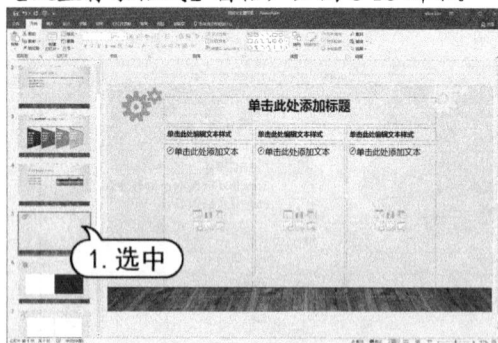

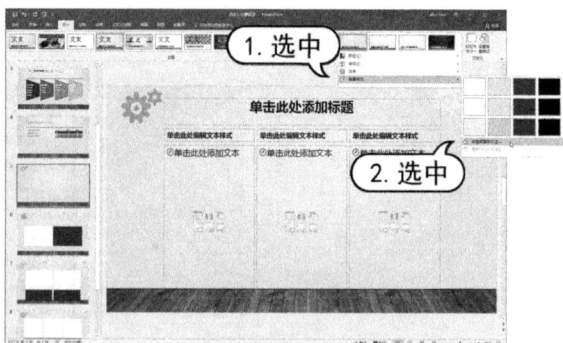

图 6-9　选中幻灯片　　　　　　　　图 6-10　选择【设置背景格式】命令

知识点

【隐藏背景图形】复选框只适用于当前幻灯片，当添加新幻灯片时，将仍然显示背景图片。如果需要背景图片在当前演示文稿中不显示，可以在幻灯片母版视图中将图片删除。

(3) 在【设置背景格式】窗格中，选中【渐变填充】单选按钮。单击【预设颜色】下拉按钮，在弹出的面板中选中【浅色渐变-个性色 6】选项，如图 6-11 所示。

(4) 在【渐变光圈】滑动条上，选中【停止点 2(属于 4)】色标滑块。单击【颜色】下拉按钮，在弹出的下拉列表框中单击选中所需颜色，如图 6-12 所示。

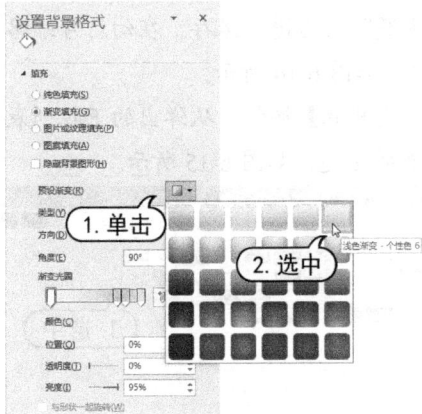

图 6-11　设置渐变填充

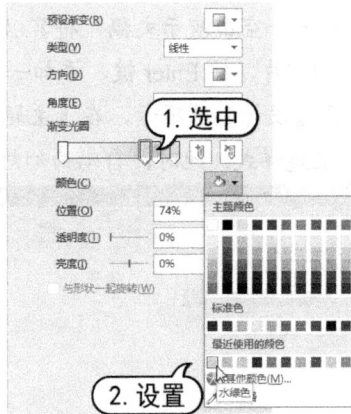

图 6-12　设置渐变填充

(5) 设置【透明度】数值为 60%，然后单击窗格底部的【全部应用】按钮。此时，将设置自定义幻灯片的背景应用于全部幻灯片中，如图 6-13 所示。

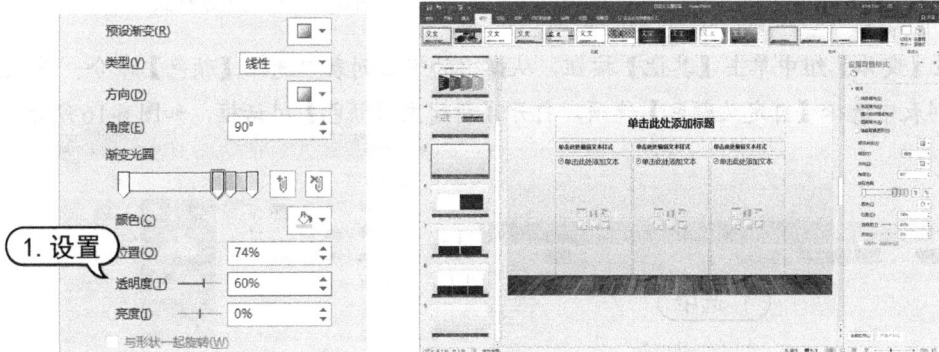

图 6-13　应用背景设置

(6) 设置完成后，在快速访问工具栏中单击【保存】按钮，保存"自定义主题背景"演示文稿。

知识点

在【变体】选项组中单击自定义设计外观组中的【其他】按钮，从弹出的列表中选择【背景样式】选项。在弹出的列表框中选择【重置幻灯片背景】命令；或在【设置背景格式】窗格中单击底部的【重置背景】按钮，可以重新设置幻灯片背景。

⑥ 1.3　自定义主题

如果提供的预置主题中没有能满足需要的，用户可以自定义主题样式，以满足演示文稿的需要。

【例6-2】在幻灯片中应用主题和主题效果，自定义主题颜色和字体。

(1) 新建一个空白演示文稿，将其以"自定义主题"为名进行保存。在幻灯片缩略图中自动选择一种幻灯片，按 Enter 键，添加一张新幻灯片，如图 6-14 所示。

(2) 打开【设计】选项卡，在【主题】组中单击【其他】按钮，从弹出的下拉列表框中选择【水滴】主题样式。此时，自动为幻灯片应用所选的主题，如图 6-15 所示。

图6-14　新建幻灯片　　　　　　　　　　图6-15　应用主题样式

(3) 在【变体】组中单击【其他】按钮，从弹出的下拉列表中选择【颜色】命令。再从弹出的下拉列表中选择【自定义颜色】选项，打开【新建主题颜色】对话框，如图 6-16 所示。

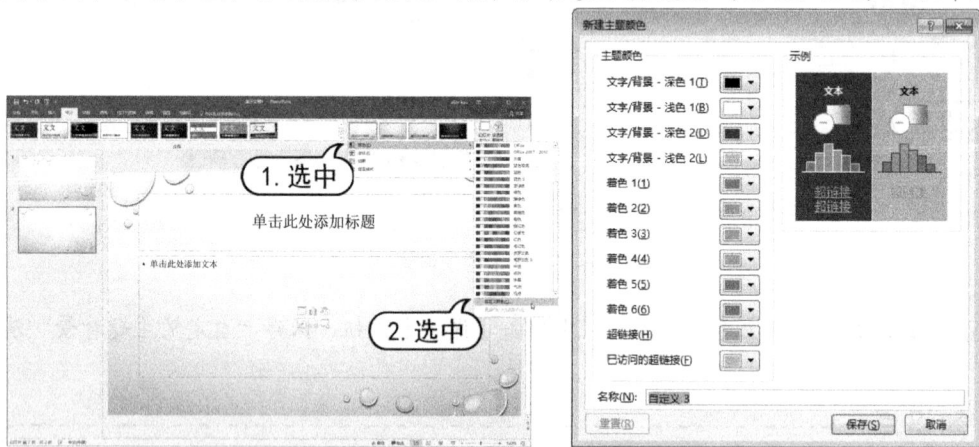

图6-16　打开【新建主题颜色】对话框

(4) 单击【文字/背景-深色2】下拉按钮，在弹出的面板中选择【蓝色，个性色1，深色25%】色块，如图 6-17 所示。

(5) 单击【文字/背景-浅色2】下拉按钮，在弹出的面板中选择【其他颜色】命令，打开【颜色】对话框的【自定义】选项卡。设置 RGB=217、230、240，单击【确定】按钮，如图 6-18 所示。

(6) 返回至【新建主题颜色】对话框，在【名称】文本框中输入"我的自定义主题颜色"，单击【保存】按钮，如图 6-19 所示。

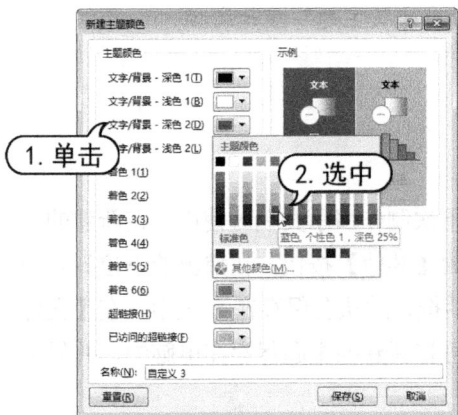

图6-17 设置【文字/背景-深色2】选项

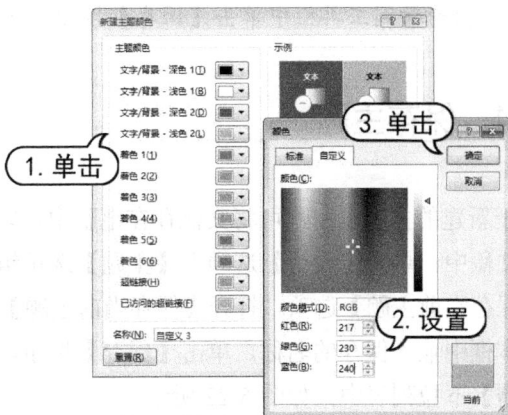

图6-18 设置【文字/背景-浅色2】选项

(7) 在【变体】组中单击【其他】按钮，从弹出的下拉列表中选择【字体】命令。再从弹出的下拉列表中选择【自定义字体】选项，打开【新建主题字体】对话框，如图6-20所示。

图6-19 保存新建主题颜色

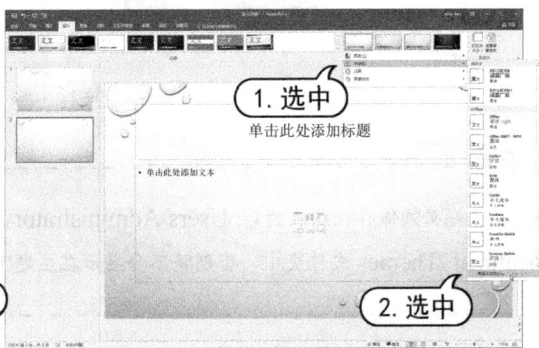

图6-20 选择【自定义字体】选项

(8) 在【新建主题字体】对话框的【中文】选项区域中，设置【标题字体】为【方正大黑简体】，【正文字体】为【黑体】。在【名称】文本框中输入"我的字体"，单击【保存】按钮，如图6-21所示。完成主题字体的设置，返回至幻灯片中显示设置后的主题字体。

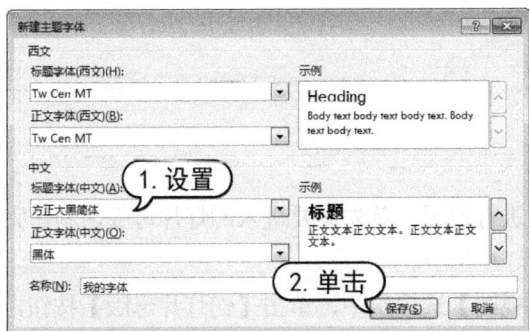

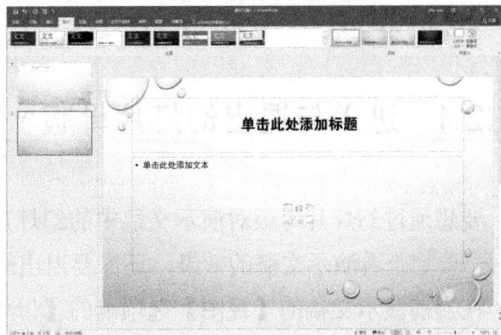

图6-21 新建主题字体

(9) 在快速访问工具栏中单击【保存】按钮，保存"自定义主题"演示文稿。

6.1.4 保存主题

对于新建的主题，用户可将其保存在电脑中，以便下次制作演示文稿时使用。在新建的主题演示文稿中，单击【设计】选项卡【主题】选项组中的【其他】按钮，在弹出的下拉列表中选择【保存当前主题】选项。打开【保存当前主题】对话框，默认会保存在 C 盘中，在【文件名】文本框中输入保存的名称，单击【保存】按钮，即可将新建的主题保存在电脑中，并显示在【主题】下拉列表中，如图 6-22 所示。

图 6-22 保存主题

知识点

自定义主题必须保存在默认的 C:\Users\Administrator\AppData\Roaming\Microsoft\Templat-es\Document Themes 文件夹中，否则将不会显示在主题下拉列表框中。

6.2 设计幻灯片母版

幻灯片母版主要用于存储模板信息，在其中可对母版版式、主题、背景、占位符格式以及页眉页脚等进行设置，通过幻灯片模板可以制作出风格统一的多张幻灯片，使整个演示文稿的风格统一。

6.2.1 进入与退出幻灯片母版

要想通过幻灯片母版对演示文稿中的幻灯片进行设置，首先需要进入幻灯片母版，制作完成后，要想查看演示文稿的效果，还需要退出幻灯片母版。

在当前演示文稿的【视图】选项卡的【母版视图】选项组中，单击【幻灯片母版】按钮，即可进入幻灯片母版视图，如图 6-23 所示。

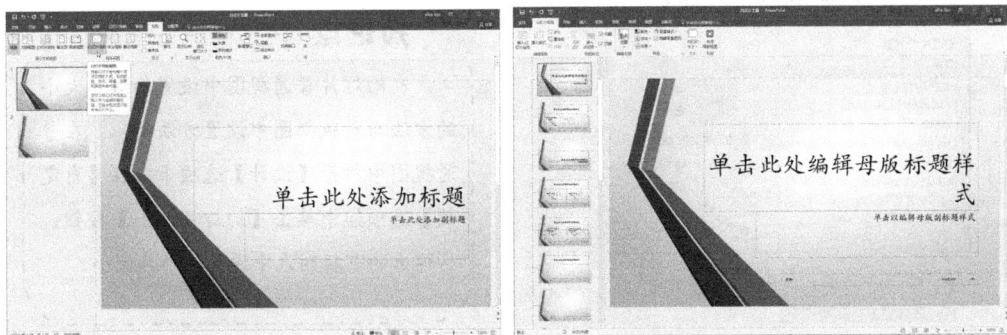

图 6-23　进入幻灯片母版视图

　　在幻灯片母版视图中，选择【幻灯片母版】选项卡的【关闭】选项组，单击【关闭母版视图】按钮，即可退出幻灯片母版。

提示

　　在【视图】选项卡的【母版视图】选项卡中，单击【讲义母版】按钮或【备注母版】按钮，可以进入讲义母版或备注母版。如果要退出讲义母版或备注母版，直接在相应的选项卡中单击【关闭母版视图】按钮即可。

6.2.2　设置幻灯片母版大小

　　普通视图和母版视图中幻灯片的大小都默认为宽屏(16:9)，如果该幻灯片大小不能满足需要，用户可将其设置为标准大小(4:3)，或自定义幻灯片的大小。

　　在【幻灯片母版】选项卡的【大小】选项组中，单击【幻灯片大小】按钮。在弹出的下拉列表中选择【自定义幻灯片大小】选项，打开如图 6-24 所示的【幻灯片大小】对话框。

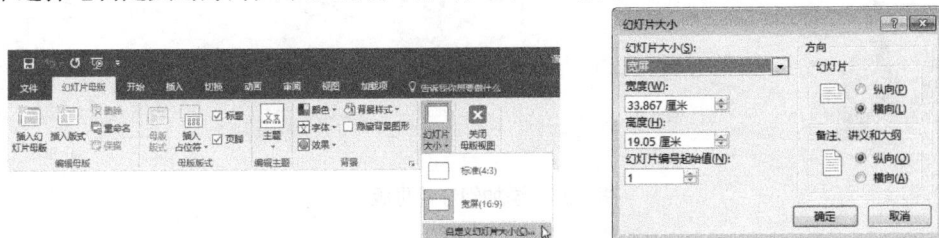

图 6-24　【幻灯片大小】对话框

- ◉ 【幻灯片大小】下拉列表：用于设置预设的幻灯片的大小，如图 6-25 所示。
- ◉ 【宽度】和【高度】数值框：用于设置幻灯片的宽度和高度。
- ◉ 【幻灯片】选项组：用于设置幻灯片的方向为纵向或横向。
- ◉ 【备注、讲义和大纲】选项组：用于设置备注和讲义幻灯片的方向，以及大纲视图中幻灯片的方向。

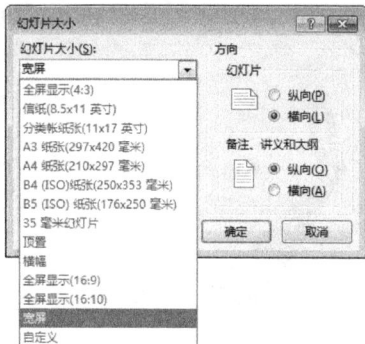

图 6-25 【幻灯片大小】选项

6.2.3 编辑幻灯片母版

进入幻灯片母版后，在【幻灯片母版】选项卡的【编辑母版】选项组中提供了多个选项按钮，单击相应的按钮，可对幻灯片母版进行编辑。

1. 添加幻灯片母版

默认情况下，幻灯片只有一个母版，每个主题与一组版式相关联，每组版式又与一个母版相关联。如果要在同一个演示文稿中包含多个主题，就需要演示文稿包含多个母版。此时，需要为演示文稿添加母版。其方法是：在【幻灯片母版】选项卡的【编辑母版】组中单击【插入幻灯片母版】按钮，可插入一个新的空白母版，如图 6-26 所示。

图 6-26 添加幻灯片母版

2. 插入和删除版式

幻灯片母版中自带的版式较多，用户可以根据实际设计需求添加需要的版式和删除不需要的版式。

- 插入版式：在【幻灯片母版】选项卡的【编辑母版】选项组中单击【插入版式】按钮，即可在该组母版最后插入一张附带默认版式的幻灯片。

◉ 删除版式：在母版中选择需要删除的版式对应的幻灯片，在【幻灯片母版】选项卡的
【编辑母版】选项组中单击【删除】按钮即可。

3. 重命名版式

在幻灯片母版中，每张幻灯片的名称是根据版式而定的。如果用户有特殊需要，要对幻灯片重命名，可在幻灯片母版中选择需重命名的幻灯片，并右击，从弹出的快捷菜单中选择【重命名版式】命令；或在【幻灯片母版】选项卡的【编辑母版】选项组中单击【重命名】按钮，在打开的【重命名版式】对话框中设置名称，然后单击【重命名】按钮即可，如图6-27所示。

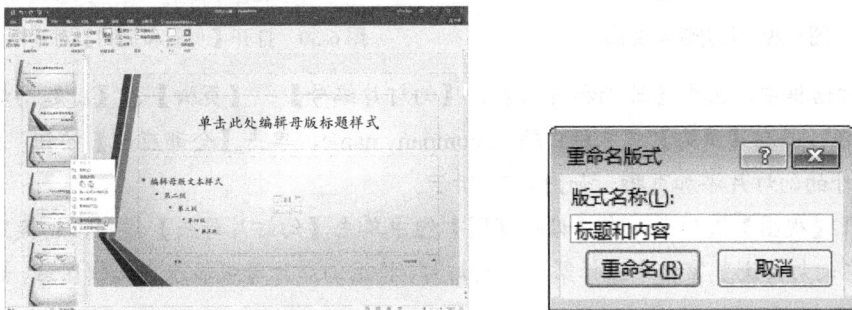

图6-27 重命名幻灯片

6.2.4 设置页眉页脚

通过幻灯片母版还可以为演示文稿中的所有幻灯片设置相同的页眉页脚，包括日期、时间、编号和页码等内容，从而使幻灯片看起来更加专业。其方法是：进入当前演示文稿的幻灯片母版，选择第1张幻灯片；在【插入】选项卡的【文本】选项组中，单击【页眉和页脚】按钮，打开如图6-28所示的【页眉和页脚】对话框。默认选择【幻灯片】选项卡，在其中对日期和时间、幻灯片编号以及页脚等内容进行设置。设置完成后，单击【全部应用】按钮，即可为所有幻灯片应用统一的页眉页脚。

图6-28 【页眉和页脚】对话框

提示

在【页眉和页脚】对话框中选择【备注和讲义】选项卡，可为备注幻灯片和讲义幻灯片添加日期和时间、幻灯片编号以及页脚等内容。其添加方法与在【幻灯片】选项卡中进行添加的方法相同。

【例6-3】在幻灯片母版视图中，添加页眉和页脚。

(1) 启动 PowerPoint 2016 应用程序，打开"设计模板"演示文稿，如图6-29所示。

(2) 打开【插入】选项卡，在【文本】选项组中单击【页眉和页脚】按钮，打开【页眉和

计算机基础与实训教材系列

页脚】对话框，如图 6-30 所示。

图 6-29　打开演示文稿

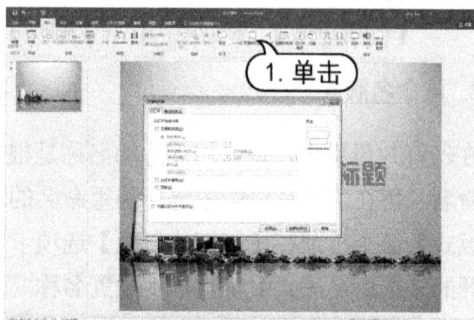

图 6-30　打开【页眉和页脚】对话框

(3) 在对话框中，选中【日期和时间】、【幻灯片编号】、【页脚】、【标题幻灯片中不显示】复选框，并在【页脚】文本框中输入 company name，单击【全部应用】按钮，为除第 1 张幻灯片以外的幻灯片添加页脚，如图 6-31 所示。

(4) 打开【视图】选项卡，在【母版视图】组中单击【幻灯片母版】按钮，切换到幻灯片母版视图。在幻灯片浏览窗格中选择第 1 张幻灯片，将该幻灯片母版显示在编辑区域，如图 6-32 所示。

图 6-31　设置页眉页脚

图 6-32　打开幻灯片母版视图

(5) 选中所有的页脚文本框，打开【开始】选项卡，在【字体】选项组中设置字体为 Arial，如图 6-33 所示。

(6) 打开【幻灯片母版】选项卡，在【关闭】选项组中单击【关闭母版视图】按钮，返回到普通视图模式，如图 6-34 所示。

图 6-33　设置字体

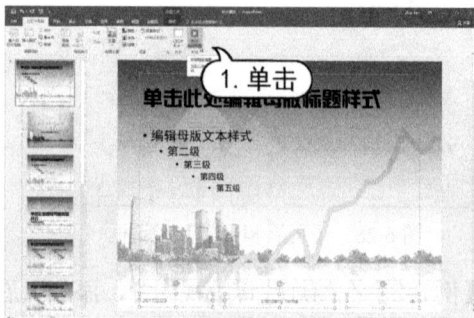

图 6-34　关闭母版视图

(7) 在【开始】选项卡中，单击【幻灯片】组中的【新建幻灯片】按钮，新建一张幻灯片，即可看到添加的页脚效果，如图 6-35 所示。

(8) 在快速访问工具栏中单击【保存】按钮，保存"设计模板"演示文稿。

图 6-35　查看页脚效果

知识点

除了可以给幻灯片添加页眉和页脚外，还可以给幻灯片备注页添加页眉和页脚。在【页眉和页脚】对话框中，选择【备注和讲义】选项卡，然后进行设置即可。

⑥ 2.5　自定义幻灯片母版背景

背景能直观体现出演示文稿的整体风格，所以，精美的演示文稿离不开背景的修饰。通过幻灯片母版对背景进行设置，可快速制作出风格统一的演示文稿。

【例 6-4】在演示文稿中根据需要设置幻灯片母版背景。

(1) 新建空白演示文稿，在【视图】选项卡的【母版视图】选项组中，单击【幻灯片母版】按钮进入母版视图，如图 6-36 所示。

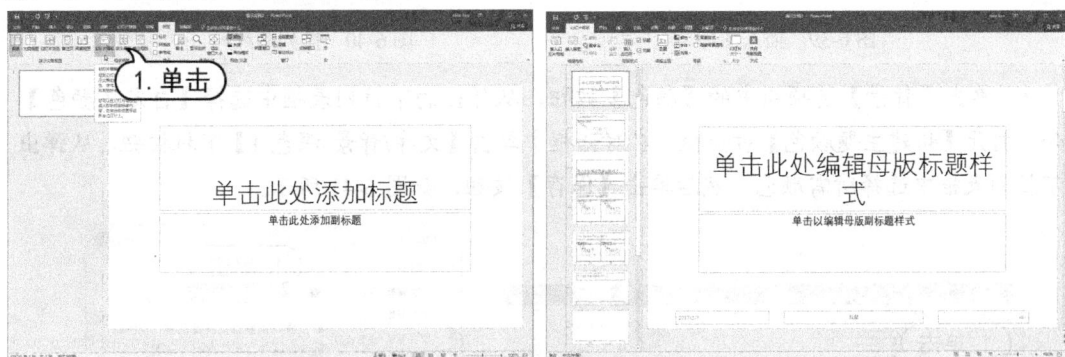

图 6-36　进入幻灯片母版视图

(2) 在【幻灯片母版】选项卡的【背景】选项区中，单击【背景样式】按钮。从弹出的下拉列表框中选择【设置背景格式】命令，打开【设置背景格式】窗格，如图 6-37 所示。

(3) 在【设置背景格式】窗格中，选中【图片或纹理填充】单选按钮。单击【文件】按钮，在打开的【插入图片】对话框中选择所需的背景图片，然后单击【插入】按钮，如图 6-38 所示。

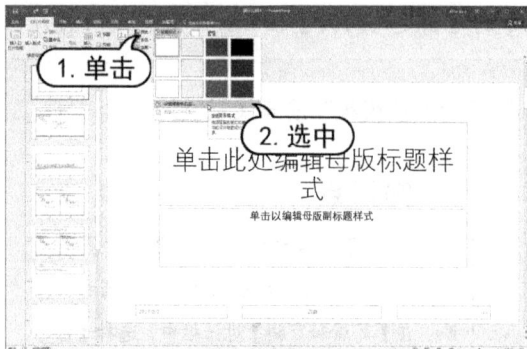

图 6-37　选择【设置背景格式】命令

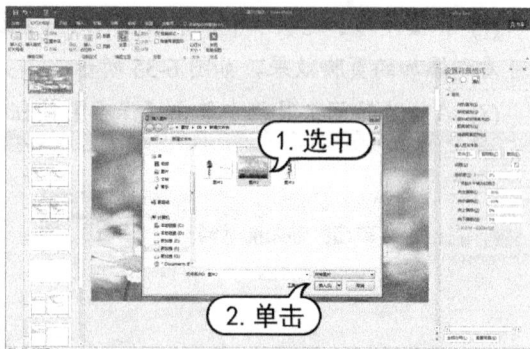

图 6-38　设置背景格式

(4) 打开【插入】选项卡，在【图像】选项区中单击【图片】按钮。在打开的【插入图片】对话框中选择所需的图片，然后单击【插入】按钮，如图 6-39 所示。

(5) 调整插入图片大小，然后连续单击【格式】选项卡【排列】选项组中的【下移一层】按钮，将插入图片放置在标题文本下方，如图 6-40 所示。

图 6-39　插入图片

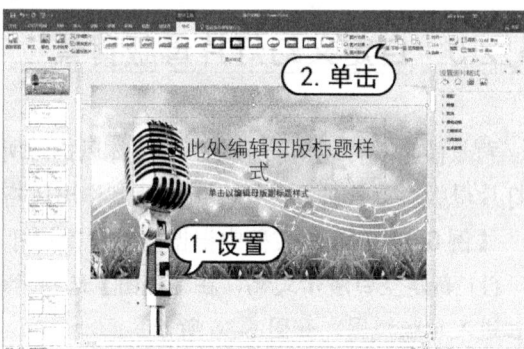

图 6-40　排列图片

(6) 单击【背景】选项组中的【颜色】按钮，从弹出的下拉列表框中选择【自定义颜色】命令，打开【新建主题颜色】对话框。在对话框中单击【文字/背景-深色 1】下拉按钮，从弹出的下拉列表框中选择所需颜色，然后单击【保存】按钮，如图 6-41 所示。

图 6-41　新建主题颜色

(7) 单击【背景】选项组中的【字体】按钮，从弹出的下拉列表框中选择【自定义字体】命令，打开【新建主题字体】对话框。在对话框中的【中文】选项区中，设置【标题字体(中文)】为【汉真广标】，【正文字体(中文)】为【方正黑体简体】，然后单击【保存】按钮，如图 6-42 所示。

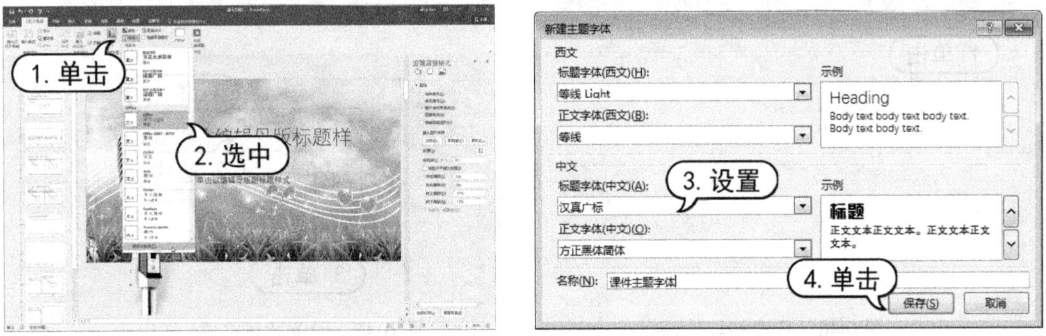

图 6-42　新建主题字体

(8) 选中幻灯片中的文本，在【开始】选项卡的【段落】选项组中单击【右对齐】按钮，如图 6-43 所示。

(9) 选中标题文本，在【格式】选项卡的【艺术字样式】选项组中，单击艺术样式选项组的【其他】按钮，从弹出的下拉列表框中选择所需的艺术字样式，如图 6-44 所示。

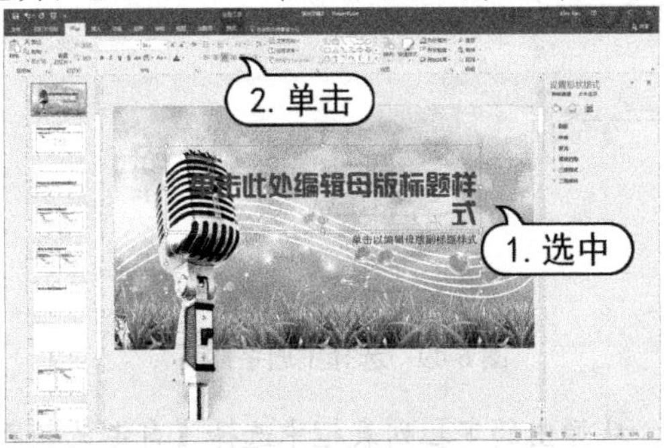

图 6-43　设置段落

图 6-44　设置艺术字样式

(10) 选中插入的图片，在【格式】选项卡中单击【大小】选项组的【裁剪】按钮，调整插入图片的裁剪范围，然后在幻灯片的空白处单击应用裁剪，如图 6-45 所示。

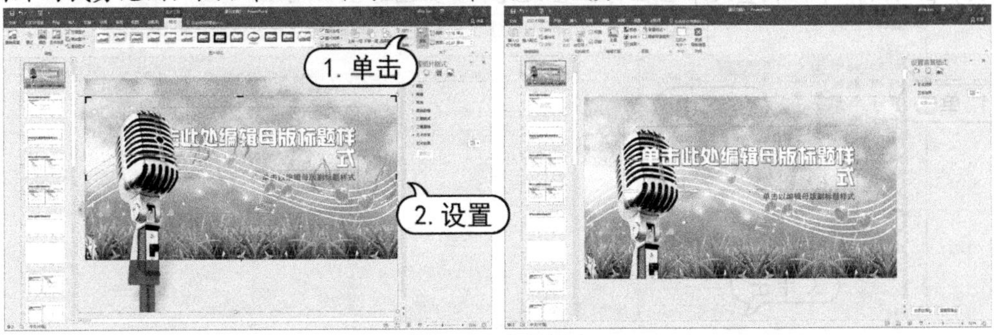

图 6-45　裁剪图片

(11) 在【幻灯片母版】选项卡的【编辑母版】组中单击【插入幻灯片母版】按钮，可插入一个新的空白母版，如图6-46所示。

(12) 在【设置背景格式】窗格中，选中【图片或纹理填充】单选按钮。单击【文件】按钮，在打开的【插入图片】对话框中选择所需的背景图片，然后单击【插入】按钮，如图6-47所示。

图6-46　新建幻灯片母版

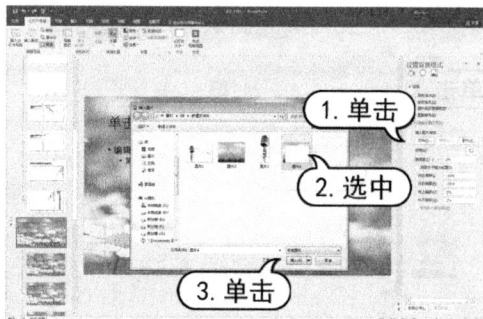

图6-47　设置背景格式

(13) 在【设置背景格式】窗格中，设置【向下偏移】数值为-80%，如图6-48所示。

(14) 单击【背景】选项组中的【字体】按钮，从弹出的下拉列表框中选择所需的主题字体，如图6-49所示。

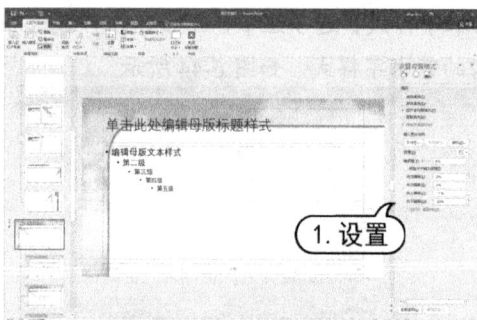

图6-48　设置背景格式

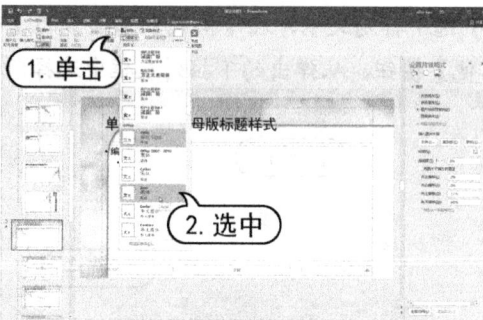

图6-49　选择主题字体

(15) 单击【背景】选项组中的【颜色】按钮，从弹出的下拉列表框中选择【自定义颜色】命令，打开【新建主题颜色】对话框。在对话框中单击【文字/背景-深色1】下拉按钮，从弹出的下拉列表框中选择所需颜色，然后单击【保存】按钮，如图6-50所示。

(16) 在幻灯片中，调整文本占位符位置及大小，如图6-51所示。

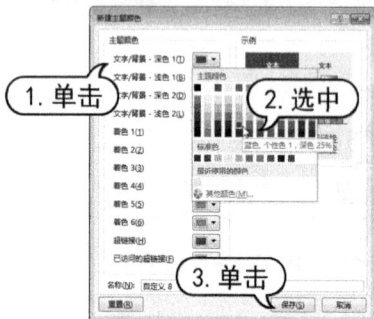

图6-50　新建主题颜色

图6-51　调整文本占位符

(17) 单击【关闭母版视图】按钮退出幻灯片母版视图。在【开始】选项卡的【幻灯片】选项组中单击【新建幻灯片】按钮，从弹出的下拉列表框中选择【自定义设计方案】选项区中的【标题和内容】选项，如图 6-52 所示。

图 6-52　新建幻灯片

⑥2.6　修改母版版式

母版版式定义了幻灯片中显示的内容格式信息及位置，是幻灯片母版重要的组成部分。其主要是通过幻灯片中的占位符来进行设置。在 PowerPoint 2016 中创建的演示文稿都带有默认的版式，这些版式一方面决定了文本、图片、图形、图表、表格、音视频占位符，页眉页脚等内容在幻灯片中的位置，另一方面决定了幻灯片中文本的样式。除此之外，用户还可以按照自己的需求修改母版版式。

1. 插入占位符

在幻灯片母版视图中，可以通过在模板中插入占位符来快速实现版式设计。要在幻灯片母版中插入占位符，可以在【幻灯片母板】选项卡的【母版版式】选项组中，单击【插入占位符】下拉按钮，从弹出的列表中选择对应的内容即可，如图 6-53 所示。

图 6-53　【插入占位符】按钮

知识点

占位符是包含文字、图片、图形、图表或音视频文件等对象的容器，其本身是构成幻灯片内容的基本对象，具有自己的属性。用户可以在其中的添加文本、图片、图形、图表或音视频文件等内容，也可以对占位符本身进行移动、复制和删除等操作。

2. 选择占位符

要在幻灯片中选中占位符，具体方法主要有以下几种。

- 在文本编辑状态下，单击其边框，即可选中该占位符。
- 在幻灯片中可以拖动选择占位符。当鼠标指针处在幻灯片的空白处时，进行拖动，此时将出现一个虚线框，当释放鼠标时，处在虚线框内的占位符都会被选中。
- 在按住键盘上的 Shift 键或 Ctrl 键时依次单击多个占位符，可同时选中它们。

提示

按住 Shift 键和按住 Ctrl 键的不同之处在于，按住前者只能选择一个或多个占位符；而按住后者时，除了可以同时选中多个占位符外，还可拖动选中的占位符，实现对所选占位符的复制操作。

占位符的文本编辑状态与选中状态的主要区别是边框的形状。单击占位符内部，在占位符内部出现一个光标，此时占位符处于编辑状态，边框呈虚线状；选中占位符后，边框变为实线，如图 6-54 所示。

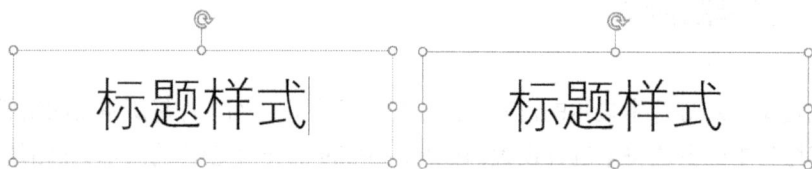

图 6-54　选中占位符

3. 移动占位符

在幻灯片中移动占位符，主要有以下两种方法。

- 当占位符处于选中状态时，将鼠标指针移动到占位符的边框时将显示形状，此时拖动文本框到目标位置，释放鼠标即可。
- 当占位符处于选中状态时，可以通过键盘方向键来移动占位符的位置。使用方向键移动的同时按住 Ctrl 键，可以实现微移。

4. 缩放占位符

在选中占位符后，PowerPoint 将会把占位符的边框突出显示，并显示 9 个相关的控制柄，以供用户调整占位符。调整占位符主要是指调整其大小，调整占位符大小的方法主要有以下两种。

- 当占位符处于选中状态时，将鼠标指针移动到占位符右下角的控制点上。此时，鼠标指针变为双向箭头形状时，向内拖动，调整到合适大小时释放鼠标即可调整占位符，如图 6-55 所示。
- 在占位符处于选中状态时，选择【格式】选项卡，在【大小】功能组中设置【高度】和【宽度】文本框中的数值可以精确地设置占位符大小。

● 单击【大小】选项组的对话框启动器按钮，在打开的【设置形状格式】窗格中设置【高度】和【宽度】数值。

图 6-55　选中占位符

5. 旋转占位符

在设置演示文稿时，占位符可以任意角度旋转。选中占位符，在【绘图工具】的【格式】选项卡的【排列】组中单击【旋转】按钮，在弹出的列表中选择相应命令即可实现指定角度的旋转，如图 6-56 所示。

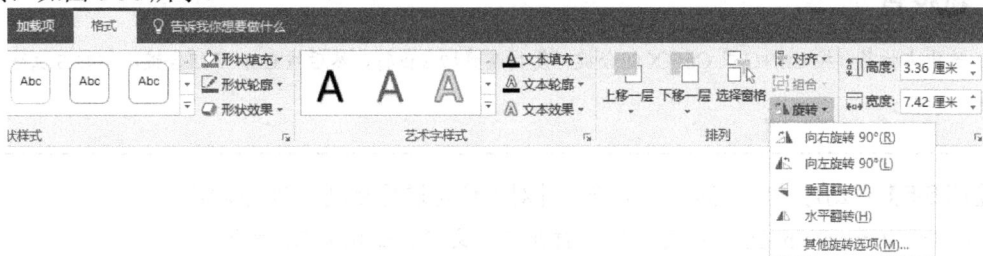

图 6-56　【旋转】选项

知识点

要精确设置占位符的旋转角度，单击【旋转】按钮，在弹出的菜单中选择【其他旋转选项】命令，将打开【设置形状格式】窗格。在窗格的【旋转】选项中，设置其他角度值即可。

6. 对齐占位符

如果幻灯片中包含两个或两个以上的占位符，用户可以通过选择相应命令来左对齐、右对齐、左右居中或横向分布占位符。选中多个占位符，在【格式】选项卡的【排列】组中单击【对齐】按钮，此时在弹出的列表中选择相应命令，即可快速设置其对齐方式，如图 6-57 所示。

图 6-57　【对齐】选项

7. 复制、剪切与删除占位符

用户可以对占位符进行复制、剪切、粘贴和删除等基本编辑操作。对占位符的编辑操作与对其他对象的操作相同。选中占位符后，在【开始】选项卡的【剪贴板】组中选择【复制】、【粘贴】及【剪切】等相应按钮即可。

- ⦿ 在复制或剪切占位符时，会同时复制或剪切占位符中的所有内容和格式，以及占位符的大小和其他属性。
- ⦿ 当把复制的占位符粘贴到当前幻灯片时，被粘贴的占位符将位于原占位符的附近；当把复制的占位符粘贴到其他幻灯片时，则被粘贴的占位符的位置将与原占位符在幻灯片中的位置完全相同。
- ⦿ 占位符的剪切操作常用来在不同的幻灯片间移动内容。
- ⦿ 选中占位符，按 Delete 键，可以把占位符及其内部的所有内容删除。

> **知识点**
>
> 选中占位符，按 Ctrl+C 或 Ctrl+X 组合键，复制或剪切占位符，然后按 Ctrl+V 组合键，粘贴占位符至目标位置。

【例 6-5】在幻灯片中，插入占位符，并对占位符进行复制、粘贴操作。

(1) 启动 PowerPoint 2016 应用程序，打开演示文稿，如图 6-58 所示。

(2) 打开【视图】选项卡，在【母版视图】组中单击【幻灯片母版】按钮，打开幻灯片母版视图，如图 6-59 所示。

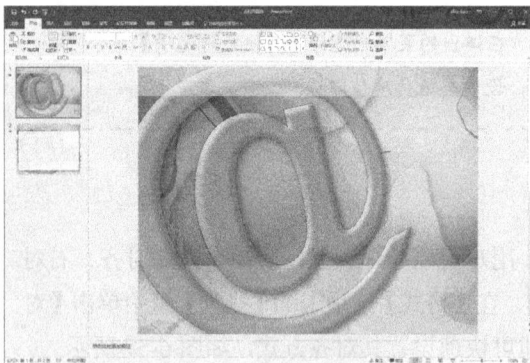

图 6-58　打开演示文稿　　　　图 6-59　进入幻灯片母版视图

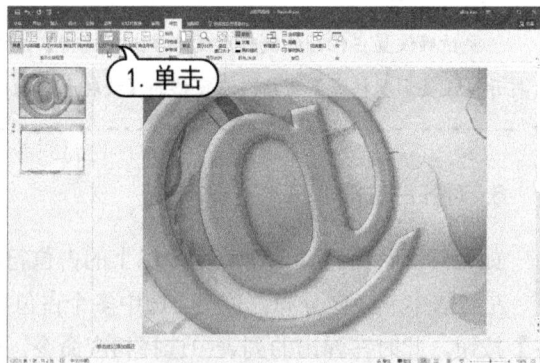

(3) 打开【幻灯片母版】选项卡。在【母版版式】组中，单击【插入占位符】下拉按钮，从弹出的列表中选择【文本】选项。将光标移动至幻灯片中单击并拖动创建文本占位符，如图 6-60 所示。

(4) 修改文本占位符中文字内容，并选中文本占位符。然后在【开始】选项卡的【字体】选项组中设置【字体】为【方正黑体简体】，【字号】为 40，单击【加粗】按钮；在【段落】选项组中单击【居中】按钮，单击【对齐文本】按钮，从弹出的下拉列表中选择【中部对齐】

按钮，如图 6-61 所示。

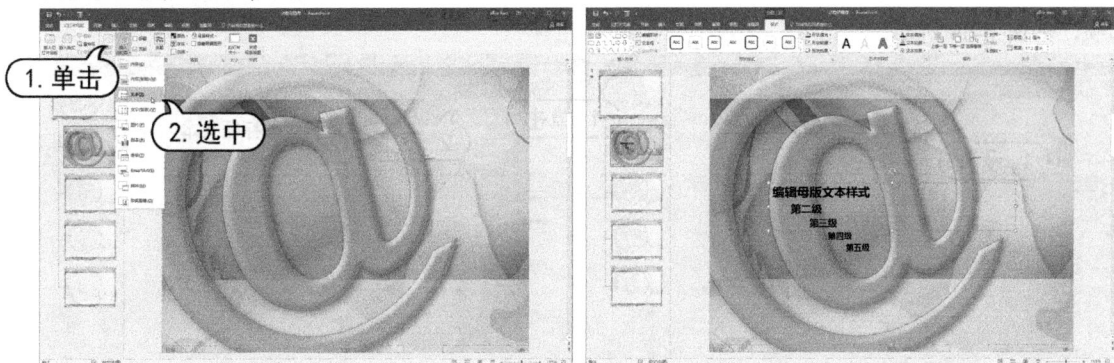

图 6-60　插入占位符

(5) 选中标题文本占位符，按住 Ctrl+Shift 组合键拖动并复制文本占位符，如图 6-62 所示。

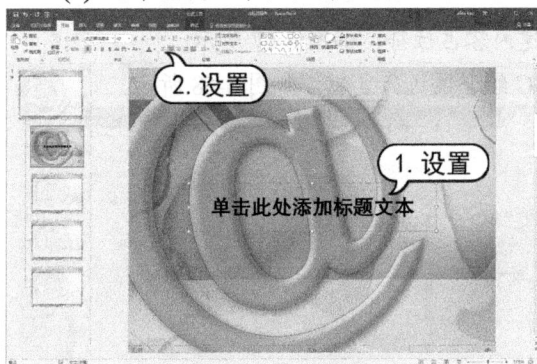

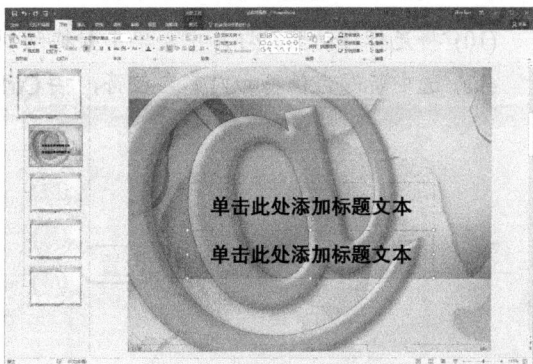

图 6-61　输入文本　　　　　　　　　　　图 6-62　复制文本占位符

(6) 修改复制的文本占位符中的文字内容，并选中文本占位符。然后在【开始】选项卡的【字体】选项组中设置【字体】为【黑体】，【字号】为 20。单击【加粗】按钮，如图 6-63 所示。

(7) 选中标题文本占位符，按 Ctrl+C 组合键复制。在幻灯片浏览窗格中选中下一张幻灯片，按 Ctrl+V 组合键粘贴，如图 6-64 所示。

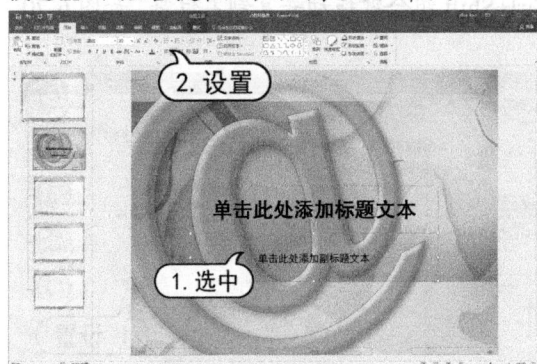

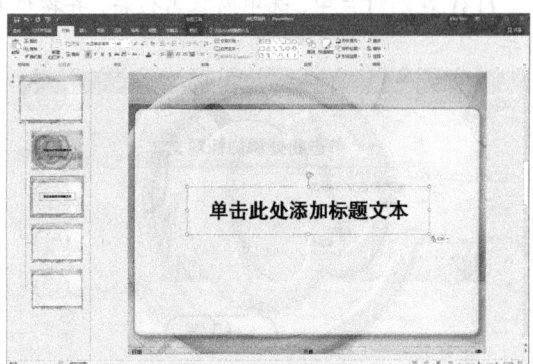

图 6-63　修改文本　　　　　　　　　　　图 6-64　复制、粘贴文本

(8) 拖动标题文本占位符至合适的位置，并调整文本占位符大小，如图 6-65 所示。

(9) 在【母版版式】组中，单击【插入占位符】下拉按钮，从弹出的列表中选择【内容】选项，如图 6-66 所示。

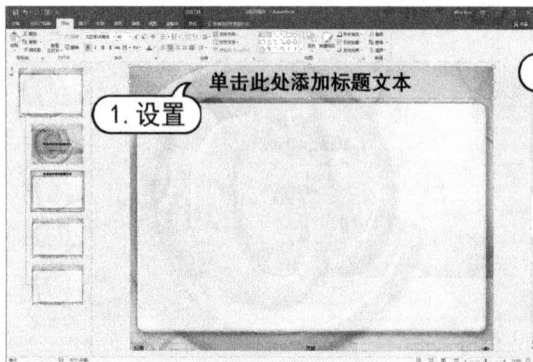

图 6-65　调整文本占位符

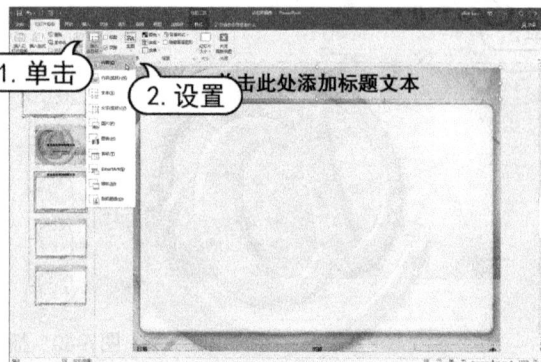

图 6-66　插入占位符

(10) 将光标移动至幻灯片中，单击并拖动创建内容占位符，如图 6-67 所示。

(11) 选中标题占位符和内容占位符，按 Ctrl+C 组合键进行复制，如图 6-68 所示。

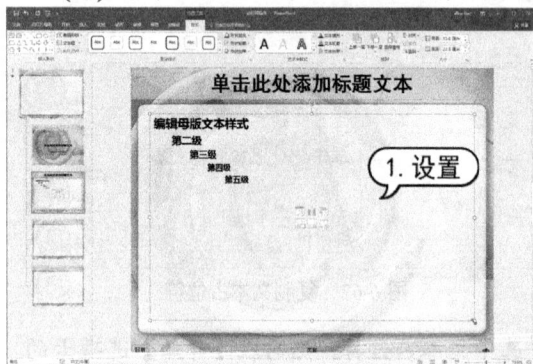

图 6-67　创建占位符

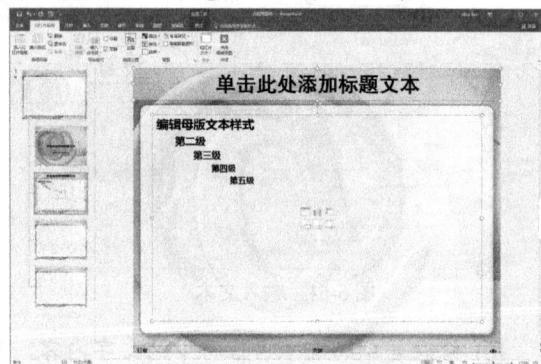

图 6-68　复制占位符

(12) 在幻灯片浏览窗格中，选中下一张幻灯片，按 Ctrl+V 组合键粘贴复制的标题占位符和内容占位符，并调整内容占位符的大小，如图 6-69 所示。

(13) 在幻灯片中，选中内容占位符，并按住 Ctrl+Shift 组合键拖动并复制占位符，如图 6-70 所示。

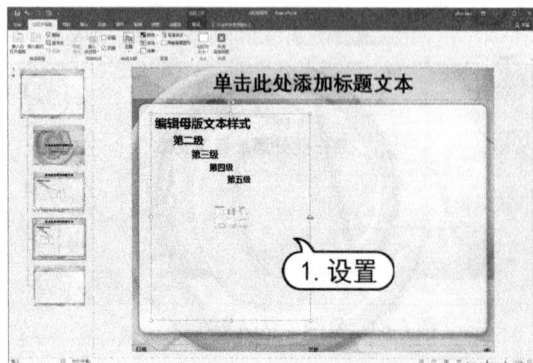

图 6-69　调整占位符

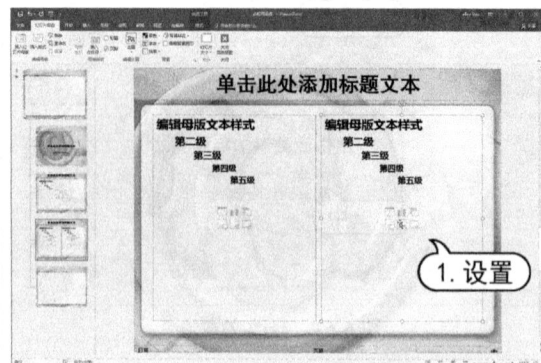

图 6-70　移动、复制占位符

(14) 在快速访问工具栏中单击【保存】按钮,将演示文稿保存。

8. 设置占位符属性

在幻灯片中选中占位符时,功能区将出现【绘图工具】的【格式】选项卡。通过该选项卡中的各个按钮和命令,即可设置占位符的属性。占位符的属性设置包括形状设置、形状填充、形状轮廓和形状效果的设置。通过设置占位符属性,可以自定义内部纹理、渐变样式、边框颜色、粗细、效果等。

【例6-6】设置幻灯片的版式和文本格式。

(1) 启动 PowerPoint 2016 应用程序,打开"占位符操作"演示文稿。打开【视图】选项卡,在【母版视图】组中单击【幻灯片母版】按钮,打开幻灯片母版视图,如图 6-71 所示。

(2) 选中标题文本占位符,打开【绘图工具】的【格式】选项卡。在【形状样式】组中单击【形状填充】下拉按钮,从弹出的列表中选择【渐变】选项,从弹出的列表中选择【其他渐变】命令,如图 6-72 所示。

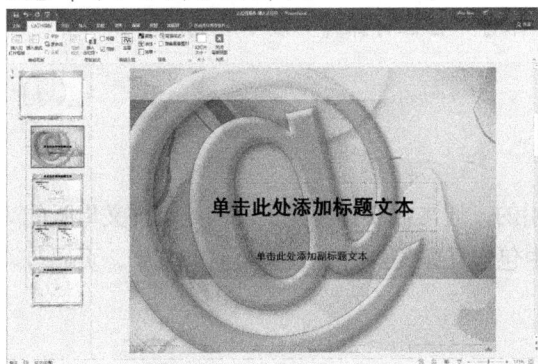

图 6-71　打开幻灯片母版视图

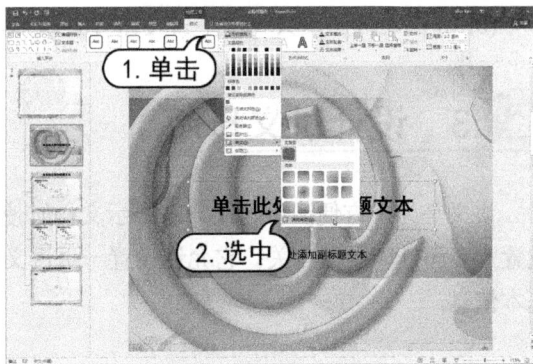

图 6-72　设置形状填充

(3) 在打开的【设置形状格式】窗格中,选中【渐变填充】单选按钮;单击【方向】下拉列表,从中选择【从中心】选项;在【渐变光圈】选项区的渐变滑动条上,选中【停止点 3(属于 3)】色标滑块,设置【透明度】数值为 60%,如图 6-73 所示。

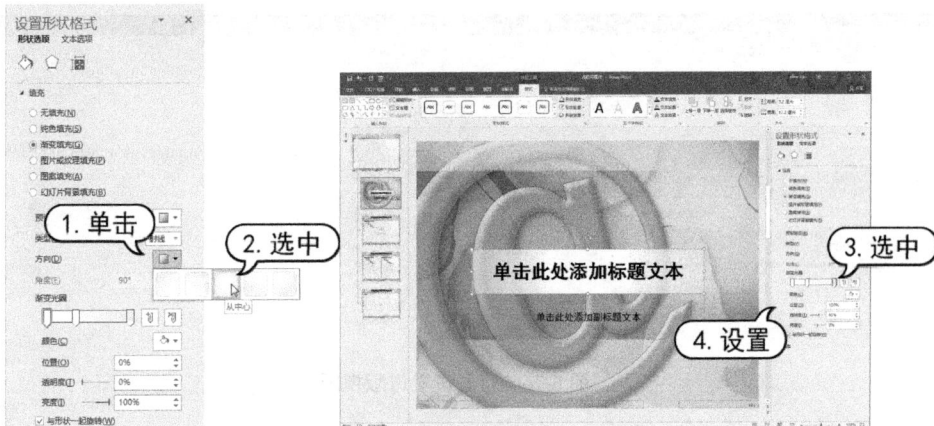

图 6-73　设置渐变填充

(4) 关闭【设置形状格式】窗格，然后在幻灯片中调整文本占位符的大小，如图 6-74 所示。

(5) 在【形状样式】组中单击【形状效果】按钮，从弹出的列表中选择【预设】选项，再从弹出的列表框中选择【预设 2】选项，如图 6-75 所示。

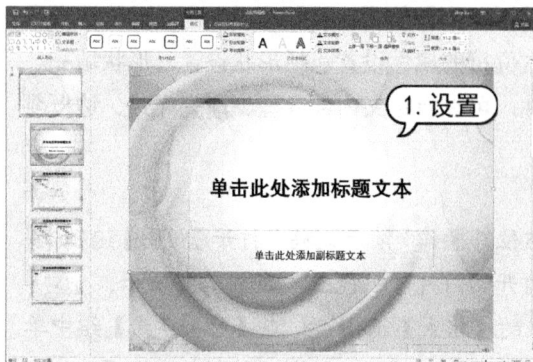

图 6-74　调整占位符打下　　　　　　图 6-75　设置形状效果

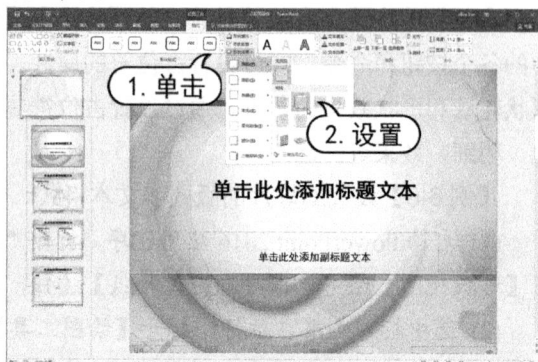

(6) 在快速访问工具栏中单击【保存】按钮，保存"占位符操作"演示文稿。

6.3　设计讲义母版

讲义是为了方便演讲者在放映演示文稿时使用的，通常需要打印输出。因此，讲义母版的设置大多和打印页面有关。它允许设置一页讲义中包含几张幻灯片，设置页眉、页脚、页码等基本信息。

6.3.1　设置讲义母版页面

打开【视图】选项卡，在【母版视图】组中单击【讲义母版】按钮，打开讲义母版视图。此时，功能区自动切换到【讲义母版】选项卡，如图 6-76 所示。

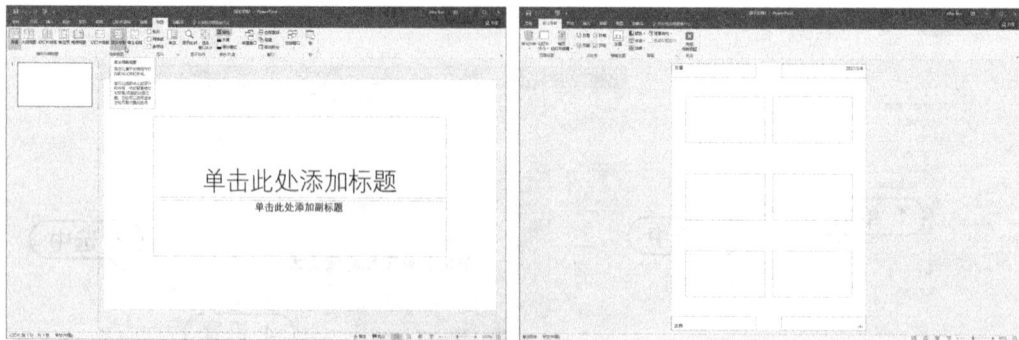

图 6-76　打开讲义母版视图

讲义母版的页面决定了每页纸张上幻灯片的排列方向、幻灯片大小以及幻灯片数量等信息。进入当前演示文稿的讲义母版，在【讲义母版】选项卡的【页面设置】选项组中，可以设置讲义方向、幻灯片大小和每页幻灯片数量，如图 6-77 所示。

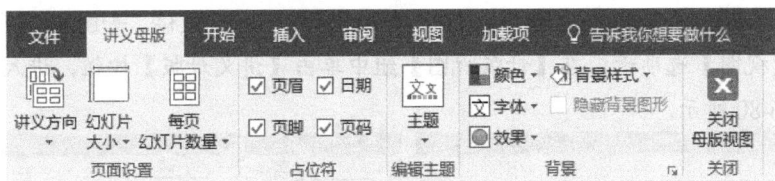

图 6-77 【页面设置】选项组

- 单击【讲义方向】按钮，在弹出的下拉列表中选择【横向】或【纵向】选项即可。
- 单击【幻灯片大小】按钮，在弹出的下拉列表中选择【标准】或【宽屏】选项；或选择【自定义大小】选项，在打开的对话框中自定义设置幻灯片的大小，其设置方法与在幻灯片母版中设置幻灯片大小的方法相同。
- 单击【每页幻灯片数量】按钮，在弹出的下拉列表中选择相应的选项即可。

6.3.2 设置讲义母版占位符

在讲义母版中设置占位符与在幻灯片模板中设置是有所区别的。在讲义母版中除了可对占位符的格式进行设置，还可设置占位符对象。讲义母版中占位符对象包括页眉、页脚、日期和页码。默认情况下，讲义母版中这些对象是全部显示的，如果用户不想在讲义母版中显示这些对象或某个对象，可在【讲义母版】选项卡的【占位符】选项组中取消选中这些对象对应的复选框，若要再次显示，再选中这些复选框即可。

提示

在讲义母版的幻灯片中右击，在弹出的快捷菜单中选择【讲义母版版式】命令。在打开的对话框中也可设置占位符的对象，如图 6-78 所示。

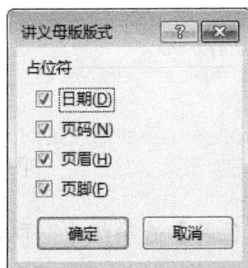

图 6-78 【讲义母版版式】对话框

6.3.3 设置讲义母版背景

在讲义母版中也可对其背景进行设置，其设置方法与在幻灯片母版中设置幻灯片背景的方法基本类似，在讲义母版中的【背景】选项组中单击【背景样式】按钮，在弹出的下拉列表中选择相应的背景样式；或选择【设置背景格式】选项，在打开的【设置背景格式】窗格中进行相应的背景设置即可。

【例6-7】在演示文稿中制作讲义母版。

(1) 启动 PowerPoint 2016 应用程序，打开"设计模板"演示文稿，如图 6-79 所示。

(2) 打开【视图】选项卡，在【母版视图】组中单击【讲义母版】按钮，进入讲义母版编辑状态，如图 6-80 所示。

图 6-79　打开演示文稿

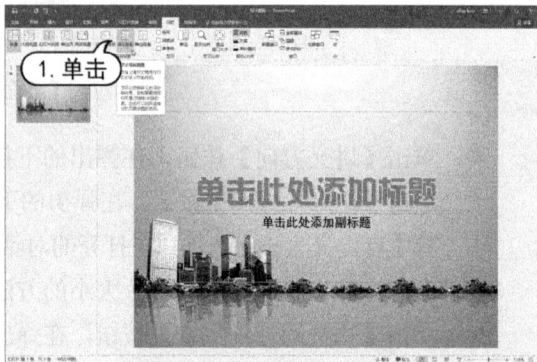

图 6-80　打开讲义母版视图

(3) 在【讲义母版】选项卡的【页面设置】组中，单击【每页幻灯片数量】下拉按钮，从弹出的列表中选择【2 张幻灯片】命令，即可设置每页显示两张幻灯片数量，如图 6-81 所示。

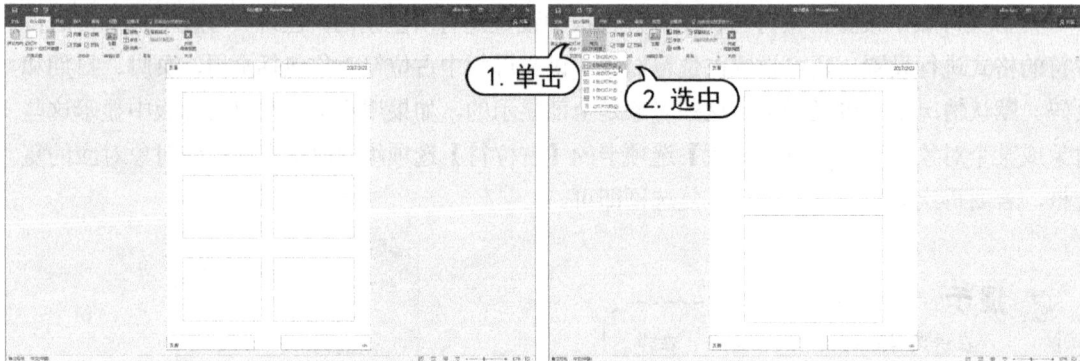

图 6-81　设置幻灯片显示数量

(4) 在【占位符】选项组中，取消选中【日期】复选框，即可隐藏页面右上角的日期文本占位符。在幻灯片中，选中【页眉】、【页脚】和【页码】文本占位符，打开【开始】选项卡。在【字体】组中，设置字体为【黑体】，字号为 16，字体颜色为【红色】；在【段落】组中，单击【居中】按钮，如图 6-82 所示。

(5) 打开【讲义母版】选项卡，在【背景】组中单击【背景样式】按钮，从弹出的列表中选择【设置背景格式】命令，如图 6-83 所示。

(6) 在打开的【设置背景格式】窗格中，选中【图案填充】单选按钮，在【图案】列表框中选择一种图案样式；单击【前景色】下拉按钮，从弹出的列表框中选择浅灰色，如图 6-84 所示。此时，将显示讲义母版背景样式效果。

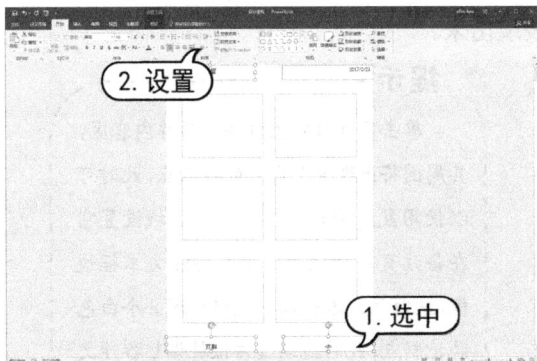

图 6-82　设置页眉页脚

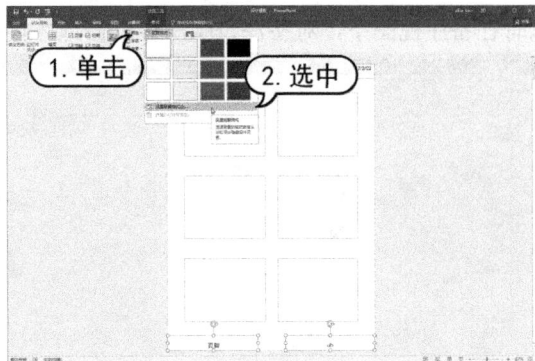

图 6-83　选择【设置背景格式】命令

图 6-84　设置背景格式

(7) 在快速访问工具栏中单击【保存】按钮，保存"设计模板"演示文稿。

6.4　设计备注母版

备注相当于讲义，尤其是对某个幻灯片需要提供补充信息时。使用备注对演讲者创建演讲注意事项是很重要的。备注母版主要用来设置幻灯片的备注格式，一般也是用来打印输出的，因此备注母版的设置大多也和打印页面有关。

打开【视图】选项卡，在【母版视图】组中单击【备注母版】按钮，打开备注母版视图。备注页由单个幻灯片的图像和下面所属文本区域组成，如图 6-85 所示。在备注母版视图中，用户可以设置或修改幻灯片内容、备注内容，及页眉页脚内容在页面中的位置、比例及外观等属性。

当用户退出备注母版视图时，对备注母版所做的修改将应用到演示文稿中所有备注页上。

只有在备注视图下，对备注母版所做的修改才能表现出来。

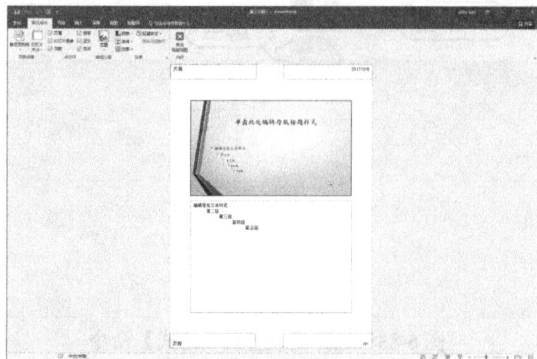

图 6-85　备注母版

> **提示**
>
> 单击备注母版上方的幻灯片内容区，其周围将出现 8 个白色的控制点，此时可以使用鼠标拖动幻灯片内容区域设置它在备注页中的位置；单击备注文本框边框，此时该文本框周围也将出现 8 个白色的控制点，此时拖动该占位符调整备注文本在页面中的位置。

⑥.5　上机练习

本章的上机练习通过制作"家庭-相册"演示文稿母版，使用户更好地掌握幻灯片母版创建与编辑的基本操作方法和技巧，以巩固本章所学知识。

(1) 启动 PowerPoint 2016 应用程序，在页面中单击【空白演示文稿】选项，新建一个空白演示文稿，如图 6-86 所示。

(2) 打开【视图】选项卡，在【母版视图】选项卡中，单击【幻灯片母版】按钮进入幻灯片母版编辑视图，如图 6-87 所示。

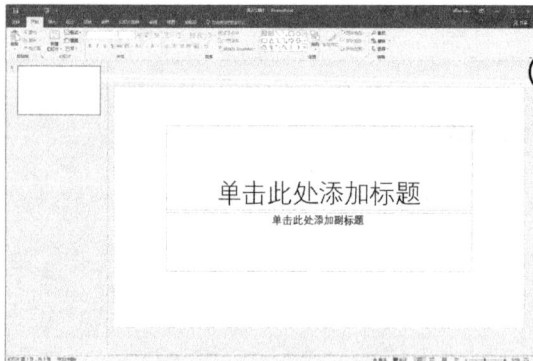

图 6-86　新建演示文稿

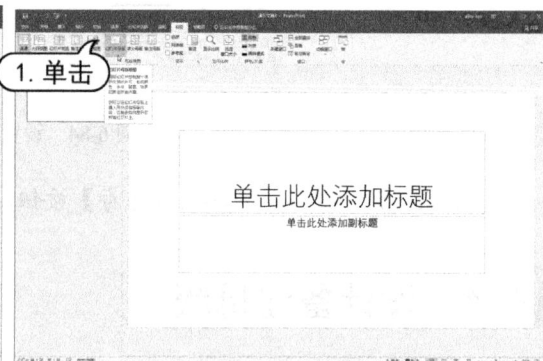

图 6-87　进入幻灯片母版视图

(3) 在【幻灯片母版】选项卡中，单击【大小】选项组中的【幻灯片大小】按钮，从弹出的下拉列表中选择【标准(4:3)】选项，如图 6-88 所示。

(4) 在【背景】选项组中，单击对话框启动器按钮，打开【设置背景格式】窗格。在窗格中，选中【图片或纹理填充】单选按钮，在【插入图片来自】选项栏中单击【文件】按钮。在弹出的【插入图片】对话框中，选择所需要的图片。然后单击【插入】按钮，如图 6-89 所示。

(5) 打开【插入】选项卡，在【插图】选项组中单击【形状】按钮，从弹出的下拉列表框中选择【矩形】选项。然后在幻灯片中拖动绘制矩形，在【绘图工具】的【格式】选项卡的【形状样式】选项组中，单击【形状轮廓】按钮，从弹出的下拉列表框中选择【无轮廓】命令；再单击【形状填充】按钮，从弹出的下拉列表框中设置填充颜色为【白色】，如图6-90所示。

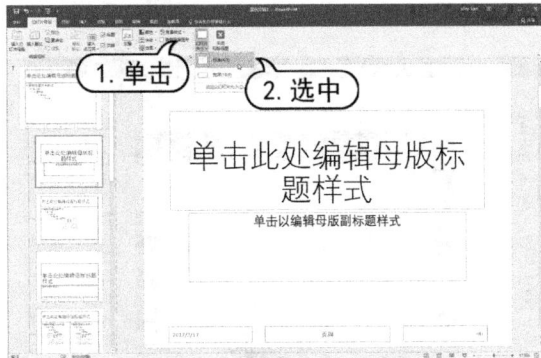

图 6-88　设置幻灯片大小

图 6-89　设置背景格式

图 6-90　插入形状

(6) 在右侧的【设置形状格式】窗格中，设置【透明度】数值为50%，如图6-91所示。

(7) 在【形状样式】选项组中单击【形状效果】按钮，从弹出的下拉列表中选择【阴影】命令，在【内部】选项栏中选择【内部：下】样式，如图6-92所示。

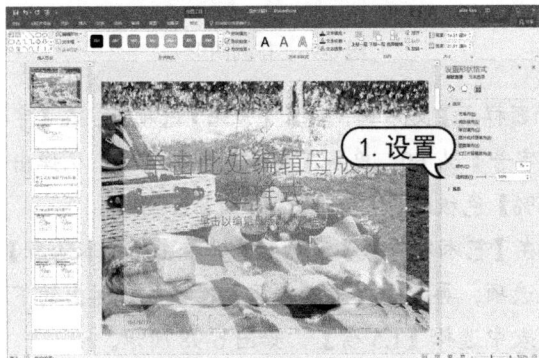

图 6-91　设置形状格式

图 6-92　设置形状效果

(8) 在右侧的【设置形状格式】窗格中，单击【效果】按钮。在显示的选项中，单击【颜色】按钮，从弹出的下拉列表框中选择【白色】，如图6-93所示。

(9) 按 Ctrl 键移动复制刚绘制的矩形。在右侧的【设置形状格式】窗格中，单击【预设】按钮，从弹出的下拉列表框中选择【内部：上】样式。单击【颜色】按钮，从弹出的下拉列表框中选择【白色】，如图 6-94 所示。

图 6-93　设置形状效果

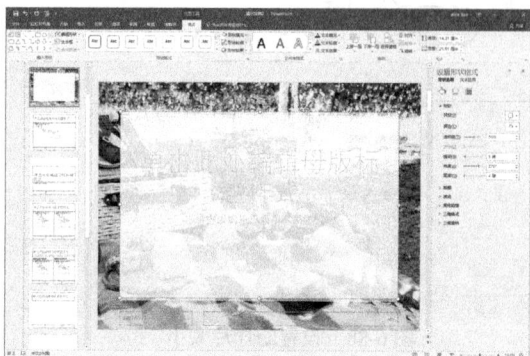

图 6-94　设置形状格式

(10) 选中创建的两个矩形，在【排列】选项组中单击【组合】按钮，从弹出的下拉列表中选择【组合】命令，如图 6-95 所示。

(11) 在【排列】选项组中单击【下移一层】按钮，从弹出的下拉列表中选择【置于底层】命令，如图 6-96 所示。

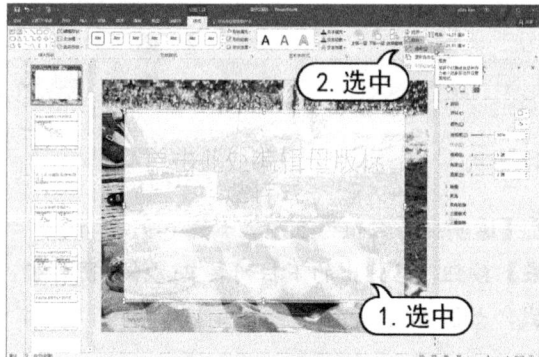

图 6-95　组合形状

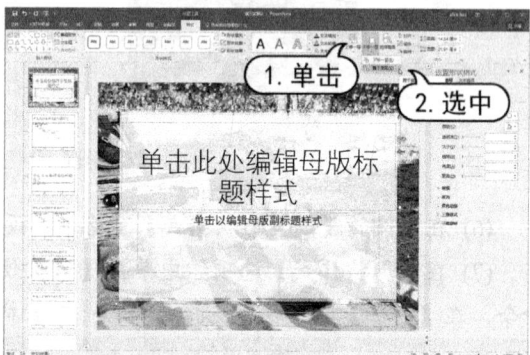

图 6-96　排列图形

(12) 在幻灯片中选中【单击此处编辑母版标题样式】文本框，打开【开始】选项卡。在【字体】选项组中设置【字体】为【汉真广标】，【字号】为 60。单击【字体颜色】按钮，从弹出的下拉列表框中选择【橙色，个性色 2，深色 25%】色板选项，如图 6-97 所示。

(13) 打开【绘图工具】的【格式】选项卡，在【艺术字样式】选项组中，单击【文本轮廓】按钮，从弹出的下拉列表框中选择【白色】色板选项；再单击【文本轮廓】按钮，从弹出的下拉列表框中选择【粗细】命令，从弹出的下拉列表中选择【1.5 磅】，如图 6-98 所示。

(14) 在【艺术字样式】选项组中，单击【文本效果】按钮，从弹出的下拉列表中选择【阴影】命令。再从弹出的列表框选择【外部】选项栏下的【偏移：左下】选项，如图 6-99 所示。

(15) 在幻灯片中选中【单击以编辑母版副标题样式】文本框，调整文本框大小。然后在【形状样式】选项组中，单击【形状轮廓】按钮，从弹出的下拉列表中选择【无轮廓】命令；再单

击【形状填充】按钮，从弹出的下拉列表框中选择【橙色，个性色 2，深色 25%】色板选项，
如图 6-100 所示。

图 6-97　输入文本

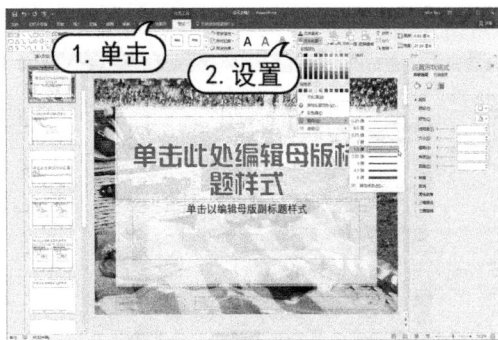
图 6-98　设置艺术字样式

图 6-99　设置文本效果

图 6-100　设置形状样式

（16）打开【开始】选项卡，在【字体】选项组中设置【字体】为【黑体】，【字号】为 20。
单击【字体颜色】按钮，从弹出的下拉列表框中选择【白色】色板选项，如图 6-101 所示。

（17）打开【幻灯片母版】选项卡，在【母版版式】选项组中单击【插入占位符】按钮，从
弹出的下拉列表中选择【图片】选项，如图 6-102 所示。

图 6-101　设置字体

图 6-102　插入占位符

（18）在幻灯片中拖动创建图片占位符，然后按 Ctrl 键移动并复制图片占位符，如图 6-103
所示。

(19) 在幻灯片浏览窗格中，选中【空白】版式幻灯片。在右侧【设置背景格式】窗格中，选中【图片或纹理填充】单选按钮。在【插入图片来自】选项栏中单击【文件】按钮。在弹出的【插入图片】对话框中，选择所需要的图片，然后单击【插入】按钮，如图 6-104 所示。

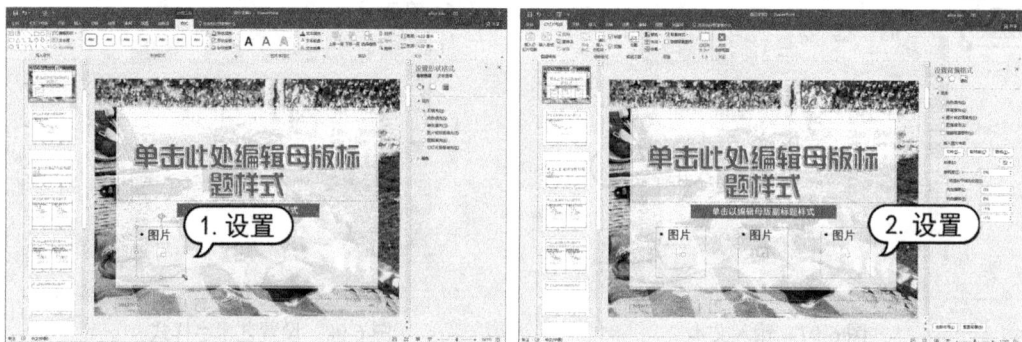

图 6-103 移动、复制占位符

(20) 在幻灯片浏览窗格中，将【空白】版式拖动放置在【标题幻灯片】版式下方，如图 6-105 所示。

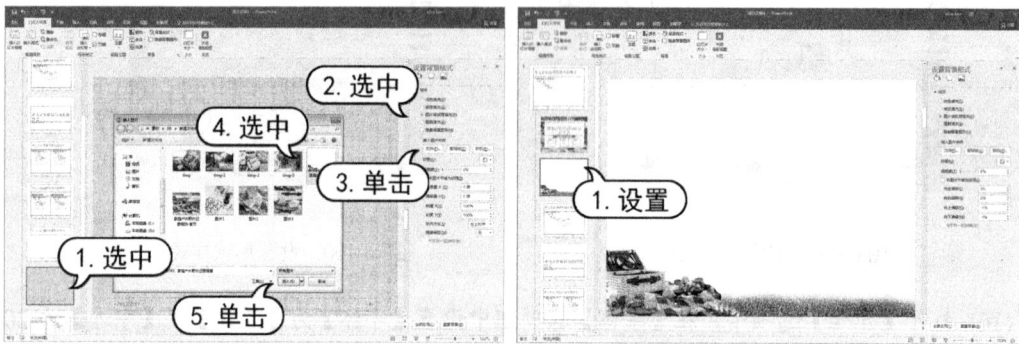

图 6-104 设置幻灯片　　　　　　　　　图 6-105 调整幻灯片顺序

(21) 在幻灯片浏览窗格中，右击【空白】版式幻灯片，从弹出的快捷菜单中选择【复制版式】命令，复制一张版式幻灯片，如图 6-106 所示。

(22) 在【幻灯片母版】选项卡的【编辑母版】选项组中，单击【重命名】按钮，打开【重命名版式】对话框。在对话框的【版式名称】文本框中输入"1 张图片"，然后单击【重命名】按钮，如图 6-107 所示。

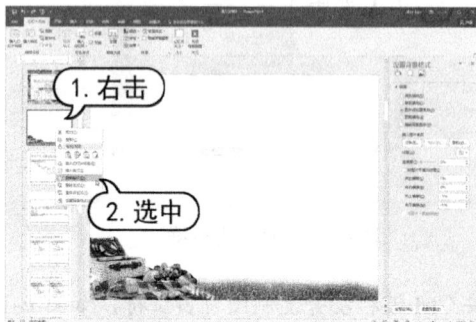

图 6-106 复制幻灯片

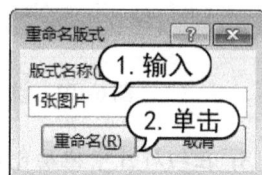

图 6-107 重命名版式

(23) 在【幻灯片母版】选项卡的【母版版式】选项组中单击【插入占位符】按钮，从弹出的下拉列表中选择【文本】选项。在幻灯片中拖动创建文本框占位符，如图 6-108 所示。

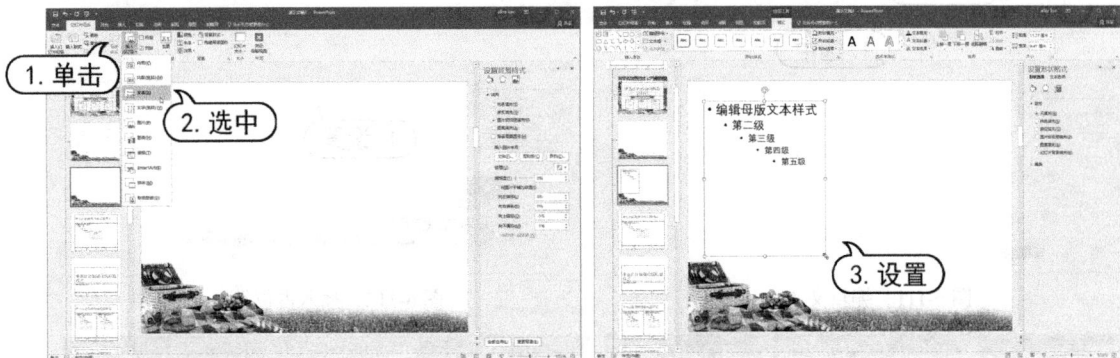

图 6-108　插入占位符

(24) 在文本框占位符中，删除"第二级"至"第五级"文本，并重新输入"内容文本"字样。打开【开始】选项卡，在【字体】选项组中设置【字体】为【宋体】，【字号】为 16；在【段落】选项组中，单击【项目符号】按钮取消项目符号，单击【两端对齐】按钮，如图 6-109 所示。

(25) 再单击【段落】选项组中的对话框启动器按钮，打开【段落】对话框。在对话框中，设置【文本之前】数值为【0 厘米】，【度量值】为【1.25 厘米】，【段前】为【12 磅】，然后单击【确定】按钮，如图 6-110 所示。

图 6-109　编辑文本

图 6-110　设置段落格式

(26) 选中文本框中的"编辑母版文本样式"文本，打开【开始】选项卡。在【字体】选项组中设置【字体】为【黑体】，【字号】为 20，如图 6-111 所示。

(27) 打开【幻灯片母版】选项卡。在【母版版式】选项组中单击【插入占位符】按钮，从弹出的下拉列表中选择【图片】选项，在幻灯片中拖动创建图片占位符，如图 6-112 所示。

(28) 使用步骤(21)~(22)的操作方法，新建一张版式幻灯片，并重命名为"2 张图片"，如图 6-113 所示。

(29) 在【母版版式】选项组中单击【插入占位符】按钮，从弹出的下拉列表中选择【图片】选项。在幻灯片中拖动创建图片占位符，并旋转图片占位符的角度，如图 6-114 所示。

计算机 基础与实训教材系列

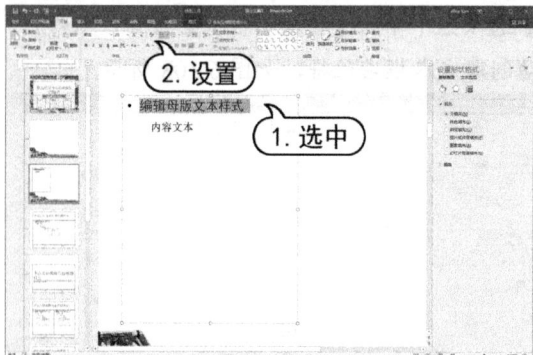

图 6-111　编辑文本

图 6-112　插入占位符

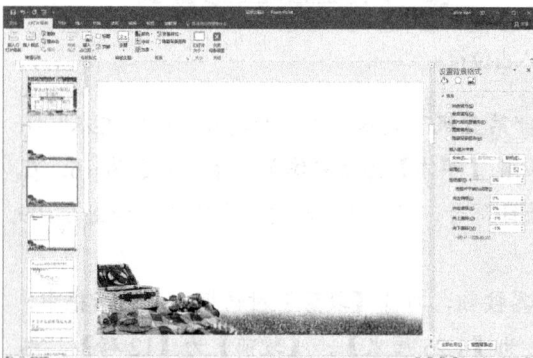

图 6-113　新建幻灯片

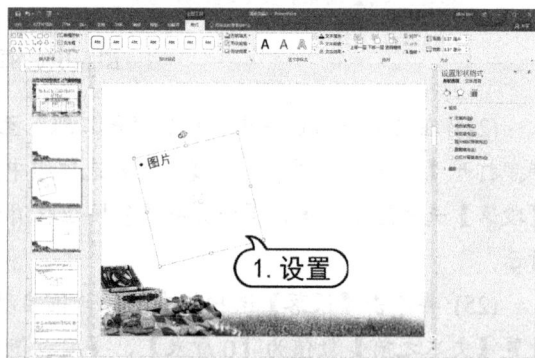

图 6-114　插入占位符

(30) 打开【幻灯片母版】选项卡，使用步骤(29)的操作方法，插入图片占位符，并旋转其角度，如图 6-115 所示。

(31) 在【幻灯片母版】选项卡的【母版版式】选项组中单击【插入占位符】按钮，从弹出的下拉列表中选择【文本】选项，在幻灯片中拖动创建文本框占位符，如图 6-116 所示。

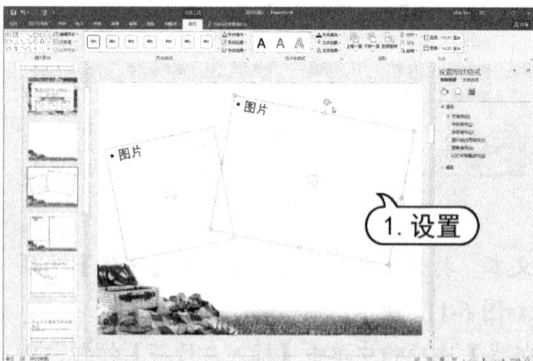

图 6-115　插入占位符

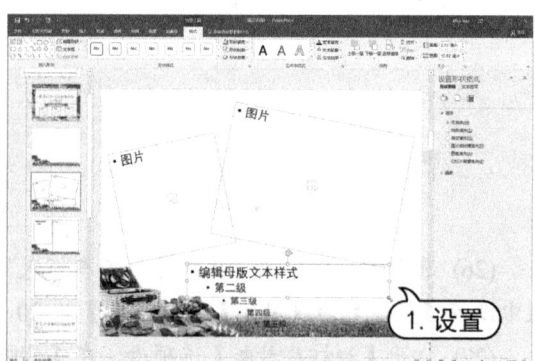

图 6-116　插入占位符

(32) 保持选中打开【开始】选项卡，在【字体】选项组中设置【字体】为【宋体】，【字号】为 16，如图 6-117 所示。

(33) 使用步骤(21)~(29)的操作方法，新建一张版式幻灯片，并重命名为"3 张图片"，如图 6-118 所示。

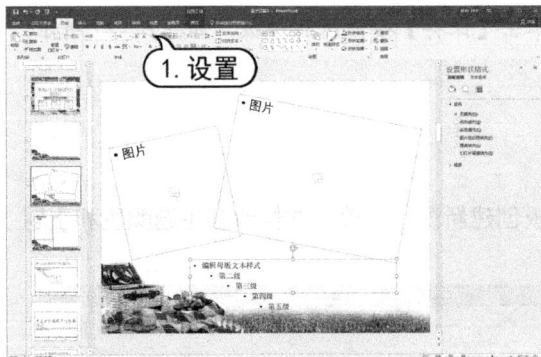

图 6-117　编辑文本

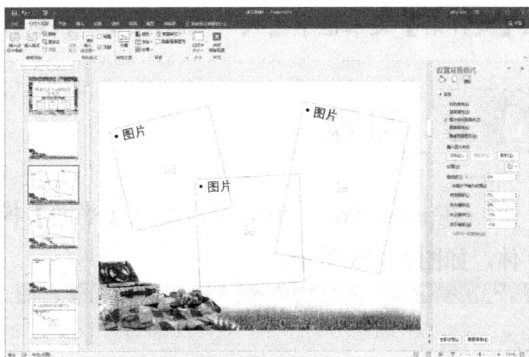

图 6-118　新建幻灯片

(34) 使用步骤(21)~(29)的操作方法，新建一张版式幻灯片，并重命名为"4 张图片"，如图 6-119 所示。

(35) 使用步骤(21)~(29)的操作方法，新建一张版式幻灯片，并重命名为"6 张图片"，如图 6-120 所示。

图 6-119　新建幻灯片

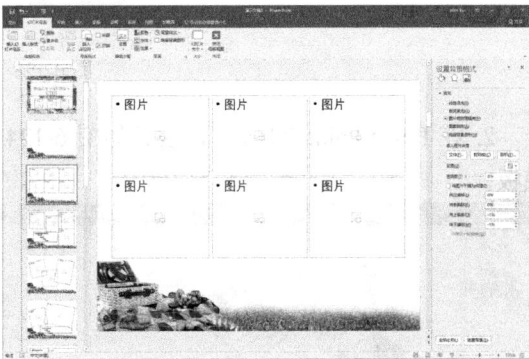

图 6-120　新建幻灯片

(36) 在【幻灯片母版】选项卡的【关闭】选项组中单击【关闭母版视图】按钮，退出幻灯片母版编辑状态，如图 6-121 所示。

图 6-121　关闭母版视图

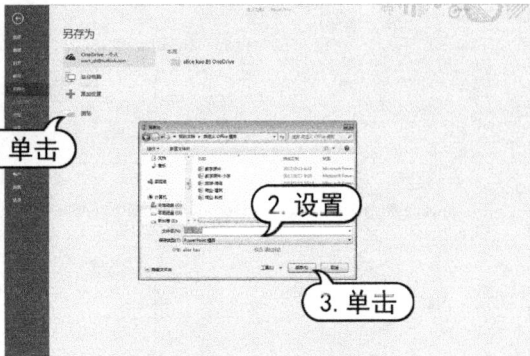

图 6-122　保存模板

(37) 在快速访问工具栏中单击【保存】按钮，打开【另存为】页面。单击【浏览】选项，打开【另存为】对话框。在对话框中的【保存类型】下拉列表中选择【PowerPoint 模板】选项，在【文件名】文本框中输入"家庭-相册",然后单击【保存】按钮保存模板,如图 6-122 所示。

6.6 习题

1. 在 PowerPoint 2016 中,根据【平面】模板创建新演示文稿,并修改其主题颜色和主题字体,如图 6-123 所示。

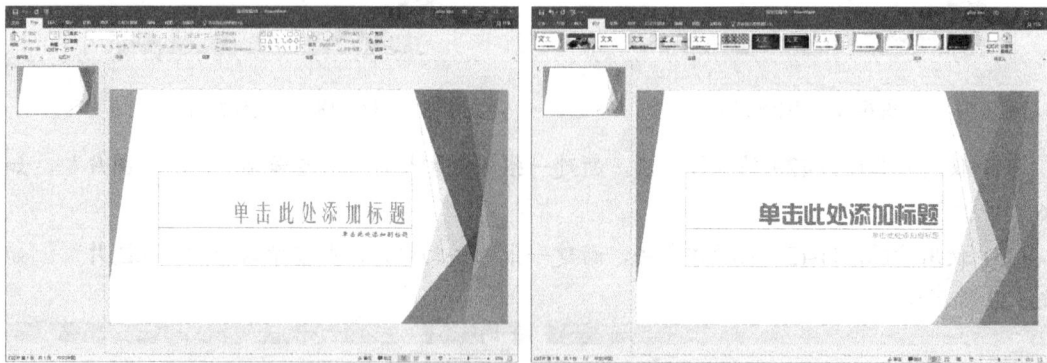

图 6-123 习题 1

2. 在 PowerPoint 2016 中,设计如图 6-124 所示的幻灯片母版,并将其保存为 PowerPoint 模板。

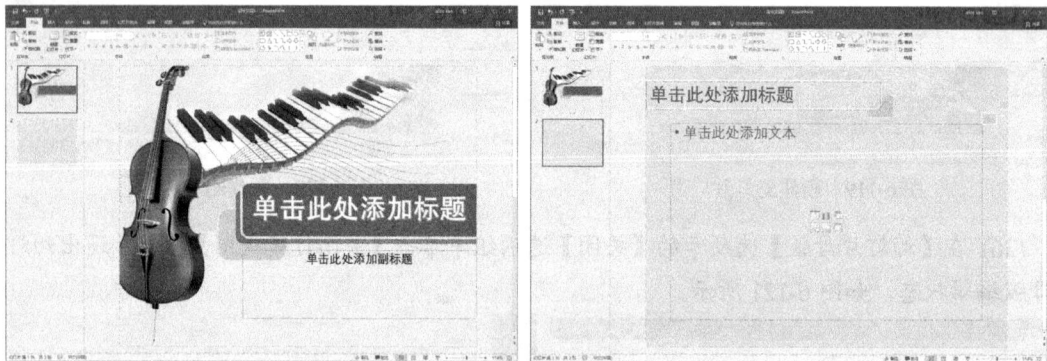

图 6-124 习题 2

第7章

多媒体和超链接的应用

学习目标

在 PowerPoint 2016 中可以方便地插入视频和音频等多媒体对象以及超链接,增强演示文稿的视觉效果和交互性,使制作的演示文稿声形并茂。本章主要介绍在幻灯片中插入声音和影片等的方法,以及对插入的这些多媒体对象设置控制参数的方法。

本章重点

- ◉ 插入声音
- ◉ 插入视频
- ◉ 设置视频属性
- ◉ 剪辑视频
- ◉ 创建链接
- ◉ 更改链接的内容

7.1 插入声音

声音是制作多媒体幻灯片的基本要素。在制作幻灯片时,用户可以根据需要插入声音,从而向观众增加传递信息的通道,增强演示文稿的感染力。插入声音文件时,需要考虑到演讲效果,不能因为插入的声音影响演讲及观众的收听。

7.1.1 在幻灯片中插入声音

在 PowerPoint 2016 中,用户可以根据需要插入各种声音文件,如本地电脑中保存的音频,以及录制的音频。

1. 插入电脑中保存的音频

选择需插入音频的幻灯片，在【插入】选项卡的【媒体】选项组中，单击【音频】按钮。在弹出的下拉列表中选择【PC 上的音频】选项，打开【插入音频】对话框。在地址栏中选择音频文件保存的位置，在中间的列表框中选择需要插入的音频文件，单击【插入】按钮即可。

【例 7-1】 插入电脑中的音频。

(1) 在 PowerPoint 2016 中，打开"吉他基础教程入门知识"演示文稿，如图 7-1 所示。

(2) 打开【插入】选项卡，在【媒体】组中单击【音频】下拉按钮，在弹出的命令列表中选择【PC 上的音频】命令，如图 7-2 所示。

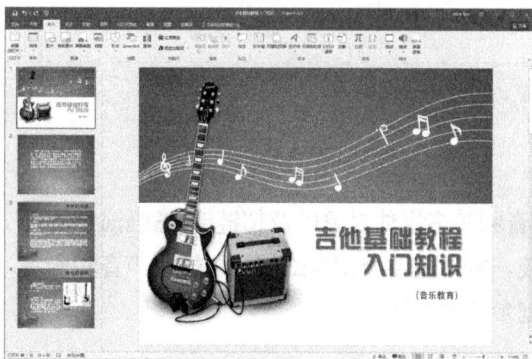

图 7-1　打开演示文稿　　　　　　　　　图 7-2　选择【PC 上的音频】命令

(3) 在打开的【插入音频】对话框中，选择所需的音频文件，然后单击【插入】按钮，如图 7-3 所示。

(4) 此时，幻灯片中将出现音频图标，使用鼠标将其拖动到幻灯片的右下角。

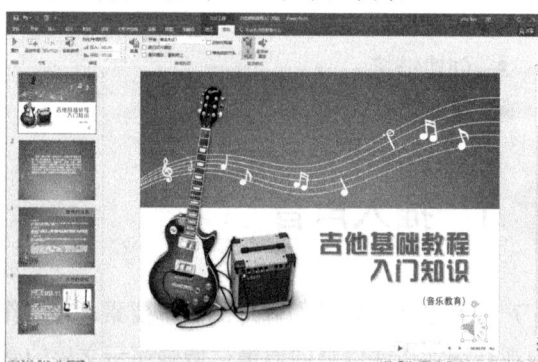

图 7-3　插入音频文件

(5) 在快速访问工具栏中单击【保存】按钮，保存演示文稿。

2. 插入录制的音频

在带有声卡和麦克风的电脑上打开演示文稿，选择需插入声音的幻灯片。在【插入】选项卡的【媒体】选项组中，单击【音频】按钮。在弹出的下拉列表中选择【录制音频】选项，打开如图 7-4 所示的【录制声音】对话框。

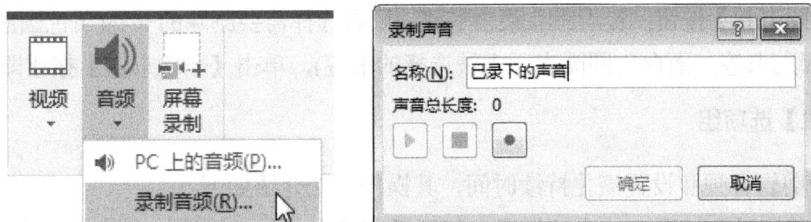

图 7-4　打开【录制声音】对话框

在【名称】文本框中输入录制的声音名称。单击 按钮开始录音，录制完成后单击 按钮。再单击【确定】按钮完成录制，返回幻灯片编辑窗口，即可发现录音图标已添加到幻灯片中，表示声音已添加成功。声音录制完成后，在【录制声音】对话框中单击 按钮，可试听当前录制的声音。

⑦.1.2　设置声音属性

在幻灯片中插入声音后，将激活【播放】选项卡，在该选项卡的各组中可试听声音、添加书签、剪辑音频、设置淡化时间、设置音频属性和设置音频样式等。如图 7-5 所示为【播放】选项卡，下面对【播放】选项卡的各项进行介绍。

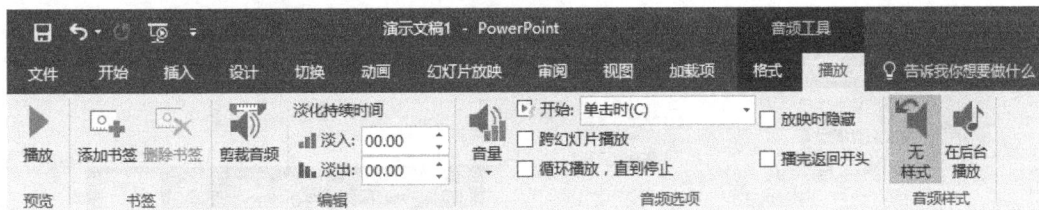

图 7-5　【播放】选项卡

1.【预览】选项组

该组用于试听音频文件播放效果。在幻灯片中插入音频文件后，单击该组中的【播放】按钮，可试听该音频文件。试听时，【播放】按钮将变为【暂停】按钮，单击该按钮，可暂停播放音频文件。

2.【书签】选项组

通过该组可自动决定音频播放的起止位置，或删除自定义的播放起止时间。该组中包含了两个按钮，其作用分别如下。

- ⊙ 【添加书签】按钮：单击该按钮，可为音频起始位置添加一个书签。如果要在其他位置添加书签，则可在音频播放控制条上的滑块上拖动定位书签位置，然后再单击【添加书签】按钮即可。

- ● 【删除书签】按钮：若需删除某个书签，只需选择需要删除的书签(黄色圆圈表示当前选择的书签，而白色圆圈表示未被选择的书签)，单击【删除书签】按钮即可。

3. 【编辑】选项组

该组用于剪辑音频和设置淡化持续时间，其操作方法介绍如下。

- ● 【剪裁音频】按钮：单击该按钮，打开【剪裁音频】对话框。在其中可以手动拖动进度条中的绿色滑块，调节剪裁的开始时间。同时也可以调节红色滑块，修改剪裁的结束时间。
- ● 【淡入】数值框：为音频添加开始播放时的音量发大特效。
- ● 【淡出】数值框：为音频添加停止播放时的音量缩小特效。

4. 【音频选项】选项组

该组主要用于设置音频文件的音量大小、开始时间和播放方式等，下面将对该组中的各选项和按钮的作用进行介绍。

- ● 【音量】按钮：单击该按钮，从弹出的下拉菜单中可设置音频的音量大小；选择【静音】选项，则关闭声音，如图7-6所示。
- ● 【开始】下拉列表框：该列表框中包含【自动】和【单击时】选项，如图7-7所示。选择【自动】选项会根据播放设置自动进行播放；选择【单击时】选项，只有单击音频文件播放按钮时才会进行播放。

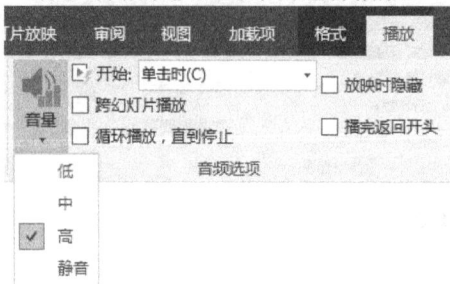

图7-6　【音量】选项　　　　　　　　图7-7　【开始】选项

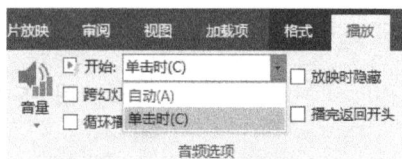

- ● 【跨幻灯片播放】复选框：选中该复选框，在放映过程中，即使切换了幻灯片，也能播放音频文件。若取消选中该复选框，那么切换幻灯片后，将不能进行播放。
- ● 【循环播放，直到停止】复选框：选中该复选框，在放映幻灯片的过程中，音频会自动循环播放，直到放映下一张幻灯片或停止放映为止。
- ● 【放映时隐藏】复选框：选中该复选框，在放映幻灯片的过程中将自动隐藏表示声音的图标。
- ● 【播完返回开头】复选框：选中该复选框，可以设置音频播放完毕后自动返回幻灯片开头。

5. 【音频样式】选项组

该组主要是对【音频选项】组中的设置进行控制。单击【无样式】按钮，则会使【音频选项】组中的设置保持默认；若单击【在后台进行播放】按钮，将会自动对【音频文件】组中的各项选项进行设置。

知识点

在音频文件图标上右击，在弹出的浮动工具栏中将出现【修剪】按钮和【样式】按钮，如图 7-8 所示。单击【修剪】按钮，可对音频文件进行剪辑操作；单击【样式】按钮，可设置音频样式。

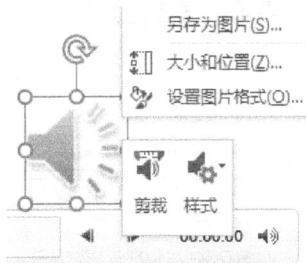

图 7-8　浮动工具栏

【例 7-2】在"吉他基础教程入门知识"演示文稿中，设置声音的属性。

(1) 启动 PowerPoint 2016 应用程序，打开"吉他基础教程入门知识"演示文稿。

(2) 在幻灯片编辑窗口中，选中声音图标，打开【音频工具】的【播放】选项卡。在【编辑】选项组中单击【剪裁音频】按钮，打开【剪裁音频】对话框，如图 7-9 所示。

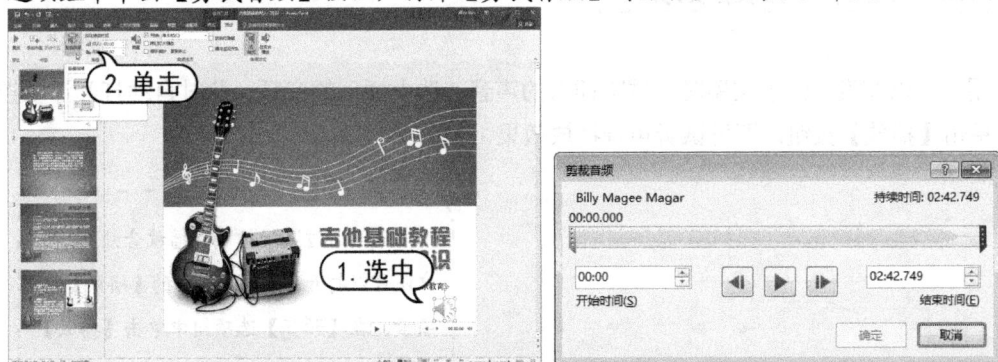

图 7-9　打开【剪裁音量】对话框

(3) 向右拖动左侧的绿色滑块，调节剪裁的开始时间；向左拖动右侧的红色滑块，调节剪裁的结束时间，如图 7-10 所示。

图 7-10　裁剪音频

(4) 单击【播放】按钮，试听剪裁后的声音，确定剪裁内容。单击【确定】按钮，即可完成剪裁工作，自动将剪裁过的音频文件插入到演示文稿中。

(5) 选中剪裁的音频，在【播放】选项卡的【编辑】选项组中，设置【淡入】值为 05.00，【淡出】值为 03.00，如图 7-11 所示。

(6) 在【音频选项】选项组中的【开始】下拉列表中选择【自动】选项，设置音频播放音量和播放方式。再单击【音量】按钮，在弹出的菜单中选择【低】选项，如图 7-112 所示。

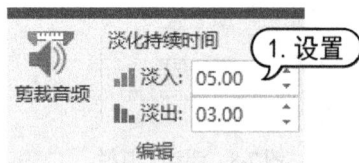

图 7-11　设置淡化持续时间　　　图 7-12　设置音频播放音量和播放方式

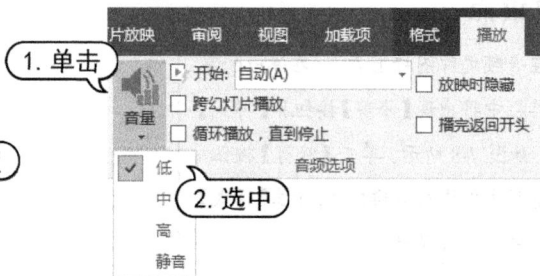

(7) 在【预览】组中单击【播放】按钮，即可开始收听裁剪后的音频，此时音频在幻灯片中播放效果。

7.1.3　试听声音播放效果

用户可以在设计演示文稿时，试听插入的声音。选中插入的音频，此时自动打开浮动控制条，单击【播放】按钮，即可试听声音播放效果，如图 7-13 所示。

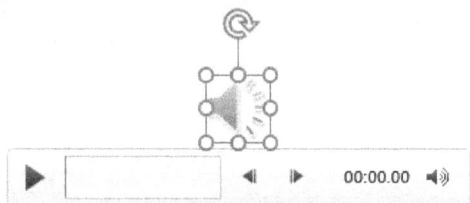

图 7-13　播放声音

知识点

除了通过浮动控制条播放音频外，用户还可以打开【音频工具】的【播放】选项卡，在【预览】选项组中单击【播放】按钮，也可播放插入的音频。

单击浮动控制条中的各个按钮，以控制音频的播放。各按钮的功能如下所示。

- 【播放】按钮：用于播放声音。
- 【向后移动】按钮：可以将声音倒退 0.25 秒。
- 【向前移动】按钮：可以将声音快进 0.25 秒。
- 【音量】按钮：用于音量控制。当单击该按钮时，会弹出音量滑块，向上拖动滑块为放大音量，向下拖动滑块为缩小音量。
- 【播放/暂停】按钮：用于暂停播放声音。

7.1.4　美化音频文件图标

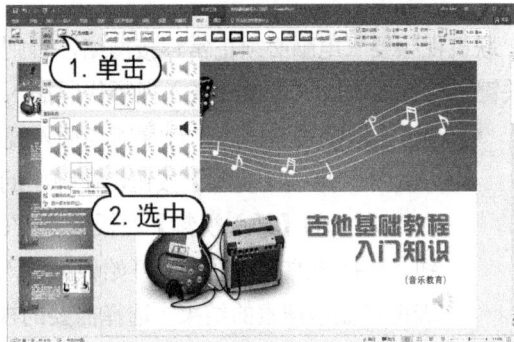

在 PowerPoint 中，对于插入的音频文件图标，还可以像图片一样进行美化。由于音频文件的图标在幻灯片中是以图片形式存在的，所以其美化方法与图片完全一致。

【例 7-3】在演示文稿中，美化音频文件图标。

(1) 在 PowerPoint 2016 中打开演示文稿，选中幻灯片中的音频文件图标，如图 7-14 所示。

(2) 打开【音频工具】的【格式】选项卡，在【调整】选项组中单击【颜色】按钮，从弹出的下拉列表框中选择【重新着色】栏中的【蓝色，个性色 1 浅色】选项，如图 7-15 所示。

图 7-14　选中音频文件图标　　　　图 7-15　着色音频文件图标

(3) 保持音频文件图标的选择状态，在【图片样式】选项组中单击【图片效果】按钮，从弹出的下拉列表中选择【三维旋转】命令。再从弹出的下拉列表框中选择【平行】栏中的【等角轴线：顶部朝上】选项，如图 7-16 所示。

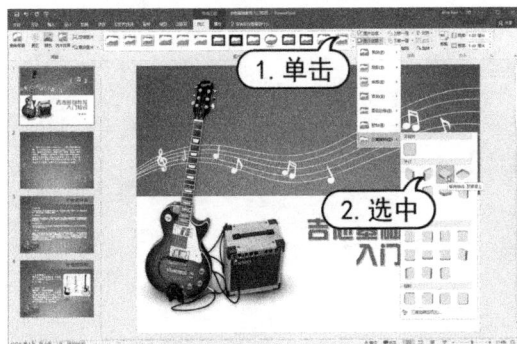

图 7-16　设置图标效果

(4) 在快速访问工具栏中单击【保存】按钮，保存演示文稿。

7.2　插入视频增强幻灯片视觉效果

与音频文件相比，视频文件的表现力更丰富、直观，并且更容易被观众所理解和接受。本节将对在幻灯片中插入视频、Flash 文件、视频属性、视频剪辑、视频标牌框架以及美化视频等知识进行讲解，掌握这些知识，可以增强幻灯片的视觉效果。

7.2.1 插入视频

在 PowerPoint 2016 中插入视频的方法主要包括插入联机视频和插入电脑中保存的视频这两种方法。

1. 插入联机视频

联机视频要求电脑必须正常连接网络，否则将不能搜索到视频文件。插入联机视频即可通过关键字搜索插入，也可通过嵌入视频代码插入。其方法分别介绍如下。

- ◉ 通过关键字搜索插入：选择需要插入视频的幻灯片，在【插入】选项卡的【媒体】选项组中，单击【视频】按钮，在弹出的下拉列表中选择【联机视频】选项，打开如图7-17 所示的【插入视频】面板，在 YouTube 搜索框中输入视频的关键字，单击 按钮，在打开的对话框中将开始根据输入的关键字进行搜索，搜索完成后，在下方的列表框中显示搜索的结果，选择需要的视频。单击【插入】按钮，即可将选择的视频插入到幻灯片中。

- ◉ 通过嵌入视频代码插入：选择需要插入视频的幻灯片，打开【插入视频】面板，在【来自视频嵌入代码】文本框中输入要插入视频的 HTML 代码。单击 按钮，即可在幻灯片中插入该代码对应的视频。

图 7-17　【插入视频】面板

2. 插入电脑中保存的视频

插入电脑中保存的视频的方法与插入电脑中保存音频文件的方法基本类似。在演示文稿中选择需要插入视频的方法，在【插入】选项卡的【媒体】选项组中，单击【视频】按钮，在弹出的下拉列表中选择【PC 上的视频】选项，打开【插入视频文件】对话框。在其中选择需要插入的视频文件。单击【插入】按钮，即可将其插入到幻灯片中。用户也可以通过单击占位符中的【插入视频文件】按钮 插入。

【例7-4】在"国外动画赏析"演示文稿中，插入电脑中的视频文件。

(1) 在 PowerPoint 2016 中，打开"国外动画赏析"演示文稿，如图 7-18 所示。

(2) 在幻灯片浏览窗格中选择第 2 张幻灯片缩略图，将其显示在幻灯片编辑窗口中，如图 7-19 所示。

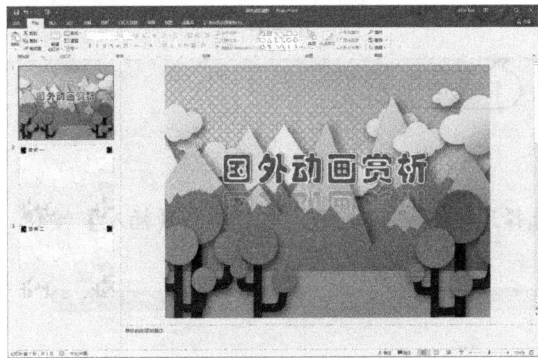

图 7-18　打开演示文稿

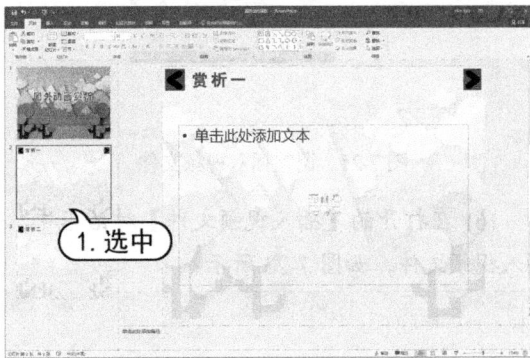

图 7-19　选中幻灯片

(3) 打开【插入】选项卡，在【媒体】组单击【视频】下拉按钮。从弹出的下拉菜单中选择【文件中的视频】命令，打开【插入视频文件】对话框。打开文件的保存路径，选择视频文件，单击【插入】按钮，如图 7-20 所示。

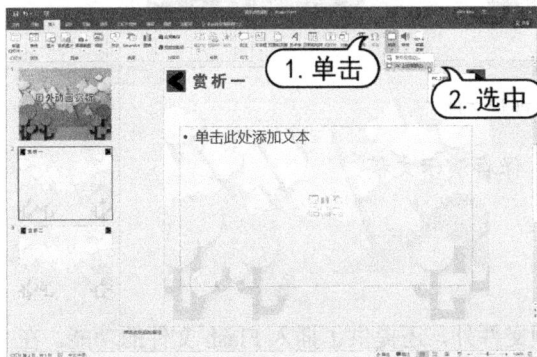

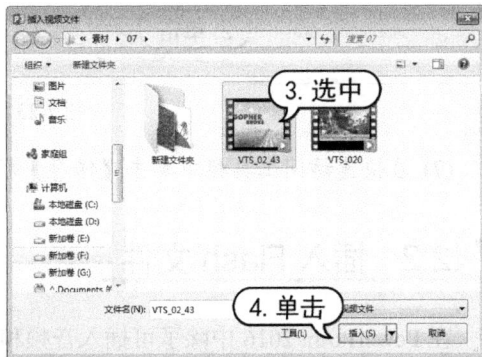

图 7-20　插入视频文件

(4) 此时，幻灯片中显示插入的视频文件，然后调整其位置和大小，效果如图 7-21 所示。

(5) 在幻灯片浏览窗格中选择第 3 张幻灯片缩略图，将其显示在幻灯片编辑窗口中。单击占位符中的【插入视频文件】按钮 ，在弹出的【插入视频】面板中单击【来自文件】右侧的【浏览】按钮，如图 7-22 所示。

知识点

在 PowerPoint 中插入的影片都是以链接方式插入的，如果要在另一台电脑上播放该演示文稿，则必须在复制该演示文稿的同时复制它所链接的影片文件。

图 7-21　调整插入视频文件

图 7-22　选择插入视频文件

(6) 在打开的【插入视频文件】对话框中，选择所需的视频文件，然后单击【插入】按钮插入视频文件，如图 7-23 所示。

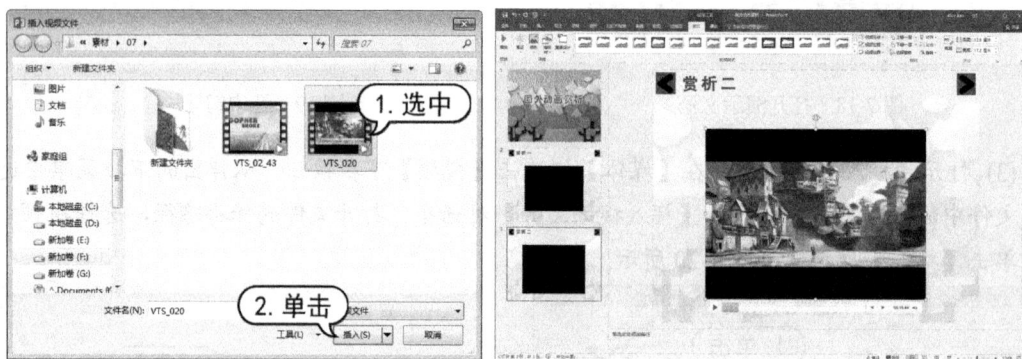
图 7-23　插入视频文件

(7) 在快速访问工具栏中单击【保存】按钮，保存演示文稿。

7.2.2　插入 Flash 文件

在 PowerPoint 2016 中除了可插入音频和视频文件外，还提供了插入 Flash 文件的功能。在幻灯片中插入 Flash 文件时，需要使用【开发工具】功能组。在默认状态下，【开发工具】功能组并未显示出来，需用户进行设置。

【例 7-5】在"国外动画赏析"演示文稿中，插入 Flash 格式文件。

(1) 在 PowerPoint 2016 中，打开"国外动画赏析"演示文稿。在幻灯片浏览窗格中，选中第 4 张幻灯片，如图 7-24 所示。

(2) 单击【开始】按钮，选择【选项】命令，打开【PowerPoint 选项】对话框。在左侧的列表框中选择【自定义功能区】选项，在右侧的【自定义功能区】下拉列表中选择【主选项卡】选项，在其下方的列表框中选中【开发工具】复选框，然后单击【确定】按钮，如图 7-25 所示。

(3) 打开【开发工具】选项卡，在【控件】选项组中单击【其他控件】按钮，打开【其他控件】对话框。在对话框中选择 Shockwave Flash Object 选项，单击【确定】按钮，如图 7-26 所示。

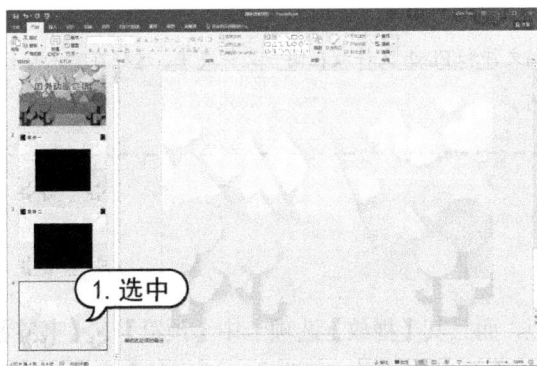

图 7-24　选择幻灯片

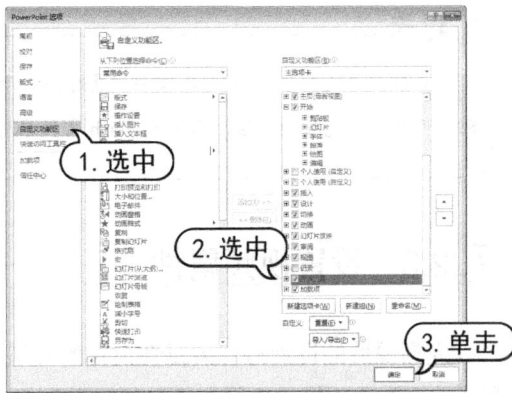

图 7-25　显示【开发工具】功能组

(4) 此时，光标变为十字形状。在需要插入 Flash 的位置拖动绘制区域，并在绘制的区域上右击，从弹出的快捷菜单中选择【属性表】命令，如图 7-27 所示。

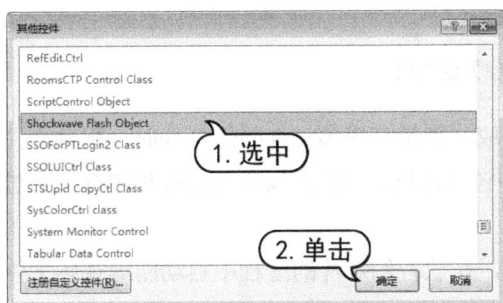

图 7-26　选择控件选项

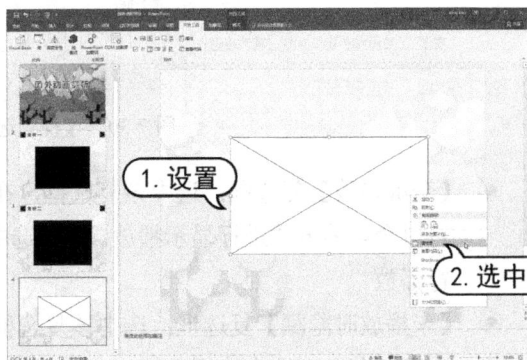

图 7-27　选择【属性表】命令

(5) 打开【属性】对话框，在 Movie 文本框中输入 Flash 动画的保存路径，然后单击按钮关闭对话框，如图 7-28 所示。

(6) 返回幻灯片编辑区，放映幻灯片时即可欣赏插入的 Flash 动画，如图 7-29 所示。

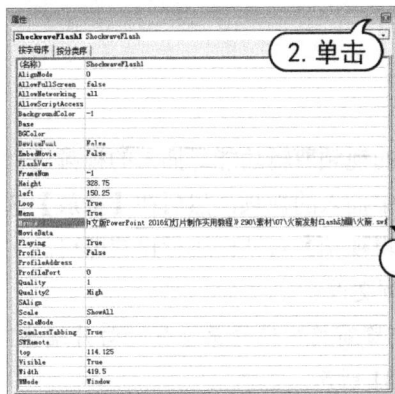

图 7-28　设置 Flash 文件路径

图 7-29　查看效果

> **提示**
>
> 如果演示文稿中包含 Flash 文件，最好将演示文稿文件和 Flash 文件放在同一文件夹中。这样在输入路径时，可不输入完整的路径，只输入 Flash 文件名称即可。

(7).2.3 设置视频属性

视频属性的设置与音频属性设置的方法类似，而且其【播放】选项卡中【预览】、【书签】和【编辑】选项组的作用与【音频工具】的【播放】选项卡中的【预览】、【书签】和【编辑】选项组的作用基本相同，只是【视频选项】选项组中部分选项有所不同，如图 7-30 所示。

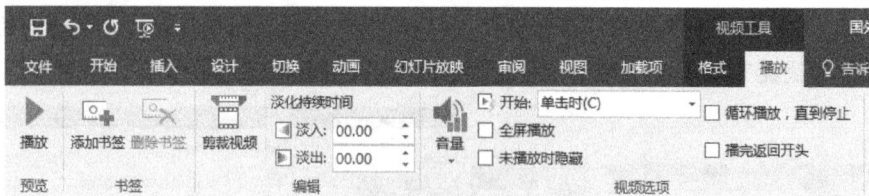

图 7-30 【视频选项】选项组

- ● 【全屏播放】复选框：选中该复选框，在放映到带有视频文件的幻灯片时，视频文件将以全屏的方式进行显示播放。若不选中该复选框，那么将以默认的视频图标大小进行播放。
- ● 【未播放时隐藏】复选框：选中该复选框，在放音幻灯片的过程中自动隐藏视频文件图标；若取消选中该复选框，在放映幻灯片时将显示视频文件图标。
- ● 【循环播放，直到停止】复选框：选中该复选框，在放映幻灯片过程中视频文件将自动循环播放，直到退出幻灯片放映才停止播放。
- ● 【播完返回开头】复选框：选中该复选框，视频文件播放完成后，将返回到视频文件的开始处。

(7).2.4 剪辑视频

如果插入的视频太长，用户可以利用 PowerPoint 提供的视频剪辑功能对插入的视频进行剪辑。剪辑视频和剪辑音频的方法类似，都是先选择幻灯片中插入的视频，然后在【播放】选项卡的【编辑】选项组中单击【剪裁视频】按钮，打开【剪辑视频】对话框进行设置即可。

【例 7-6】在"国外动画赏析"演示文稿中，剪裁视频文件。

(1) 在 PowerPoint 2016 中，打开演示文稿。在幻灯片浏览窗格中选择第 2 张幻灯片缩略图，将其显示在幻灯片编辑窗口中，并选中视频框架，如图 7-31 所示。

(2) 打开【播放】选项卡，在【编辑】选项组中单击【剪裁视频】按钮，打开【剪裁视频】对话框，如图 7-32 所示。

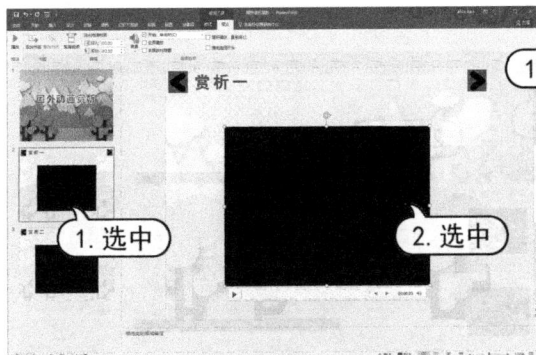

图 7-31　选中视频框架

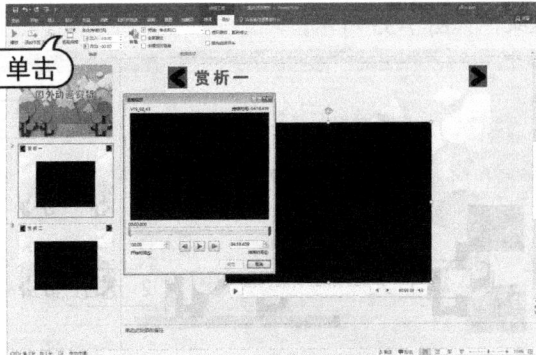

图 7-32　打开【剪裁视频】对话框

(3) 在【剪裁视频】对话框中，使用鼠标拖动绿色的开始时间滑块，或在【开始时间】数值框中输入相应的数值设置视频播放的开始时间；然后再拖动红色的结束时间滑块，或在【结束时间】数值框中输入相应的数值设置视频播放的结束时间，如图 7-33 所示。设置完成后，单击【确定】按钮即可裁剪视频。

图 7-33　剪裁视频

7.2.5　设置视频标牌框架

视频标牌框架相当于视频的封面，可以起到美化的作用。在 PowerPoint 2016 中，既可将视频当前的一帧设置为视频标牌框架，也可将精美的图片设置为视频标牌框架。

【例 7-7】在"国外动画赏析"演示文稿中，设置视频标牌框架。

(1) 在 PowerPoint 2016 中，打开演示文稿。在幻灯片浏览窗格中选择第 2 张幻灯片缩略图，将其显示在幻灯片编辑窗口中。选中幻灯片中的视频文件框架，单击视频播放控制条上的播放按钮，播放该视频，如图 7-34 所示。

(2) 当播放到需要设置为标牌框架的画面时，单击【格式】选项卡的【调整】选项组中的【海报帧】按钮。从弹出的下拉列表中选择【当前帧】选项，即可将当前画面设置为视频标牌框架，如图 7-35 所示。

图 7-34 播放视频

图 7-35 设置视频标牌框架

(3) 在幻灯片浏览窗格中选择第 3 张幻灯片缩略图将其显示在幻灯片编辑窗口中。选中幻灯片中的视频文件框架。单击【格式】选项卡的【调整】选项组中的【海报帧】按钮，从弹出的下拉列表中选择【文件中的图像】选项，打开【插入图片】面板，如图 7-36 所示。

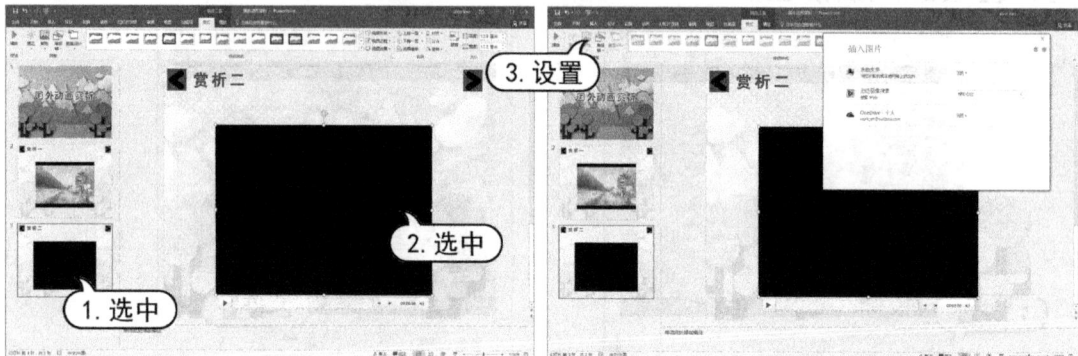

图 7-36 打开【插入图片】面板

(4) 在【插入图片】面板中单击【来自文件】右侧的【浏览】按钮，打开【插入图片】对话框。在对话框中，选中所需的图片，然后单击【插入】按钮，如图 7-37 所示，即可将所选图片设置为视频标牌框架。

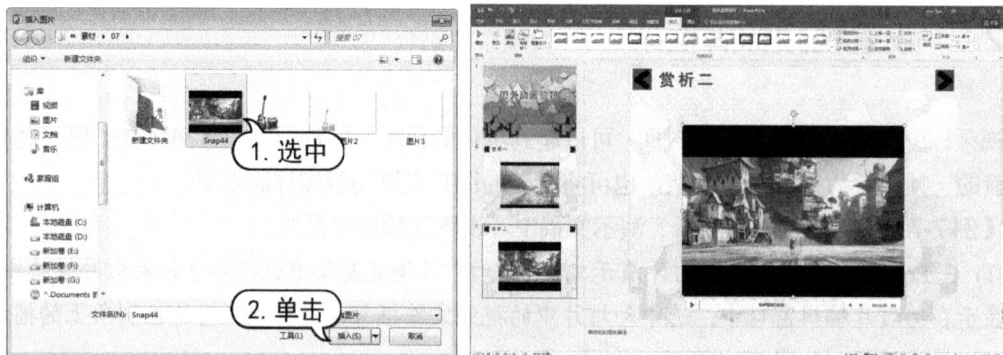

图 7-37 插入图片

如果对设置的视频标牌框架不满意，可以在【格式】选项卡中，单击【调整】选项组中的【海报帧】按钮，从弹出的下拉列表中选择【重置】选项将其删除。删除后可以重新设置视频标牌框架。

7.2.6　美化视频图标

在 PowerPoint 中插入视频后，用户不仅可以调整它们的位置、大小、亮度、对比度、旋转等，还可以对它们进行剪裁、设置透明色、重新着色及设置边框线等简单处理，应用各种效果。

【例 7-8】在"国外动画赏析"演示文稿中，设置影片的格式和效果。

(1) 在 PowerPoint 2016 中，打开演示文稿。在幻灯片浏览窗格中选择第 2 张幻灯片缩略图，将其显示在幻灯片编辑窗口中，如图 7-38 所示。

(2) 选中视频，打开【视频工具】的【格式】选项卡，在【视频样式】选项组中单击视频样式组的【其他】按钮，在弹出的下拉列表框中选择【映像棱台，白色】选项，如图 7-39 所示。

图 7-38　选中幻灯片　　　　　图 7-39　设置视频样式

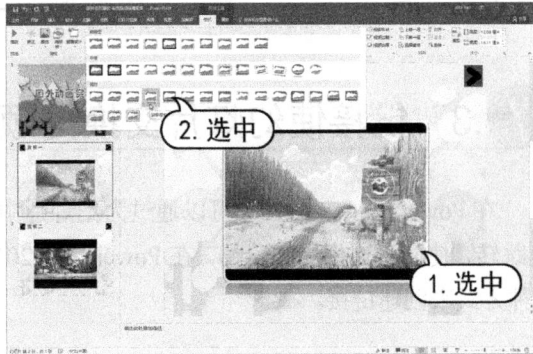

知识点

选择插入的视频，通过【格式】选项卡的【调整】选项组可以设置视频颜色、亮度和对比度等，其调整方法与调整图片的方法基本相似。除此之外，在插入的视频文件上右击，从弹出的快捷菜单中选择【设置视频格式】命令，打开【设置视频格式】窗格。在窗格的【视频】选项栏中可以对视频的颜色、亮度和对比度等进行设置，【裁剪】选项栏中对视频图标大小、位置等进行设置。

(3) 在【视频样式】选项组中单击【视频边框】按钮，在弹出的下拉列表框中选择所需的边框颜色，如图 7-40 所示。

(4) 在幻灯片浏览窗格中选择第 3 张幻灯片缩略图，将其显示在幻灯片编辑窗口中。使用步骤(2)~(3)的操作方法设置视频图标，如图 7-41 所示。

图 7-40　设置视频边框

图 7-41　设置视频样式

(5) 在快速访问工具栏中单击【保存】按钮，保存设置影片格式后的演示文稿。

> **提示**
>
> 如果对视频图标的设置不满意，可以在【格式】选项卡中，单击【调整】选项组中的【重置设计】按钮，从弹出的下拉列表中选择【重置设计】或【重置设计和大小】命令。

7.3　链接使幻灯片交换更顺畅

在 PowerPoint 2016 中，可以通过为幻灯片中的文本或图片创建链接，实现幻灯片页面的快速跳转，使演讲过程更加流畅。在 PowerPoint 2016 中可以通过创建超链接、动作和动作按钮这3 种方式来创建链接。

7.3.1　创建链接

在 PowerPoint 中，可为幻灯片中的文本、图像、形状和文本框等对象添加超链接，添加的方法基本相同。其方法是：在幻灯片中选择需要添加超链接的对象，如选择文本对象，在【插入】选项卡的【链接】选项组中，单击【超链接】按钮，打开【插入超链接】对话框。在【链接到】文本框中选择需要链接到的对象，如选择【本文档中的位置】选项，在【请选择文档中的位置】列表框中选择链接的具体位置，在【幻灯片预览】栏中预览链接的幻灯片。单击【确定】按钮，返回幻灯片中，即可查看到添加超链接的文本下方添加了一条下划线，并且字体颜色也发生了变化。

> **提示**
>
> 在需要添加超链接的对象上，单击鼠标右键，从弹出的快捷菜单中选择【超链接】命令，也可以打开【插入超链接】对话框。

【例 7-9】 在演示文稿中添加超链接。

(1) 在 PowerPoint 2016 中打开演示文稿，如图 7-42 所示。

(2) 在第 2 张幻灯片中选中 "春" 组合对象，打开【插入】选项卡，在【链接】选项组中单击【超链接】按钮，打开【插入超链接】对话框，如图 7-43 所示。

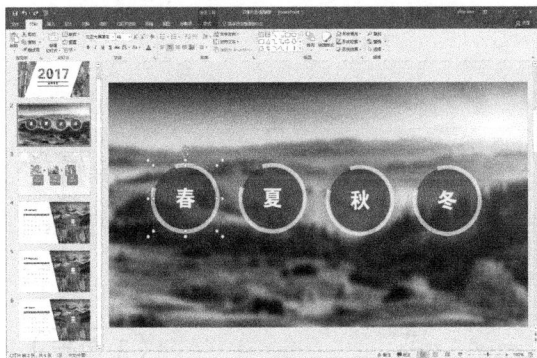

图 7-42　打开演示文稿

图 7-43　打开【插入超链接】对话框

(3) 打开【插入超链接】对话框，在【链接到】列表中选择【本文档中的位置】选项，在【请选择文档中的位置】列表框中选择【3. 幻灯片 3】选项，在屏幕提示的文字右侧单击【屏幕提示】按钮。打开【设置超链接屏幕提示】对话框。在【屏幕提示文字】文本框中输入文本，单击【确定】按钮，如图 7-44 所示。

图 7-44　插入超链接

(4) 返回至【插入超链接】对话框，单击【确定】按钮关闭对话框。在键盘上按下 F5 键放映幻灯片，当放映到第 2 张幻灯片时，将鼠标移动到组合对象超链接时，鼠标指针变为手形。此时弹出一个提示框，显示屏幕提示信息。单击超链接，演示文稿将自动跳转到第 3 张幻灯片，如图 7-45 所示。

图 7-45　预览超链接

(5) 按 Esc 键，退出放映模式，返回到幻灯片编辑窗口。在图形对象中选中"2月 February"文本，如图 7-46 所示。

(6) 打开【插入】选项卡，在【链接】选项组中单击【超链接】按钮，打开【插入超链接】对话框。在对话框的【请选择文档中的位置】列表框中选择【5.2 月 February】选项，然后单击【确定】按钮，如图 7-47 所示。

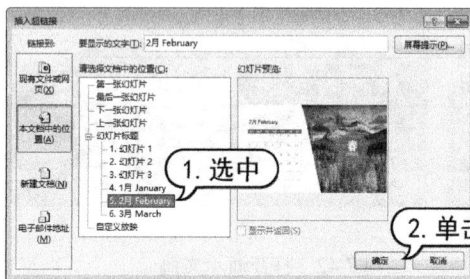

图 7-46　选中文本　　　　　　　　　　　图 7-47　插入超链接

(7) 此时，所选中的正标题中选中的文字变为蓝色，且下方出现横线。在键盘上按下 F5 键放映幻灯片，当放映到第 3 张幻灯片时，将鼠标移动到文字超链接时，鼠标指针变为手形。单击超链接，演示文稿将自动跳转到第 5 张幻灯片，如图 7-48 所示。

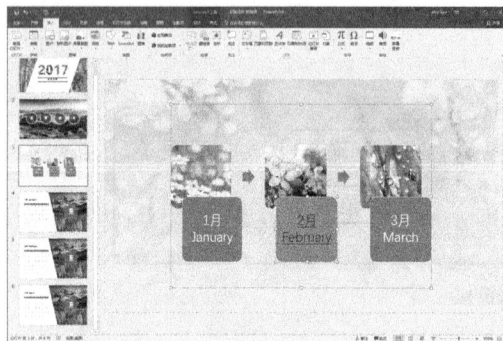

图 7-48　预览超链接

(8) 此时，第 3 张幻灯片中的超链接将改变颜色，表示在放映演示文稿的过程中已经预览过该超链接。在快速访问工具栏中单击【保存】按钮，保存设置后的演示文稿。

知识点

在幻灯片中选择需要创建超链接的对象，在打开的【插入超链接】对话框中，选择【现有文件或网页】选项。在【地址】栏中输入所需连接到的网页，然后单击【确定】按钮可创建指向网页的链接。放映幻灯片时，将光标移到链接对象上将显示链接的网址，单击即可访问链接的网站。

7.3.2　创建动作

创建动作与创建超链接的目的是一样的，都是通过链接快速跳转到相应的位置和文件中。创建动作分为单击时跳转和鼠标悬停时跳转这两种。

1. 单击时跳转

单击时跳转是指为对象创建单击时跳转的动作后，在放映幻灯片的过程中，在创建动作的对象上单击，即可跳转到链接的目标幻灯片。

【例 7-10】在演示文稿中，创建跳转动作。

(1) 在 PowerPoint 2016 中，打开演示文稿。

(2) 在第 7 张幻灯片中的"6 月 June"文本，打开【插入】选项卡。在【链接】选项组中单击【动作】按钮，打开【操作设置】对话框，如图 7-49 所示。

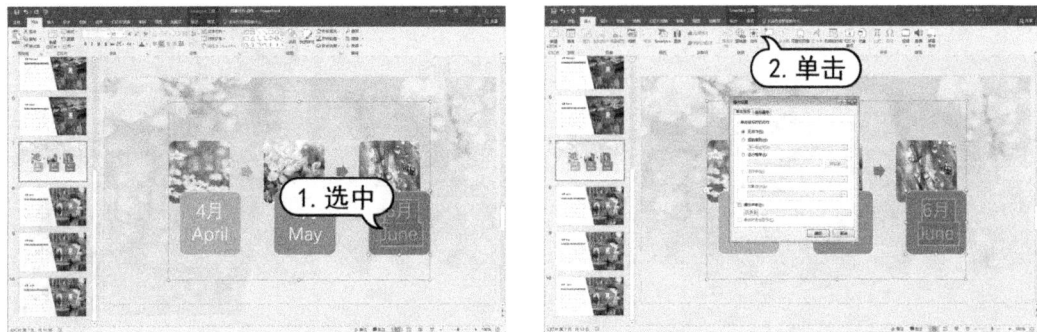

图 7-49　打开【操作设置】对话框

(3) 在【操作设置】对话框中，默认选择【单击鼠标】选项卡。选中【超链接到】单选按钮，在其下拉列表中选择【幻灯片…】选项，打开【超链接到幻灯片】对话框。在对话框中的【幻灯片标题】列表框中选择【10.6 月 June】选项，单击【确定】按钮，如图 7-50 所示。

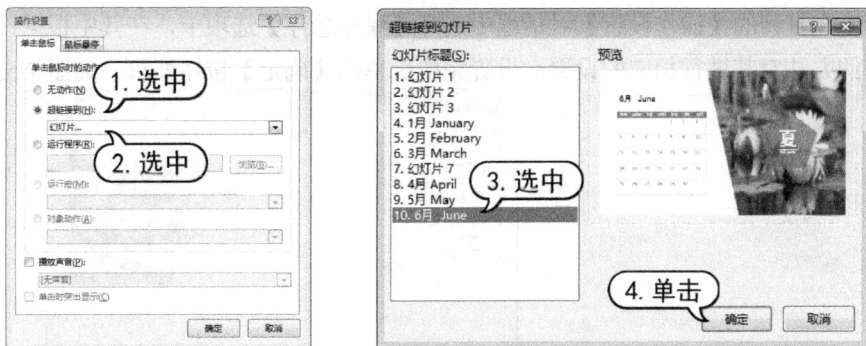

图 7-50　设置动作

(4) 返回到【操作设置】对话框，在【超链接到】下拉列表框中将显示链接到的幻灯片。选中【播放声音】复选框，在其下方下拉列表中选择【单击】选项。然后单击【确定】按钮，即可查看到创建动作的文本已添加下划线，如图 7-51 所示。

图 7-51　创建跳转动作

(5) 在键盘上按下 F5 键放映幻灯片，将光标移动到"6 月 June"文本上，单击即可切换到链接的第 10 张幻灯片，如图 7-52 所示。

图 7-52　预览跳转动作

2. 鼠标悬停时跳转

鼠标悬停时跳转是指为对象创建鼠标悬停时跳转的动作。在放映幻灯片的过程中，将光标移动到创建动作的对象上，即可跳转到链接的目标幻灯片。其方法是：在幻灯片中选择需创建动作的对象，在打开的【操作设置】对话框中选择【鼠标悬停】选项卡，在其中根据设置单击时跳转动作的方法对其进行相应的设置，设置完成后单击【确定】按钮即可，如图 7-53 所示。

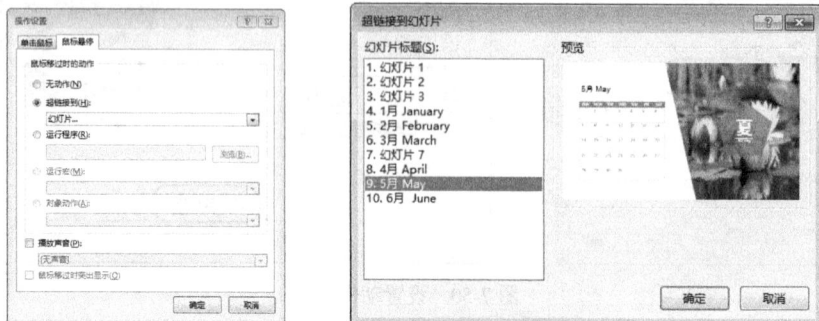

图 7-53　设置鼠标悬停时跳转动作

3. 创建动作按钮

除了可为幻灯片中的对象添加超链接和动作外，还可自行绘制动作按钮，为其创建超链接。这样可以在放映幻灯片时更好地控制放映进度。

【例 7-11】在演示文稿中，添加动作按钮。

(1) 在 PowerPoint 2016 中，打开演示文稿。选中第 4 张幻灯片，打开【插入】选项卡。单击【插图】选项组中的【形状】按钮，在弹出的下拉列表框中选择【动作按钮】栏中的【动作按钮：后退或前一项】选项，如图 7-54 所示。

(2) 此时，光标变为十字形状，拖动鼠标在幻灯片的左下角绘制一个动作按钮。绘制完成后释放鼠标，将打开【操作设置】对话框。保持默认设置，单击【确定】按钮，如图 7-55 所示。

图 7-54　插入形状

图 7-55　设置动作按钮

(3) 使用相同的方法再绘制一个前进或后一项动作按钮，然后选择两个动作按钮并右击，在弹出的快捷菜单中选择【大小和位置】命令。在打开的【设置形状格式】窗格中，选中【锁定纵横比】复选框，设置【高度】数值为 1 厘米，如图 7-56 所示。

(4) 在【格式】选项卡的【排列】选项组中，单击【对齐】按钮，在弹出的下拉列表中选择【底端对齐】选项，如图 7-57 所示。

图 7-56　调整动作按钮

图 7-57　排列动作按钮

(5) 保持两个动作按钮的选中状态，在【形状样式】选项组中单击形状样式选项的【其他】按钮，从弹出的下拉列表框中选择【透明，彩色轮廓-蓝色，强调颜色 1】选项，如图 7-58 所示。

(6) 保持动作按钮的选中状态，打开【开始】选项卡。在【剪贴板】选项组中单击【复制】按钮。再分别选中第 5、第 6 张幻灯片，在【剪贴板】选项组中单击【粘贴】按钮复制、粘贴动作按钮，如图 7-59 所示。

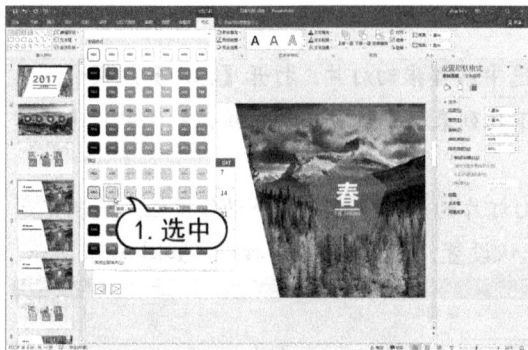

图 7-58   设置形状样式

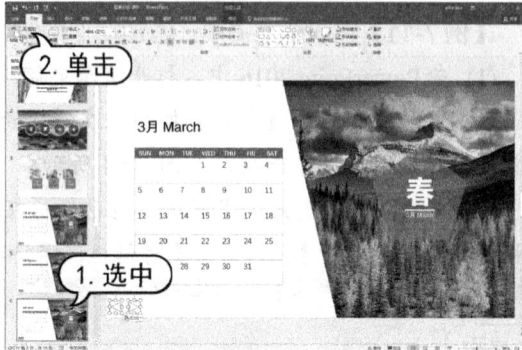

图 7-59   复制、粘贴动作按钮

(7) 在快速访问工具栏中单击【保存】按钮，保存编辑后的演示文稿。

知识点

如果要为演示文稿中的每张幻灯片都添加相同的动作按钮，还可通过幻灯片母版来快速完成。

⑦3.3   更改链接内容

如果发现创建的链接内容不对，用户可对创建的超链接、动作和动作按钮进行修改，其方法分别介绍如下。

- ◉ 更改超链接的内容：创建超链接后，如发现超链接位置或内容有误，可以重新设置。其方法是，选择需要更改链接的对象并右击，在弹出的快捷键菜单中选择【编辑超链接】命令，在打开的【编辑超链接】对话框中选择正确的链接位置，单击【确定】按钮即可。
- ◉ 更改动作或动作按钮链接的内容：在幻灯片中选择创建动作的对象或动作按钮，打开【操作设置】对话框，在其中重新进行设置即可。

⑦3.4   删除创建的链接

对于创建的链接，当不再需要时，可以将其删除，删除链接的方法分别介绍如下。

- ◉ 删除超链接：选择创建超链接的对象并右击，在弹出的快捷菜单中选择【取消超链接】命令，可将创建的超链接删除。

- 删除动作：在【插入】选项卡的【链接】选项组中，单击【动作】按钮，打开【动作设置】对话框。选中【无动作】按钮，最后单击【确定】按钮即可。
- 删除动作按钮：按 Delete 键，直接删除绘制的动作按钮即可。如果是在幻灯片母版中创建的动作按钮，那么只能在幻灯片母版中执行删除操作。

7.4 上机练习

本章的上机练习主要练习制作"古诗词赏析"演示文稿，使用户更好地掌握插入声音和影片、设置声音格式和设置影片格式等基本操作方法和技巧。

(1) 启动 PowerPoint 2016 应用程序，新建一个空白演示文稿，并以"古诗词赏析"的名称保存，如图 7-60 所示。

(2) 打开【设计】选项卡，在【自定义】选项组中单击【幻灯片大小】按钮，从弹出的下拉列表中选择【自定义幻灯片大小】命令，打开【幻灯片大小】对话框。在对话框中，设置【宽度】数值为 30 厘米，【高度】数值为 15 厘米，然后单击【确定】按钮，如图 7-61 所示。

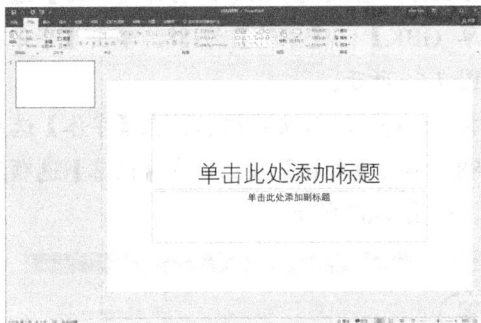

图 7-60 新建演示文稿

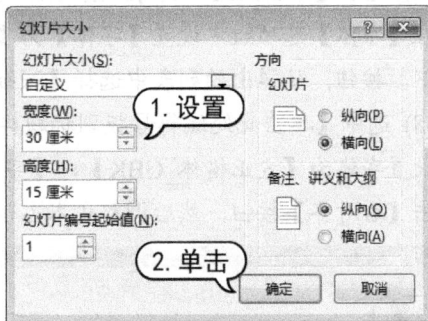

图 7-61 设置幻灯片大小

(3) 在弹出的 Microsoft PowerPoint 信息提示对话框中，单击【确保适合】按钮，如图 7-62 所示。

(4) 打开【视图】选项卡，在【母版视图】组中单击【幻灯片母版】按钮，如图 7-63 所示。

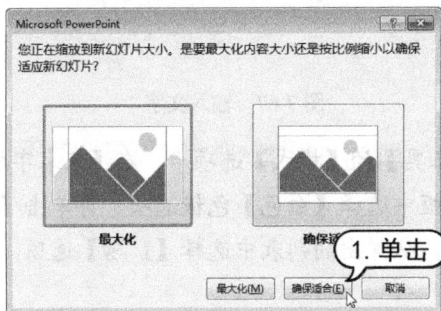

图 7-62 单击【确保适合】按钮

图 7-63 打开母版视图

(5) 在【幻灯片母版】选项卡的【母版版式】组中，取消选中【页脚】复选框。在【背景】选项组组中，单击【背景样式】下拉按钮，从弹出的列表中选择【设置背景格式】命令，如图

7-64 所示。

(6) 在打开的【设置背景格式】窗格中，选中【图片或纹理填充】单选按钮。单击【文件】按钮，打开【插入图片】对话框。在对话框中，选择所需要的图片，单击【插入】按钮，如图 7-65 所示。

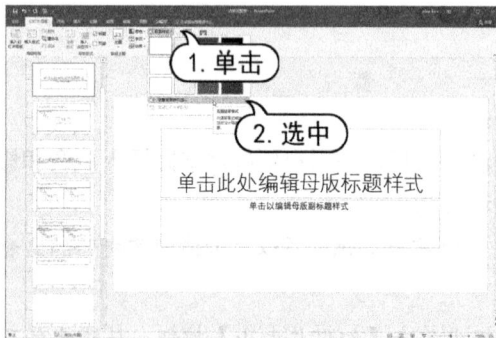

图 7-64　选择【设置背景格式】命令

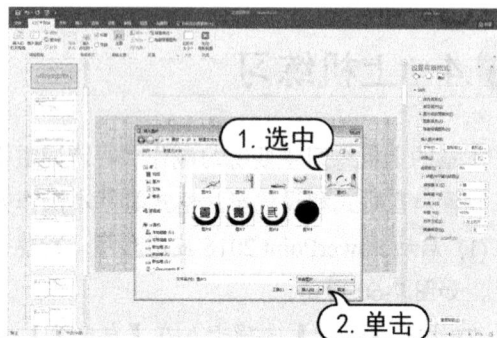

图 7-65　插入图片

(7) 选中【单击此处编辑母版标题样式】文本占位符，输入文字内容。打开【开始】选项卡，在【字体】选项组中设置【字体】为【方正黄草_GBK】，【字号】为 88。单击【字体颜色】下拉按钮，从弹出的列表中选择【深红】，如图 7-66 所示。

(8) 选中【单击此处编辑母版副标题样式】文本占位符，输入文字内容。在【字体】选项组中设置字体为【方正楷体_GBK】，【字号】为 88，单击【加粗】按钮。在【段落】选项组中单击【右对齐】按钮，然后调整文本占位符位置，如图 7-67 所示。

图 7-66　输入文字

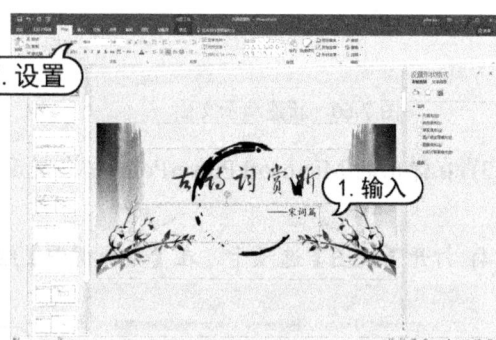

图 7-67　输入文字

(9) 在幻灯片中，选中标题文本。打开【绘图工具】的【格式】选项卡，在【艺术字样式】选项组中，单击【文本轮廓】按钮，从弹出的列表框中选择【白色】色板选项。再单击【文本轮廓】按钮，从弹出的列表框中选择【粗细】命令，从弹出的列表中选择【1 磅】选项，如图 7-68 所示。

(10) 打开【插入】选项卡，在【媒体】选项组中单击【音频】下拉按钮，从弹出的列表中选择【PC 上的音频】选项，如图 7-69 所示。

(11) 在打开的【插入音频】对话框中，选中所需要的音频文件，然后单击【插入】按钮插入声音文件，如图 7-70 所示。

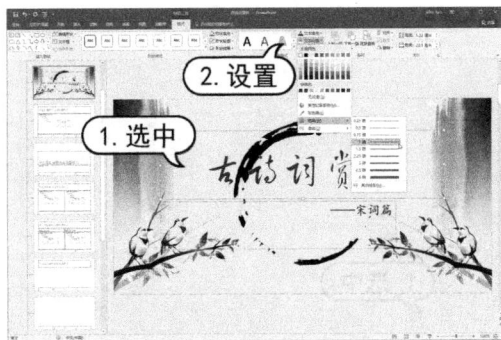

图 7-68 设置艺术字样式

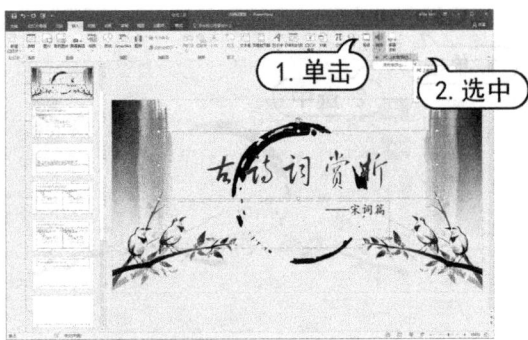

图 7-69 选择【PC 上的音频】选项

(12) 拖动音频图标至幻灯片的左上角，在打开的【音频工具】的【格式】选项卡的【大小】组中，设置【高度】和【宽度】数值为【1 厘米】，如图 7-71 所示。

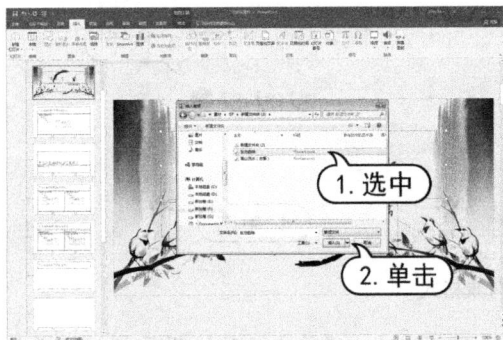

图 7-70 插入音频文件

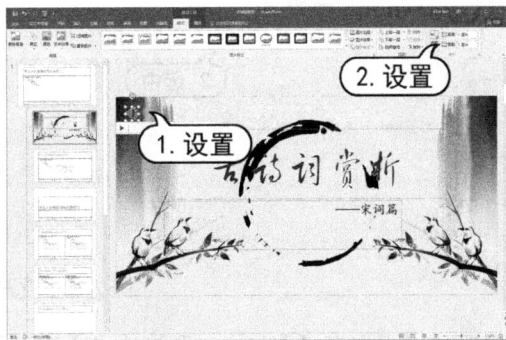

图 7-71 设置音频图标

(13) 打开【音频工具】的【播放】选项卡。在【音频选项】选项组中，单击【开始】下拉列表，从中选择【自动】选项；选中【放映时隐藏】和【循环播放，直到停止】复选框。在【编辑】组中，设置【淡入】和【淡出】数值为 05.00，如图 7-72 所示。

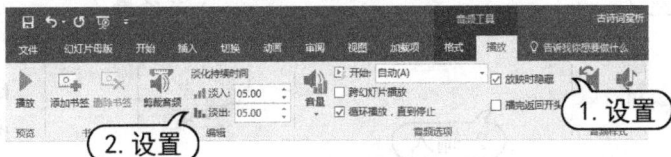

图 7-72 设置音频播放

(14) 单击【预览】选项组中的【播放】按钮试听插入的音频效果，在【音频选项】选项组中单击【音量】下拉按钮，从弹出的列表中选择【中】选项，如图 7-73 所示。

(15) 在幻灯片浏览窗格中，选中【垂直排列标题与文本版式】幻灯片，将其显示在编辑窗口中，如图 7-74 所示。

(16) 打开【幻灯片母版】选项卡。在【背景】组中单击【背景样式】下拉按钮，从弹出的列表中选择【设置背景格式】命令。在打开的【设置背景格式】窗格中，选中【图片或纹理填充】单选按钮，单击【文件】按钮，打开【插入图片】对话框。在对话框中，选中所需要的图片文件，单击【插入】按钮将图片插入到幻灯片中，如图 7-75 所示。

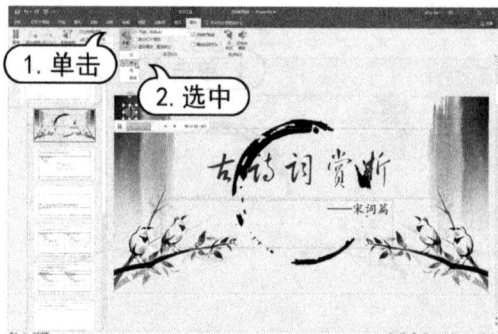

图 7-73　试听音频

图 7-74　选中幻灯片

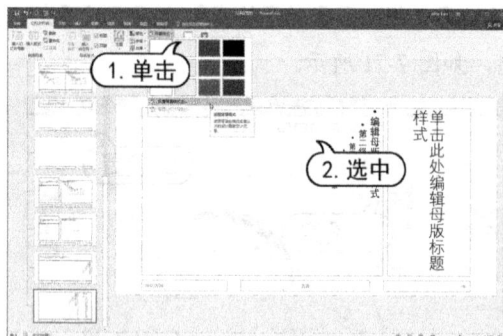

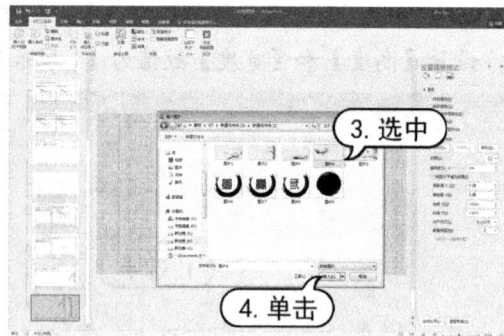

图 7-75　设置背景格式

(17) 在【母版版式】组中，取消选中【页脚】复选框。选中【单击此处编辑母版标题样式】文本占位符，输入文字内容。打开【开始】选项卡，在【字体】组中设置【字体】为【方正黄草_GBK】，【字号】为 96；在【段落】选项组中单击【居中】按钮，如图 7-76 所示。

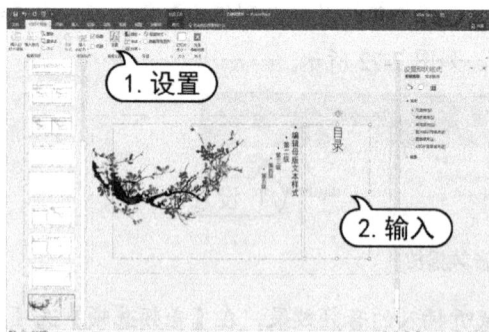

图 7-76　输入文本

(18) 选中【单击此处编辑母版文本样式】文本占位符，输入文字内容。在【字体】组中设置字体为【方正黄草_GBK】，【字号】为 32；在【段落】选项组中单击【项目符号】按钮取消项目符号，并调幻灯片中文本占位符大小，如图 7-77 所示。

(19) 打开【插入】选项卡，在【图像】组中单击【图片】按钮，打开【插入图片】对话框。

在对话框中，选择所需要的图片，单击【插入】按钮，如图 7-78 所示。

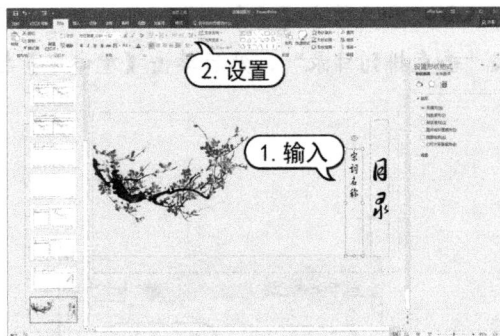

图 7-77　输入文本

图 7-78　插入图片

(20) 打开【图片工具】的【格式】选项卡，在【大小】组中，设置【宽度】数值为 1.7 厘米，并调整其位置，如图 7-79 所示。

(21) 在幻灯片中，选中先前步骤(18)~(20)中插入的文本与图片，按住 Ctrl 键移动并复制对象，如图 7-80 所示。

图 7-79　设置图片格式

图 7-80　复制文本与图片

(22) 选中复制的插入图片，在【图片工具】的【格式】选项卡中单击【调整】选项组中的【更改图片】按钮。从弹出的下拉列表中选择【来自文件】命令，打开【插入图片】对话框。在对话框中，选中所需要的图片，单击【插入】按钮，如图 7-81 所示。

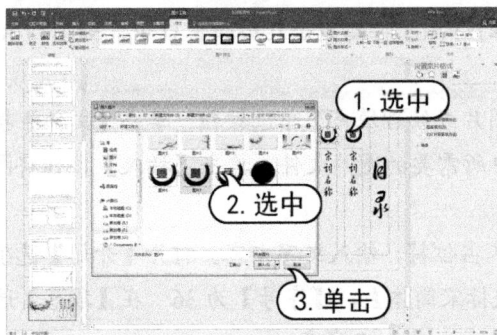

图 7-81　插入图片

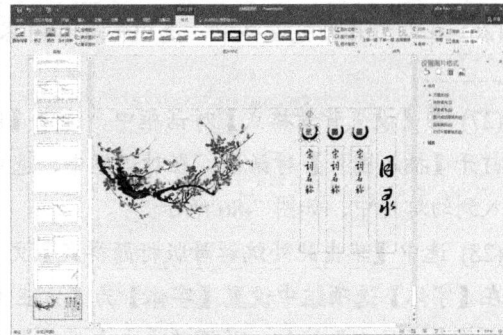

图 7-82　插入图片

(23) 使用相同方法，更改另一幅插入图片，如图 7-82 所示。

(24) 打开【幻灯片母版】选项卡。在【编辑母版】组中，单击【重命名】按钮，打开【重命名版式】对话框。在【版式名称】文本框中输入"垂直排列目录"，然后单击【重命名】按钮，如图 7-83 所示。

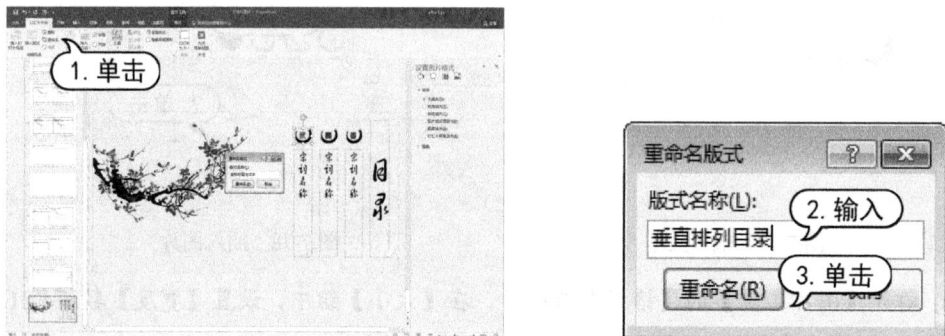

图 7-83　重命名幻灯片

(25) 在幻灯片浏览窗格中，选中标题幻灯片，将其显示在编辑窗口中。选中音频图标，并右击，从弹出的菜单中选择【复制】命令。再在幻灯片浏览窗格中，选中【垂直排列目录】幻灯片，将其显示在编辑窗口中。在幻灯片中右击，从弹出的菜单中选中【使用目标主题】按钮粘贴复制音频文件，如图 7-84 所示。

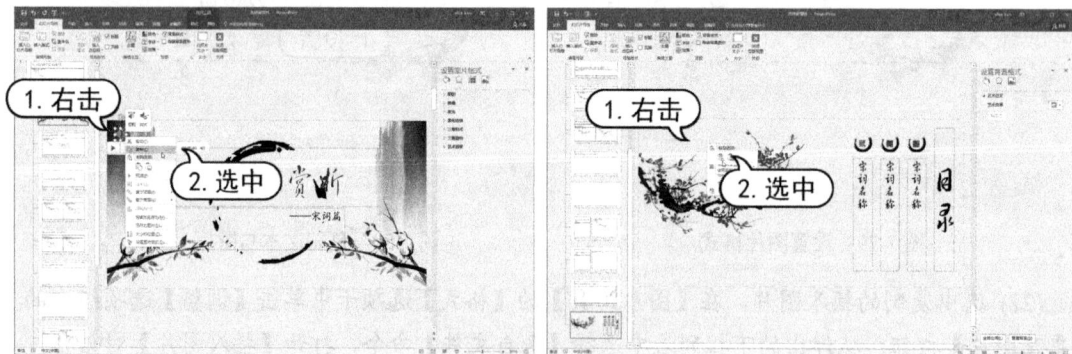

图 7-84　复制音频文件

(26) 在幻灯片浏览窗格中，选中标题和内容幻灯片，将其显示在编辑窗口中，如图 7-85 所示。

(27) 在【设置背景格式】对话框中，选中【图片或纹理填充】单选按钮。单击【文件】按钮，打开【插入图片】对话框。在对话框中，选中所需要的图片文件，单击【插入】按钮将图片插入到幻灯片中，如图 7-86 所示。

(28) 选中【单击此处编辑母版标题样式】文本占位符，输入文字内容。打开【开始】选项卡，在【字体】选项组中设置【字体】为【方正大标宋简体】，【字号】为36；在【段落】选项组中单击【居中】按钮，并调整文本占位符大小，如图 7-87 所示。

(29) 选中【单击此处编辑母版文本样式】文本占位符，输入文本内容。在【字体】选项组中设置【字体】为【方正楷体_GBK】，【字号】为20；在【段落】选项组中单击【项目符号】按钮取消项目符号，并调整文本占位符大小，如图 7-88 所示。

图 7-85　选中幻灯片

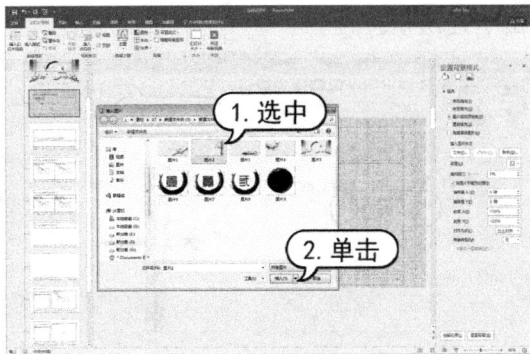

图 7-86　插入图片

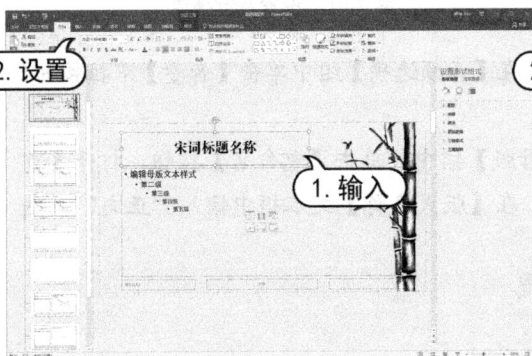

图 7-87　设置文本

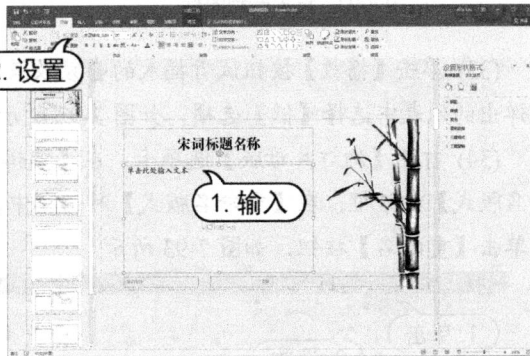

图 7-88　设置文本

(30) 打开【插入】选项卡。在【媒体】组中，单击【音频】下拉按钮，从弹出的列表中选择【PC上的音频】命令。在打开的【插入音频】对话框中，选中所需要的音频文件，单击【插入】按钮，如图 7-89 所示。

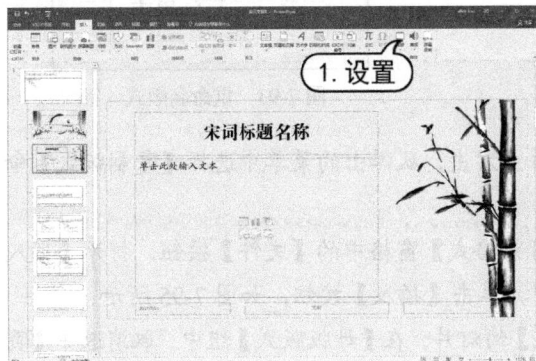

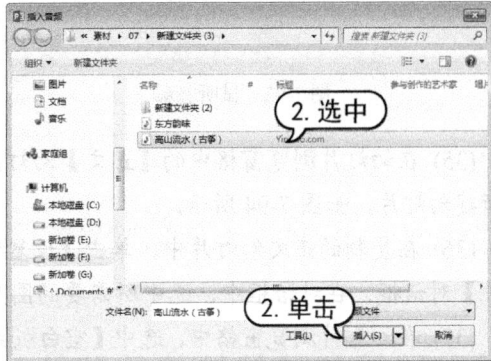

图 7-89　插入音频

(31) 拖动音频图标至幻灯片的左上角，在打开的【音频工具】的【格式】选项卡的【大小】组中，设置【高度】和【宽度】数值为1厘米，如图 7-90 所示。

(32) 打开【音频工具】的【播放】选项卡。在【音频选项】组中，单击【开始】下拉列表，从弹出的列表中选择【自动】选项；选中【放映时隐藏】和【循环播放，直到停止】复选框，如图 7-91 所示。

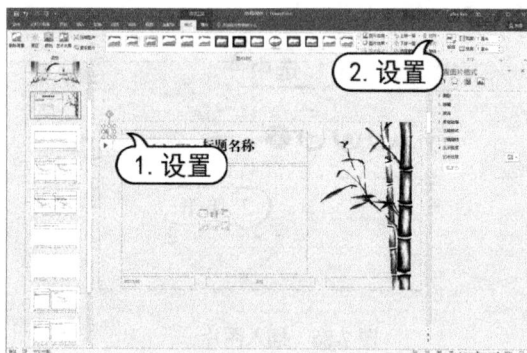

图 7-90　设置音频图标

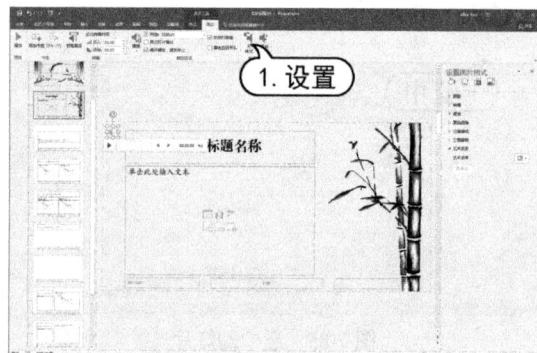

图 7-91　设置音频播放

(33) 单击【播放】按钮试听插入的音频效果，在【音频选项】组中单击【音量】下拉按钮，从弹出的列表中选择【低】选项，如图 7-92 所示。

(34) 打开【幻灯片母版】选项卡。在【编辑母版】组中，单击【重命名】按钮，打开【重命名版式】对话框。在【重命名版式】对话框中，在【版式名称】文本框中输入"正文"，然后单击【重命名】按钮，如图 7-93 所示。

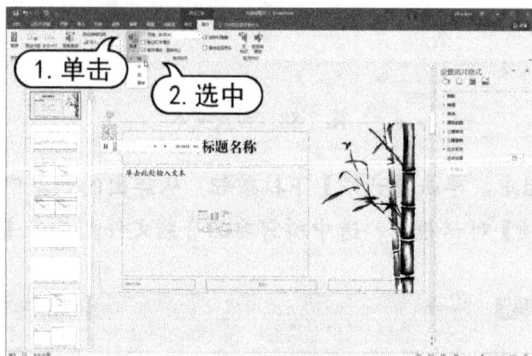

图 7-92　试听音频

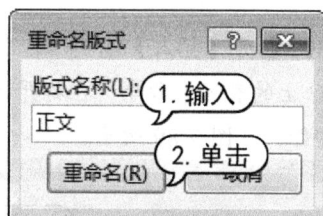

图 7-93　重命名版式

(35) 在幻灯片浏览窗格中的【正文】幻灯片上右击，从弹出的菜单中选择【复制版式】命令新建幻灯片，如图 7-94 所示。

(36) 在复制的正文幻灯片中，单击【设置背景格式】窗格中的【文件】按钮，打开【插入图片】对话框。在对话框中，选中所需要的图片，单击【插入】按钮，如图 7-95 所示。

(37) 在幻灯片浏览窗格中，选中【空白版式】幻灯片。在【母版版式】组中，取消选中【页脚】复选框，如图 7-96 所示。

(38) 在【设置背景格式】窗格中，选中【图片或纹理填充】单选按钮，单击【文件】按钮，打开【插入图片】对话框。在对话框中，选中所需要的图片文件，单击【插入】按钮将图片插入到幻灯片中，如图 7-97 所示。

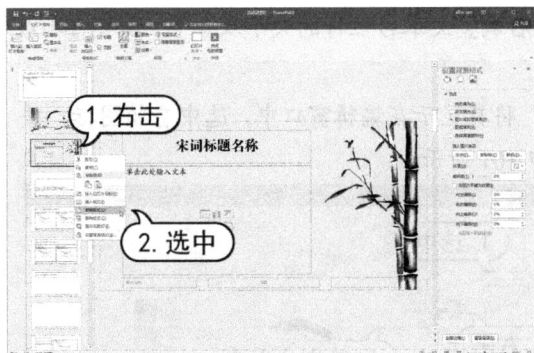

图 7-94　复制幻灯片

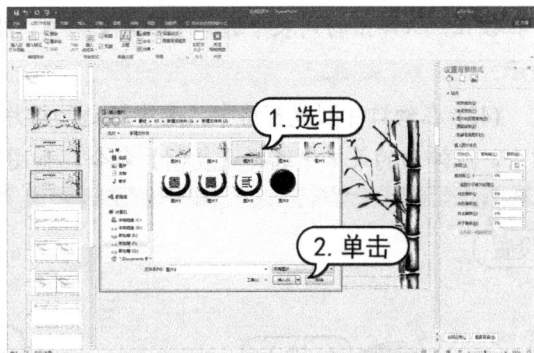

图 7-95　设置背景格式

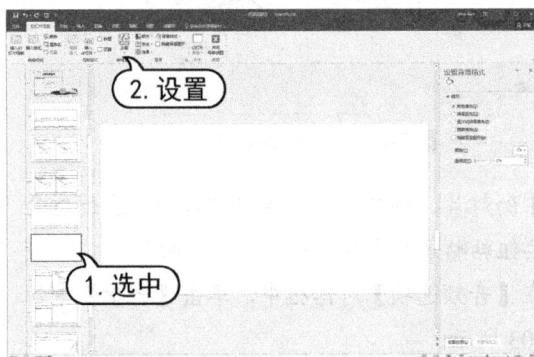

图 7-96　取消页脚

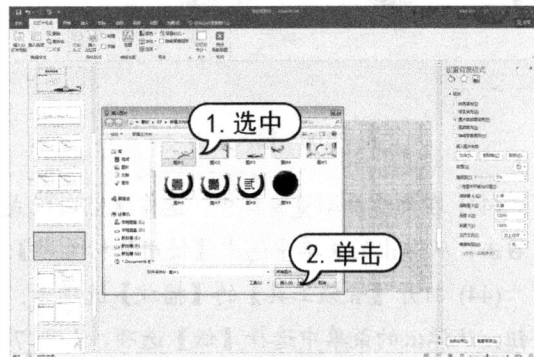

图 7-97　设置背景格式

(39) 打开【插入】选项卡，在【图像】组中单击【图片】按钮，打开【插入图片】对话框。在对话框中，选中所需要的图片，单击【插入】按钮，如图 7-98 所示。

(40) 在幻灯片中，拖动插入图片至合适的位置。再次打开【插入】选项卡，在【文本】选项组中单击【文本框】按钮，从弹出的下拉列表中选择【横排文本框】命令，然后在幻灯片中拖动创建文本框，如图 7-99 所示。

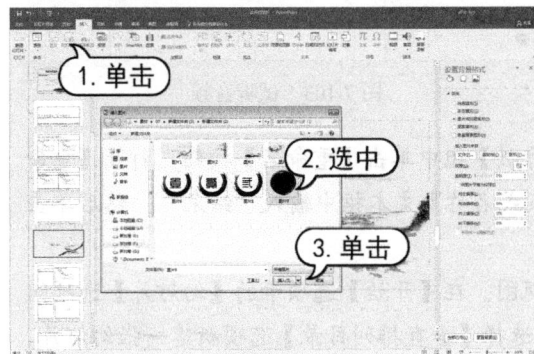

图 7-98　插入图片

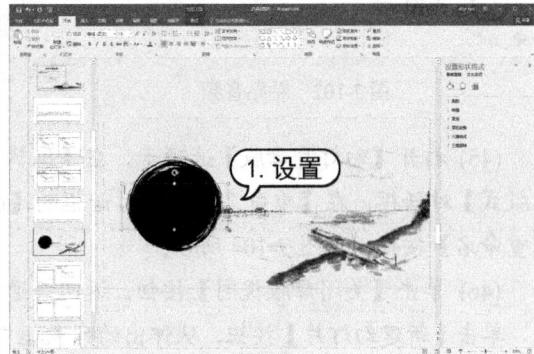

图 7-99　创建文本框

(41) 在创建的文本框中，输入文本内容。打开【开始】选项卡，在【字体】选项组中设置【字体】为【方正黄草_GBK】，【字号】为 48，【字体颜色】为【白色】。单击【字符间距】

下拉按钮，从弹出的列表中选择【很紧】选项，然后调整文本占位符的大小及位置，如图 7-100 所示。

(42) 在幻灯片浏览窗格中，选中标题幻灯片，将其显示在编辑窗口中。选中音频图标，并右击，从弹出的菜单中选择【复制】命令，如图 7-101 所示。

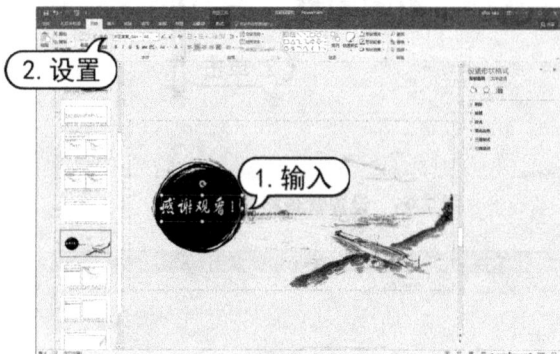

图 7-100　输入文本

图 7-101　复制音频图标

(43) 在幻灯片浏览窗格中，选中【空白版式】幻灯片，将其显示在编辑窗口中。在幻灯片中右击，从弹出的菜单中选中【使用目标主题】按钮粘贴复制音频，如图 7-102 所示。

(44) 打开【音频工具】的【播放】选项卡。在【音频选项】对话框中，单击【音量】下拉按钮，从弹出的菜单中选择【低】选项，如图 7-103 所示。

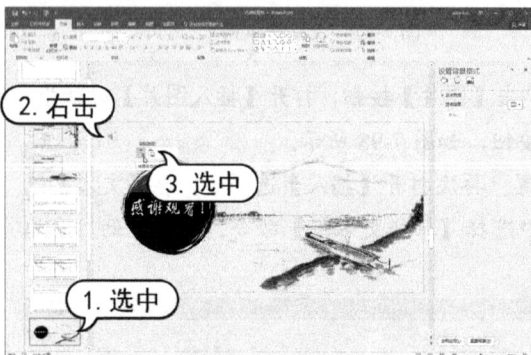

图 7-102　粘贴音频

图 7-103　试听音频

(45) 打开【幻灯片母版】选项卡，在【编辑母版】组中单击【重命名】按钮，打开【重命名版式】对话框。在【重命名版式】对话框的【版式名称】文本框中输入"结束"，然后单击【重命名】按钮，如图 7-104 所示。

(46) 单击【关闭母版视图】按钮，返回普通视图。在【开始】选项卡的【幻灯片】选项组中，单击【新建幻灯片】按钮，从弹出的列表框中选择【垂直排列目录】选项新建一张幻灯片，如图 7-105 所示。

(47) 使用相同操作方法，添加先前制作的其他版式幻灯片，如图 7-106 所示。

(48) 单击【开始】按钮，选择【另存为】命令。在显示的【另存为】页面中单击【浏览】选项，打开【另存为】对话框。在对话框的【保存类型】下拉列表中选择【PowerPoint 模板】

选项，在【文件名】文本框中输入"赏析-古典"，然后单击【保存】按钮，如图 7-107 所示。

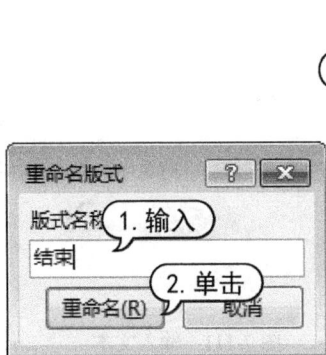

图 7-104　重命名版式

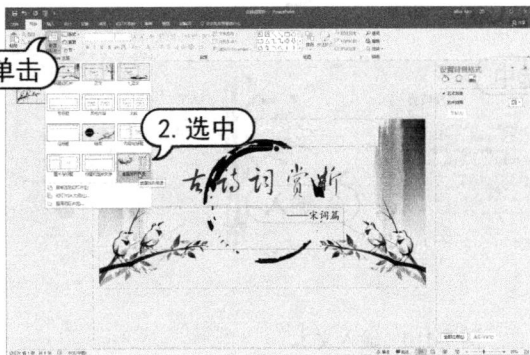

图 7-105　新建幻灯片

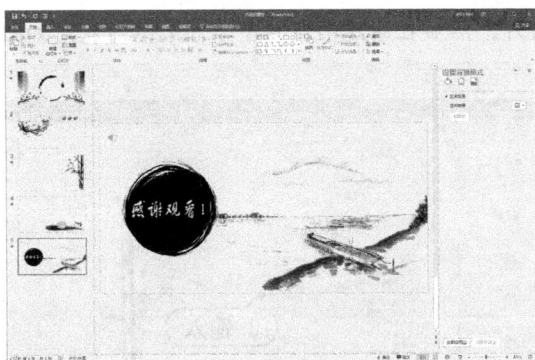

图 7-106　新建幻灯片

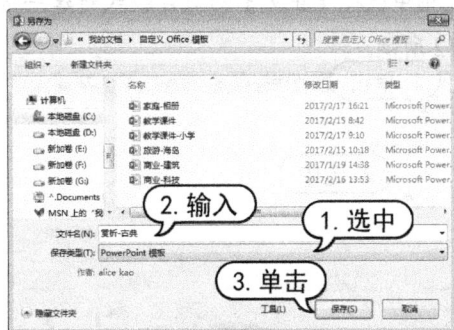

图 7-107　保存模板

(49) 在标题幻灯片中，选中文本框，重新输入文本内容，如图 7-108 所示。

(50) 在幻灯片浏览窗格中，选中第 2 张幻灯片，在其中选中【宋词名称】文本框，分别修改文本内容，如图 7-109 所示。

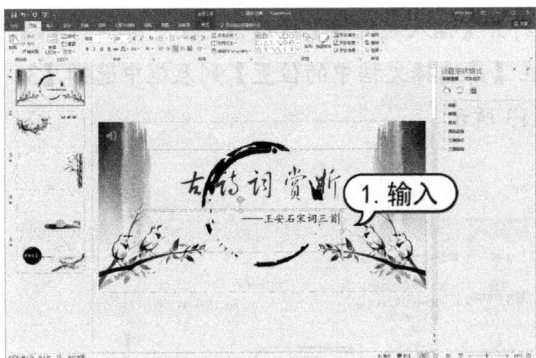

图 7-108　输入文本

图 7-109　输入文本

(51) 在幻灯片浏览窗格中，选中第 3 张幻灯片，单击【宋词标题名称】文本框输入文本内容。在幻灯片中单击【单击此处输入文本】文本框，输入文本内容，如图 7-110 所示。

(52) 使用步骤(51)的操作方法，在第 4 张幻灯片中添加文本内容，如图 7-111 所示。

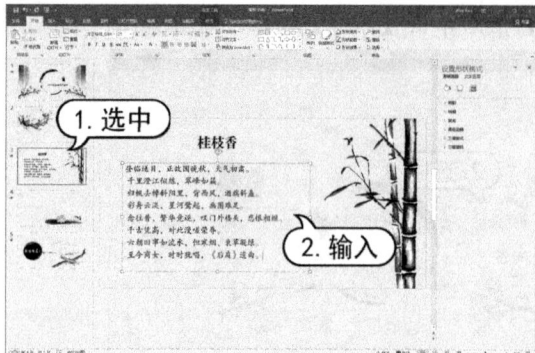

图 7-110　输入文本

图 7-111　输入文本

(53) 在【开始】选项卡的【幻灯片】选项组中，单击【新建幻灯片】按钮，从弹出的下拉列表框中选择【正文】幻灯片版式新建一张幻灯片。然后在新建幻灯片中输入文本内容，如图 7-112 所示。

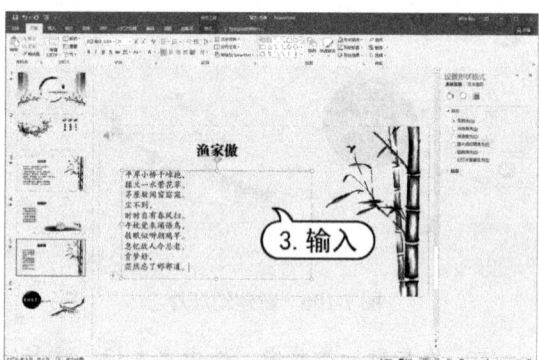

图 7-112　新建幻灯片

(54) 在幻灯片浏览窗格中，选中第 2 张幻灯片。选中【桂枝香】文本框，打开【插入】选项卡，在【链接】选项组中单击【超链接】按钮，打开【插入超链接】对话框。在对话框的【链接到】列表框中选中【本文档中的位置】选项，在【请选择文档中的位置】列表框中选择【3. 桂枝香】选项，然后单击【确定】按钮，如图 7-113 所示。

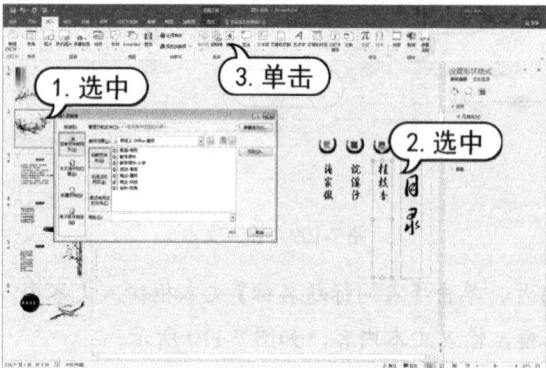

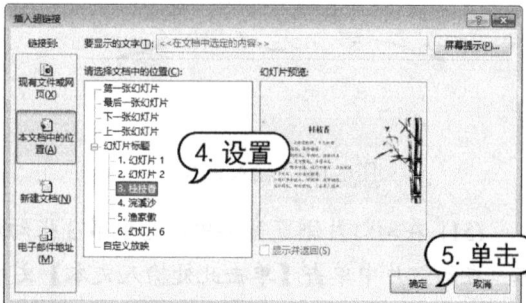

图 7-113　添加超链接

(55) 使用相同的操作方法为其他两个名称文本框添加超链接，如图 7-114 所示。

(56) 幻灯片浏览窗格中，选中第 3 张幻灯片。在【插入】选项卡中，单击【插图】选项组的【形状】按钮，从弹出的下拉列表框中选择【箭头：左】选项，如图 7-115 所示。

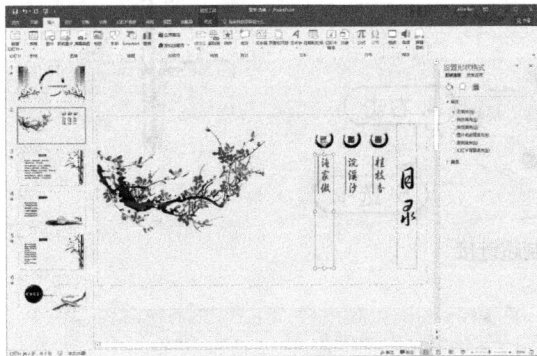

图 7-114　添加超链接

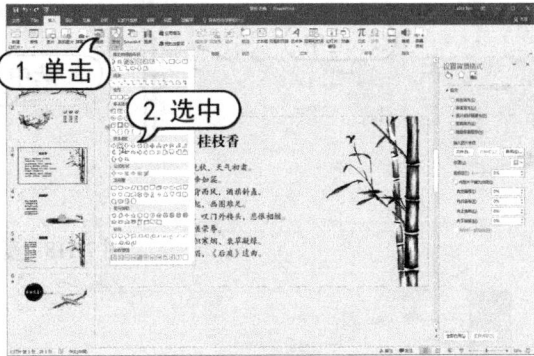

图 7-115　插入形状

(57) 在幻灯片左下角拖动绘制形状，在打开的【绘图工具】的【格式】选项卡中，单击【形状样式】选项组中的【其他】按钮。从弹出的下拉列表框中选择【细微效果-灰色，强调颜色 3】选项，如图 7-116 所示。

(58) 保持插入形状的选中状态，打开【插入】选项卡。在【链接】选项组中单击【超链接】按钮，打开【插入超链接】对话框。在对话框的【请选择文档中的位置】列表框中选择【2.幻灯片】选项，然后单击【确定】按钮，如图 7-117 所示。

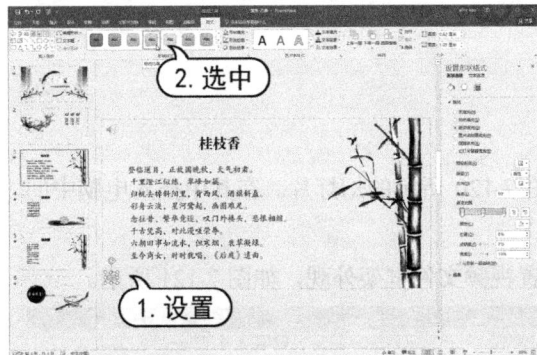

图 7-116　设置形状样式

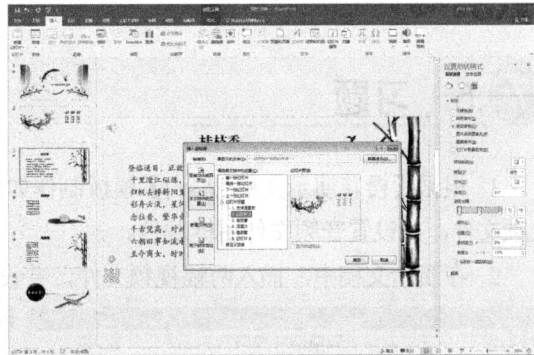

图 7-117　添加超链接

(59) 在幻灯片中选中音频图标并右击，从弹出的菜单中选择【复制】命令。在幻灯片浏览窗格中，分别选中第 4、第 5 张幻灯片，将其显示在编辑窗口中。在幻灯片中右击，从弹出的菜单中选中【使用目标主题】按钮粘贴复制超链接，如图 7-118 所示。

(60) 单击【开始】按钮，选择【另存为】命令。在显示的【另存为】页面中单击【浏览】选项，打开【另存为】对话框。在对话框中选择演示文稿保存位置，在【保存类型】下拉列表中选择【PowerPoint 演示文稿】选项。在【文件名】文本框中输入"王安石宋词三首"，然后单击【保存】按钮，如图 7-119 所示。

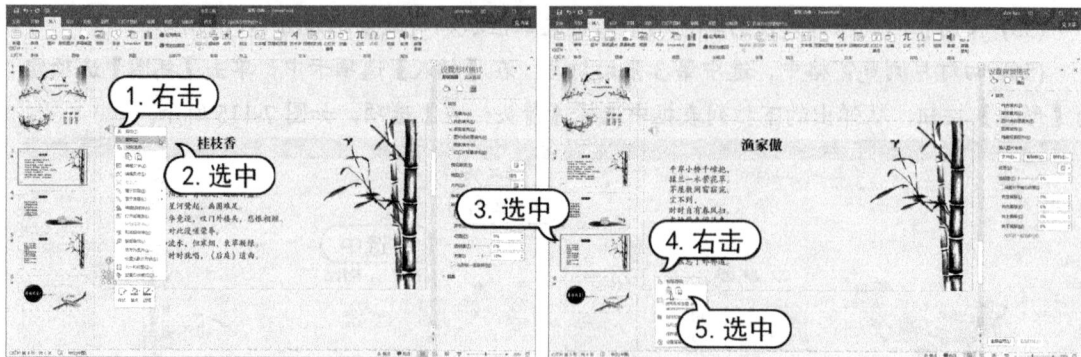

图 7-118　复制超链接

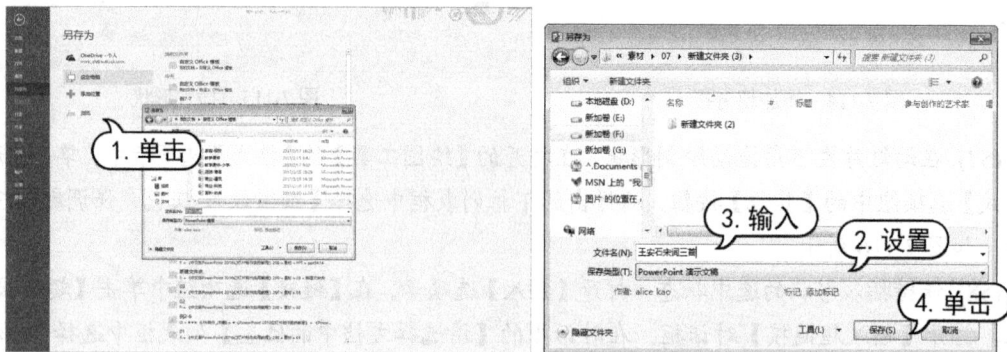

图 7-119　保存演示文稿

7.5　习题

1. 根据【樱花演示文稿(宽屏)】模板制作如图 7-120 所示的幻灯片。在其中插入电脑中的音频文件，并设置音频文件图标颜色。

2. 在演示文稿中，插入两幅视频文件，并设置视频文件框架外观，如图 7-121 所示。

图 7-120　习题 1

图 7-121　习题 2

第 8 章

设置幻灯片的
切换效果与动画

学习目标

在 PowerPoint 中，通过为幻灯片中的对象添加动画效果，可以为幻灯片的放映增加丰富的动态效果。本章将讲解为幻灯片添加切换效果，为幻灯片中的对象添加动画和动画设置等知识。掌握这些知识，可以制作出动静结合的演示文稿，增加演示文稿的吸引力。

本章重点

- ◉ 应用切换效果
- ◉ 设置切换效果选项
- ◉ 添加内置的动画
- ◉ 自定义动画路径
- ◉ 动画的高级设置

8.1　为幻灯片添加切换效果

幻灯片切换效果是指幻灯片之间进行切换的动画效果。在默认状态下，上一张幻灯片和下一张幻灯片之间没有切换效果，如果想添加，则需用户手动进行设置。

8.1.1　应用切换效果

在演示文稿中，可以为一组幻灯片设置同一种切换方式，也可以为每张幻灯片设置不同的切换方式。

要为幻灯片添加切换动画，可以打开【切换】选项卡。在【切换到此幻灯片】选项组中进行设置。在该组中单击【其他】按钮，将打开幻灯片动画效果列表。当鼠标指针指向某个选项时，幻灯片将应用该效果，供用户预览，如图 8-1 所示。

图 8-1　切换效果

【例 8-1】在 My Holiday Pictures 演示文稿中，为幻灯片添加切换动画。

(1) 在 PowerPoint 2016 中，打开 My Holiday Pictures 演示文稿，自动显示第 1 张幻灯片。打开【切换】选项卡，在【切换到此幻灯片】组中单击【其他】按钮，从弹出的列表框中选择【闪耀】选项，如图 8-2 所示。

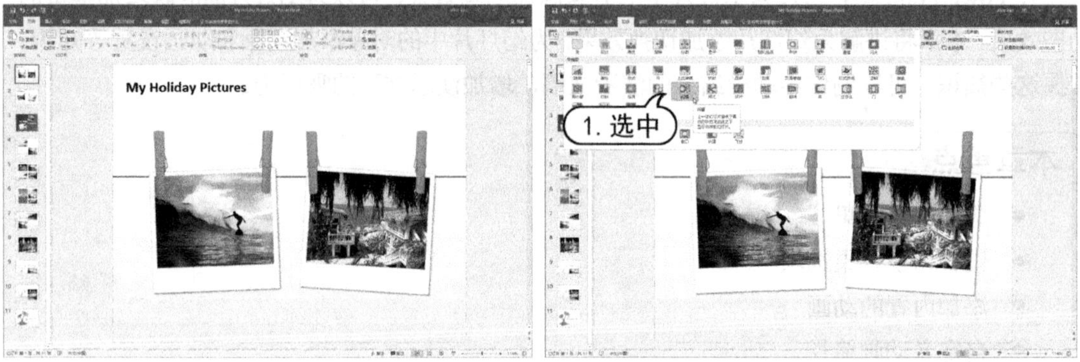

1. 选中

图 8-2　添加切换动画

(2) 此时，即可将【闪耀】型切换动画应用到第 1 张幻灯片中，并预览该切换动画效果，如图 8-3 所示。

图 8-3　预览切换动画

提示

在普通视图或幻灯片浏览视图中都可以为幻灯片设置切换动画，但在幻灯片浏览视图中设置动画效果时，更容易把握演示文稿的整体风格。

(3) 在【切换到此幻灯片】组中，单击【效果选项】下拉按钮，从弹出的列表中选择【从上方闪耀的菱形】选项。此时，即可在幻灯片中预览第 1 张幻灯片设置后的切换动画效果，如图 8-4 所示。

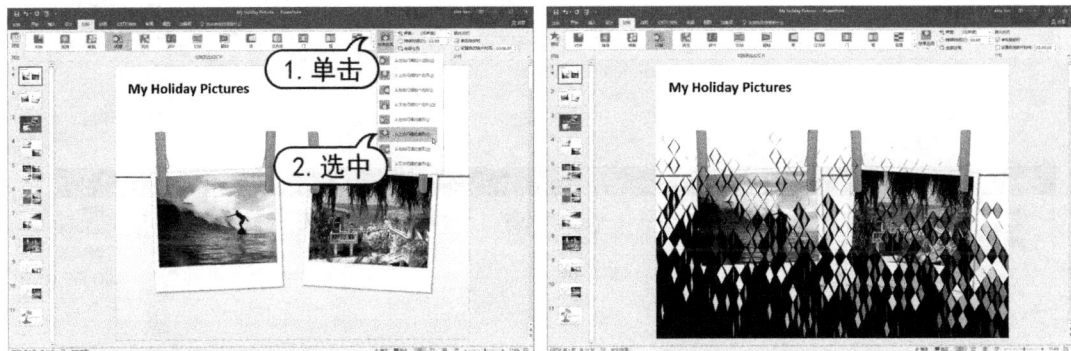

图 8-4　设置效果选项

知识点

选中应用切换方案后的幻灯片，在【切换】选项卡的【预览】组中单击【预览】按钮，即可查看幻灯片的切换效果。

(4) 在幻灯片浏览窗口中，选中第 2~11 张幻灯片缩略图。在【切换】选项卡的【切换到此幻灯片】组中，单击【其他】按钮，从弹出的列表框中选择【传送带】选项，如图 8-5 所示。此时，即可为第 2~11 张幻灯片应该【传动带】型切换效果。

图 8-5　添加切换效果

提示

为第 1 张幻灯片设置切换动画时，打开【切换】选项卡。在【计时】选项组中单击【全部应用】按钮，即可将该切换动画应用在每张幻灯片中。

(5) 在快速访问工具栏中单击【保存】按钮，保存设置切换动画后的演示文稿。

⑧1.2　设置切换效果选项

为幻灯片添加切换效果后，还可对所应用的切换效果选项进行设置。不同的切换效果所包含的切换效果选项不同，用户可根据需要进行选择，如图 8-6 所示。其方法是：选择应用切换效果的选项，在【切换】选项卡的【切换到此张幻灯片】选项组中，单击【效果选项】按钮；

在弹出的下拉列表中显示了对应切换效果的选项，选择所需的切换效果即可。

图 8-6 效果选项

知识点

如果要删除应用的切换动画效果，可以选择应用了切换效果的幻灯片后，在【切换】选项卡的【切换到此幻灯片】选项组中单击幻灯片切换效果列表中选择【无】选项，即可删除应用的动画切换效果。

⑧.1.3 添加切换声音

为幻灯片添加切换效果后，默认情况下，切换时没有声音，用户可根据需要进行添加，使其更加丰富。在 PowerPoint 2016 中既可为幻灯片切换添加内置的声音，也可添加电脑中保存的声音，其方法分别介绍如下。

- ◉ 添加内置的声音：选择应用切换效果的幻灯片，在【切换】选项卡的【计时】选项组，在【声音】下拉列表中提供了多种内置的声音，如图 8-7 所示。用户可根据需要选择相应的选项，作为幻灯片切换时的声音。

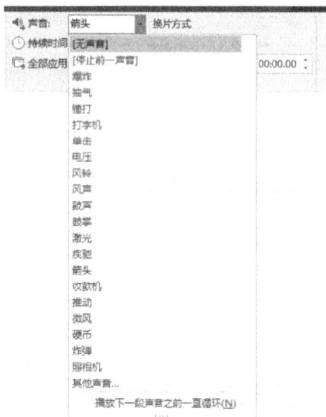

图 8-7 添加内置的声音

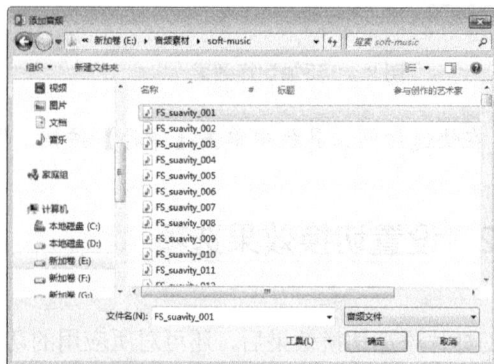

图 8-8 【添加音频】对话框

● 添加电脑中保存的声音：选择应用切换效果的幻灯片，在【声音】下拉列表中选择【其他声音】选项，打开如图 8-8 所示【添加音频】对话框。在其中选择需要添加的声音选项，单击【确定】按钮即可。

【例 8-2】在 My Holiday Pictures 演示文稿中，为幻灯片添加动画切换声音。

(1) 在 PowerPoint 2016 中，打开 My Holiday Pictures 演示文稿。

(2) 打开【切换】选项卡。在【计时】选项组中，单击【声音】下拉列表选择【其他声音】选项，打开【添加音频】对话框。在对话框中，选择需要添加的音频文件，然后单击【确定】按钮，如图 8-9 所示。

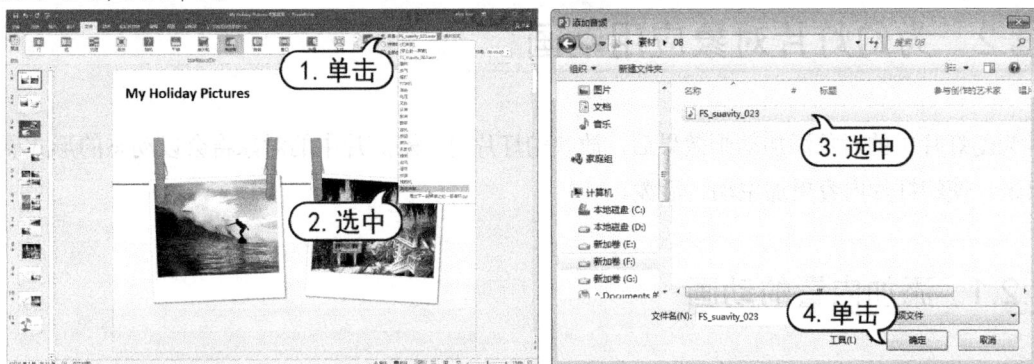

图 8-9　添加音频

(3) 在【计时】选项卡中，单击【全部应用】按钮即可将添加的切换声音应用到所有幻灯片中，如图 8-10 所示。

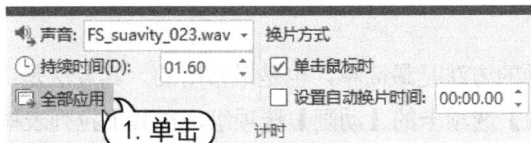

图 8-10　全部应用

提示

需要注意的是，切换声音只支持.wav 音频文件格式，其余音频文件格式不支持。

8.1.4　设置切换时间和换片方式

在【切换】选项卡的如图 8-11 所示【计时】选项组中不仅可添加幻灯片切换的声音，还可设置幻灯片切换的时间和方式。设置切换时间和换片方式的方法分别介绍如下。

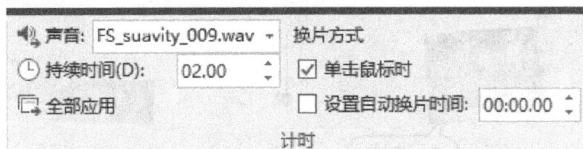

图 8-11　【计时】选项组

● 设置切换时间：选择需设置切换速度的幻灯片，在【切换】选项卡的【计时】选项组中，在【持续时间】数值框中输入具体的切换时间；或直接单击数值框中的微调按钮，即可为幻灯片设置切换速度。

● 设置换片方式：PowerPoint 2016 默认的幻灯片的切换方式为【单击鼠标时】，用户也可将其设置为自动切换。选择需进行设置的幻灯片，在【计时】选项组中，在【换片方式】栏中选中【设置自动换片时间】复选框，在其右侧的数值框中输入幻灯片切换的具体时间即可。

⑧.2 为幻灯片对象应用动画

为幻灯片中的对象添加动画效果后，放映幻灯片时，幻灯片中的对象将会以动态的形式展示出来，使幻灯片内容更加生动、活泼。

⑧.2.1 添加内置的动画

在 PowerPoint 2016 中提供了多种内置的动画，用户可以根据需要进行添加。添加内置动画的方法包括通过【动画】选项组添加、通过动画对话框添加和通过【添加动画】下拉列表添加这 3 种添加方法。

1. 通过【动画】选项组添加

通过【动画】选项组为幻灯片对象添加动画的方法是最简单，也是最常用的。其方法是：选择幻灯片中需要添加动画的对象，选择【动画】选项卡的【动画】选项组，在其下拉列表框中提供了【进入】、【强调】、【退出】和【动作路径】这 4 种类型的动画。在所需动画类型下选择相应的动画选项即可。

【例 8-3】在 My Holiday Pictures 演示文稿中，为对象添加动画效果。

(1) 在 PowerPoint 2016 中，打开 My Holiday Pictures 演示文稿，

图 8-12 添加动画

(2) 在打开的第 1 张幻灯片中选中图像，打开【动画】选项卡。在【动画】组中单击【其他】按钮，从弹出的【进入】列表框选择【飞入】选项，为正标题文字应用【飞入】进入效果，效果如图 8-12 所示。

(3) 在幻灯片中选中标题文本，在【动画】选项组中单击【飞入】选项。再单击【效果选项】按钮，从弹出的下拉列表中选择【自右侧】选项，如图 8-13 所示。

(4) 完成第 1 张幻灯片中对象的进入动画设置，在幻灯片编辑窗口中以编号的形式标记对象，如图 8-14 所示。

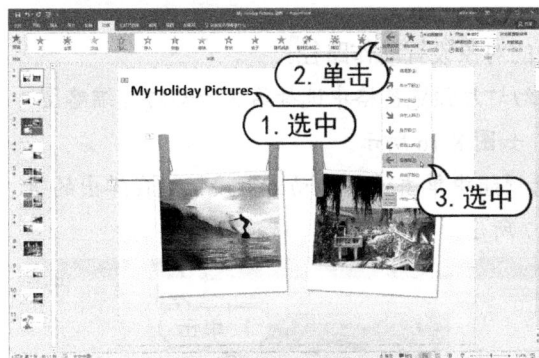

图 8-13　设置动画效果　　　　图 8-14　显示动画标记

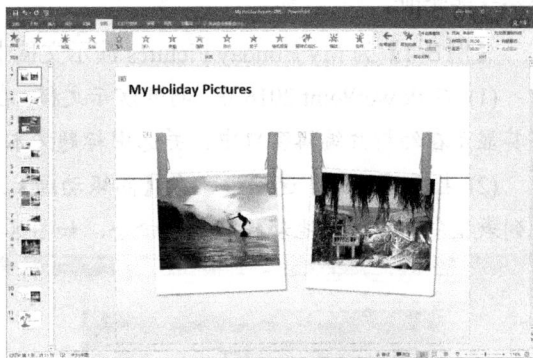

2. 通过动画对话框添加

在【动画】下拉列表中提供的动画比较有限，如果没有需要的动画样式，可通过动画对话框进行添加。不同类型的动画，其打开的动画对话框会不一样，但其打开的方法都基本相同。在【动画】下拉列表中提供了【更多进入效果】、【更多强调效果】、【更多退出效果】和【更多动作路径】这 4 种选项，选择相应的选项，可打开相应类型的对话框，如图 8-15 所示。

图 8-15　动画设置对话框

3. 通过【添加动画】下拉列表添加

通过【添加动画】下拉列表添加动画的方法非常简单。在幻灯片中选择需要添加动画的对象后，在【动画】选项卡的【高级动画】选项组中，单击【添加动画】按钮，在弹出的下拉列表中选择需要的动画效果即可。

⑧.2.2 自定义动画路径

要想制作出灵活多变的动画效果，仅添加内置动画是不行的，需要结合自定义绘制的动作路径才能实现。

【例8-4】为 My Holiday Pictures 演示文稿中的对象设置动作路径。

(1) 在 PowerPoint 2016 中，打开演示文稿。在幻灯片预览窗格中选择第 3 张幻灯片缩略图，将其显示在幻灯片编辑窗口中，并选中标题文本，如图 8-16 所示。

(2) 打开【动画】选项卡，在【高级动画】选项组中单击【添加动画】按钮，在弹出的下拉列表框中选择【其他动作路径】命令，如图 8-17 所示。

图 8-16 选中文本　　　　　　　　图 8-17 选择【其他动作路径】命令

(3) 打开【添加动作路径】对话框中，选中【弯弯曲曲】选项，然后单击【确定】按钮，如图 8-18 所示。

图 8-18 添加动画

(4) 调整动画结束时标题文字的位置。在【动画】选项组中单击【效果选项】按钮，在弹出的下拉列表中选择【编辑顶点】选项，如图 8-19 所示。

图 8-19　编辑动画路径

(5) 移动动作路径起始端绿色标志的位置，保持结束端红色标志的位置不变，结合路径编辑的方法，修改动作路径的顶点，如图 8-20 所示。

(6) 编辑完成后，在幻灯片的空白处单击退出编辑状态，单击【预览】选项组中的【预览】按钮察看动作路径效果，如图 8-21 所示。

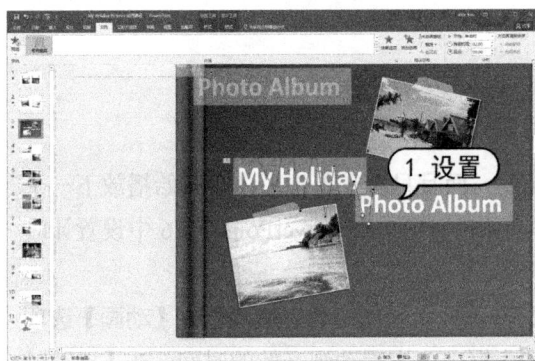

图 8-20　编辑动画路径

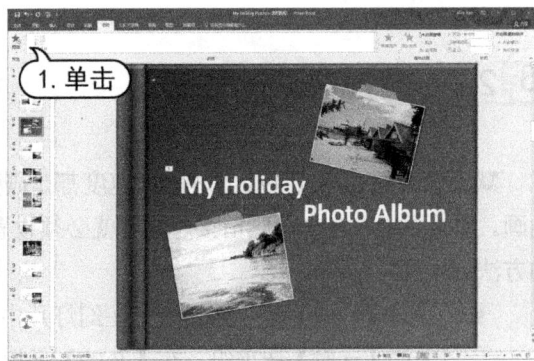

图 8-21　预览动画效果

(7) 在快速访问工具栏中单击【保存】按钮，保存设置动作路径动画后的演示文稿。

8.2.3　更改动画方向

为幻灯片中的对象添加动画效果，其动画效果的方向是默认的。如果用户觉得当前的动画效果方向不能满足需要，可对其进行更改。更改动画方向的方法有两种，分别介绍如下。

- 通过【效果选项】下拉列表更改：选择需更改动画方向的对象，选择【动画】选项卡的【动画】选项组。单击【效果选项】按钮，在弹出的下拉列表中列出对应动画的动画方向选项，选择所需的动画方向选项即可。不同的动画，其对应的动画方向选项也会有所不同。
- 通过对话框更改：选择【动画】选项卡的【高级动画】选项组，单击【动画窗格】按钮，打开【动画窗格】窗格。在其中的列表框中显示了添加的动画选项，选择需要更改方向的动画选项并右击。或单击 ▼ 按钮，在弹出的快捷菜单中选择【效果选项】

命令。打开动画效果对应的对话框，选择【效果】选项卡，在【设置】栏中的【方向】
下拉列表中选择所需动画方向选项，再单击【确定】按钮，即可完成动画方向的设置，
如图 8-22 所示。

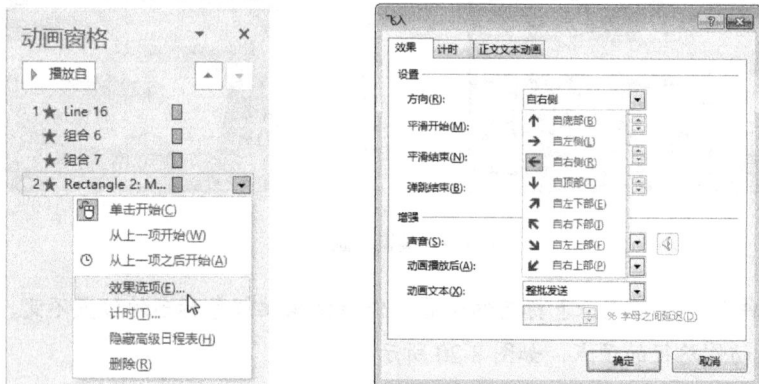

图 8-22　设置动画效果选项

⑧.2.4　设置动画计时

　　默认设置的动画效果播放时间和速度都是固定的，而且只有在单击后才会开始播放下一个
动画。如果要想将各个动画衔接起来，就必须设置动画的计时。在 PowerPoint 2016 中设置计时
的方法有 3 种。

- ◉　通过【计时】选项组设置：在幻灯片中选择设置动画的对象，然后选择【动画】选项
  卡的【计时】选项组，在【开始】下拉列表框中可设置动画开始的时间；在【持续时
  间】数值框中可设置动画延迟播放的时间，如图 8-23 所示。
- ◉　通过【计时】选项卡设置：在动画窗格中选择需要设置计时的动画选项并右击，在弹
  出的快捷菜单中选择【计时】命令，在打开的对话框中默认选择【计时】选项卡。在
  其中对开始时间、延迟时间和期间时间进行设置即可，如图 8-24 所示。

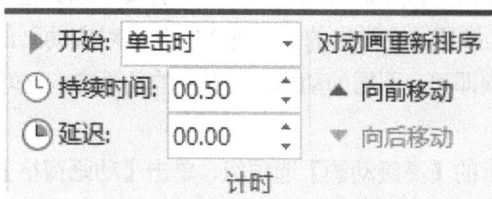

图 8-23　动画【计时】选项组　　　　　　　　　图 8-24　【计时】选项卡

● 通过高级日程表设置：在动画窗格各动画选项右侧显示了色块，该色块表示动画的日程表。通过使用鼠标从左向右拖动可调整动画的开始时间；而从右向左拖动，可调整动画的结束时间，如图 8-25 所示。

图 8-25　设置高级日程表

提示

如果动画窗格中没有显示高级日程表，只须在动画选项上右击，从弹出的快捷菜单中选择【显示高级日程表】命令，即可将其显示出来。如果不需要使用高级日程表，也可将其隐藏。其方法是：在动画选项上右击，从弹出的快捷菜单中选择【隐藏高级日程表】命令即可。

⑧2.5　更改动画播放顺序

在制作动画效果时，若对设置的播放效果不满意，应及时对其进行调整。由于动画效果列表中个选项排列的先后顺序就是动画播放的先后顺序，因此要修改动画的播放顺序，应通过调整动画窗格列表框中各选项的位置来完成。

● 通过拖动调整：在动画窗格的列表框中选择要调整的动画选项，进行拖动，此时有一条红色的横线随之移动。当横线移动到需要的目标位置时释放鼠标即可，如图 8-26 所示。

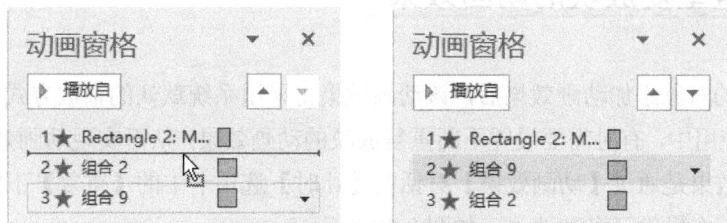

图 8-26　更改动画播放顺序

● 通过单击按钮调整：在动画窗格的列表框中选择要调整的动画选项，单击列表框上方的 ▲ 按钮或 ▼ 按钮，该动画效果选项就会向上或向下移动一个位置。

● 通过【计时】组调整：在动画窗格的列表框中选择要调整的动画选项，在【计时】选项组的【对动画重新排序】栏中单击【向前移动】按钮，该动画效果选项向前移动一个位置；单击【向后移动】按钮，该动画效果选项向后移动一个位置。

8.3 动画的高级设置

在 PowerPoint 2016 中，除了可对动画进行一些基本的设置外，还可以通过一些高级设置来实现不一样的动画效果。

8.3.1 使用动画刷快速应用动画

如果需要为演示文稿中的多个幻灯片对象应用相同的动画效果，依次添加动画会非常麻烦，而且浪费时间。这时可使用动画刷快速复制动画效果，然后应用于幻灯片对象即可。使用动画刷的方法是：在幻灯片中选择已设置动画效果的对象，再选择【动画】选项卡的【高级动画】组，单击【动画刷】按钮。此时，光标将变成 形状，将光标移动到需要应用动画效果的对象上。然后单击，即可为该对象应用复制的动画效果，如图 8-27 所示。

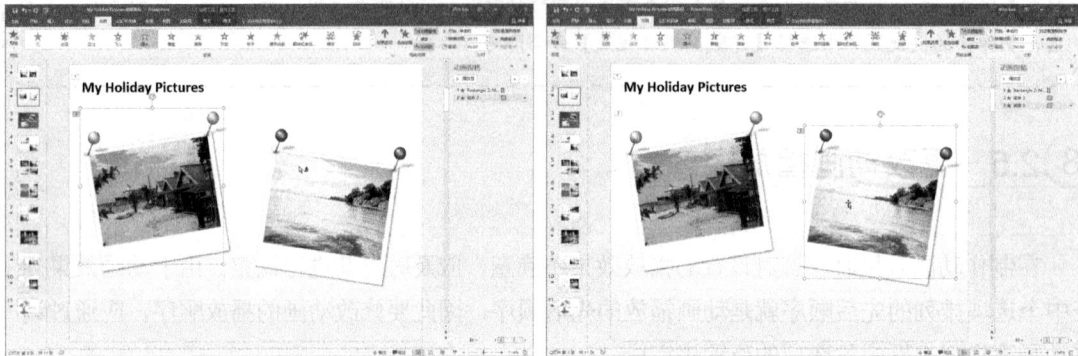

图 8-27 复制动画效果

8.3.2 设置重复放映的动画效果

为幻灯片中的对象添加动画效果后，该动画效果将采用系统默认的播放方式，即自动播放一次。而在实际应用中，有时需要设置不断重复放映的动画效果，从而实现动画效果的连贯性。不断放映的动画效果是通过【动画效果】对话框【计时】选项卡中的【重复】下拉列表进行设置的。其下拉列表中提供了多种选项，如图 8-28 所示。

> **提示**
>
> 【重复】下拉列表中的【直到下一次单击】选项表示动画会一直进行播放，直到单击时才会播放下一个动画。【直到幻灯片末尾】选项表示动画会一直进行播放，直到幻灯片中所有动画播放完成后，才会停止播放。

对幻灯片中的文本设置动画效果后，在动画效果对话框中将会增加一个【正文文本动画】选项卡。选择该选项卡，在其中可以对文本对象动画的发送方式、间隔时间等进行设置，如图8-29所示。

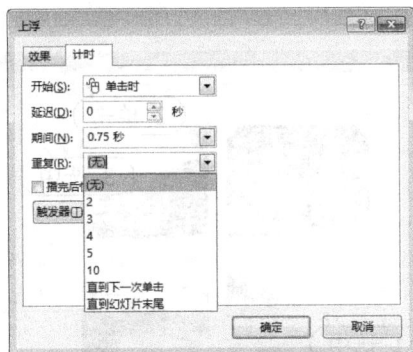

图 8-28　【重复】下拉列表　　　　　图 8-29　【正文文本动画】选项卡

8.3.3　为同一对象添加多个动画

在制作动画效果时，有时只为对象添加一个动画效果，并不能实现动画的连贯性。这时，可通过为同一对象添加多个动画效果来实现。为同一对象添加多个动画效果的方法很简单，为对象添加一个动画效果后再选择该对象，然后通过【动画】选项卡的【高级动画】选项组的【添加动画】下拉列表进行添加即可。如果通过【动画】选项卡的【动画】选项组中的下拉列表进行添加，将会替换对象的动画效果。

【例8-5】在 My Holiday Pictures 演示文稿中，为对象添加多个动画效果。

(1) 在 PowerPoint 2016 中，打开 My Holiday Pictures 演示文稿。在打开的第5张幻灯片中选中上排两幅图像，打开【动画】选项卡。单击【动画】组中的【其他】按钮，从弹出的【进入】列表框中选择【飞入】选项，如图8-30所示。

(2) 单击【动画】选项组中的【效果选项】按钮，从弹出的下拉列表中选择【自左侧】选项，如图8-31所示。

图 8-30　添加动画　　　　　图 8-31　设置动画效果

-235-

(3) 在幻灯片中选中下排两幅图像,使用步骤(2)~(3)的操作方法添加【飞入】动画,并设置【效果选项】为【自右侧】,如图 8-32 所示。

(4) 选中幻灯片中的 4 幅图像,在【高级动画】选项组中,单击【添加动画】按钮,在弹出的下拉列表框中选择【轮子】选项,如图 8-33 所示。

图 8-32　添加动画

图 8-33　添加动画

(5) 单击【预览】选项组中的【预览】按钮预览添加动画效果,如图 8-34 所示。

图 8-34　预览动画效果

(6) 在快速访问工具栏中单击【保存】按钮,保存演示文稿。

8.3.4　使用触发器制作特殊动画

触发器是指通过单击某个对象来触发某特定对象的动画效果。在 PowerPoint 2016 中,利用触发器可制作出弹出菜单的效果。

【例 8-6】在 My Holiday Pictures 演示文稿中,添加使用触发器的动画。

(1) 在 PowerPoint 2016 中,打开 My Holiday Pictures 演示文稿,在打开的第 9 张幻灯片中选中冲浪图片。打开【动画】选项卡,在【动画】选项组中单击【翻转式由远及近】选项,如图 8-35 所示。

(2) 在幻灯片中选中文本对象,在【动画】选项组中单击【飞入】选项,如图 8-36 所示。

(3) 在【动画】选项组中,单击【效果选项】按钮,从弹出的下拉列表中选择【自右侧】

选项，如图 8-37 所示。

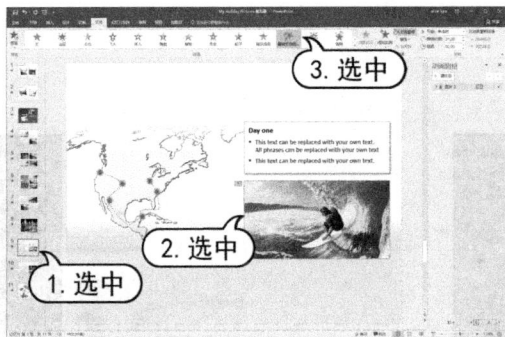

图 8-35 添加动画

图 8-36 添加动画

(4) 在【动画窗格】窗格中，单击动画 2 右侧的 ▼ 按钮，从弹出的下拉菜单中选择【计时】命令，如图 8-38 所示。

图 8-37 设置动画效果

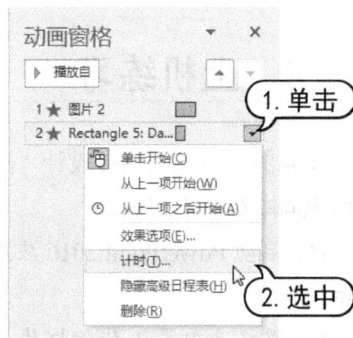

图 8-38 选择【计时】命令

(5) 在打开的【飞入】对话框中，单击【期间】下拉列表按钮。从弹出的列表中选择【中速(2 秒)】选项；单击【触发器】按钮，在显示的选项中选中【单击下列对象时启动效果】单选按钮。在其后的下拉列表中选择文本下方图片的名称，如图 8-39 所示。设置完成后，单击【确定】按钮关闭对话框，为对象添加触发器动画。

图 8-39 设置触发器动画

(6) 打开【幻灯片放映】选项卡。在【开始放映幻灯片】选项组中，单击【从当前幻灯片开始】按钮，即可放映当前幻灯片。在幻灯片放映过程中，单击冲浪图片，即可触发文本动画，如图 8-40 所示。

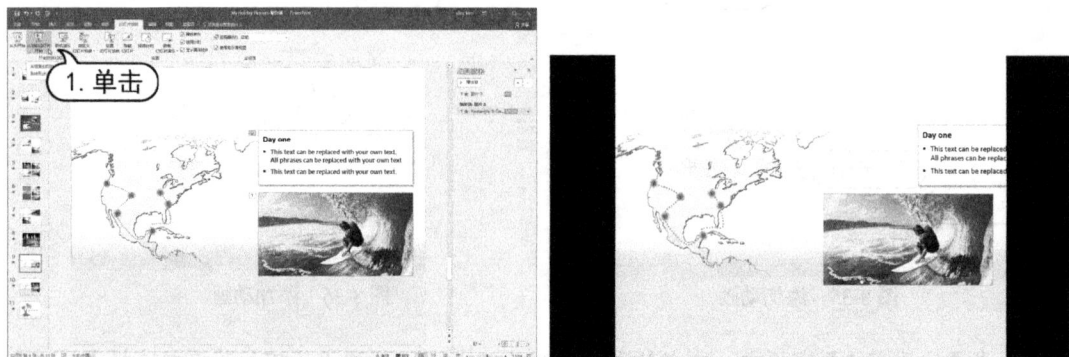

图 8-40 放映幻灯片

8.4 上机练习

本章的上机练习通过设计"医院季度工作总结报告"演示文稿动画效果，使用户通过练习从而巩固本章所学知识。

(1) 启动 PowerPoint 2016 应用程序，打开"医院季度工作总结报告"演示文稿，如图 8-41 所示。

(2) 默认选中第 1 张幻灯片，打开【切换】选项卡。在【切换到此幻灯片】选项组中单击【其他】按钮，从弹出的列表框中选择【华丽型】栏中的【页面卷曲】选项，如图 8-42 所示。

图 8-41 打开演示文稿

图 8-42 添加切换效果

(3) 此时，即可将【页面卷曲】型切换动画应用到第 1 张幻灯片，并自动放映该切换动画效果。在【切换到此幻灯片】选项组中单击【效果选项】按钮，从弹出的下拉列表中选择【双右】选项，如图 8-43 所示。

(4) 在【计时】选项组中单击【声音】下拉按钮，从弹出的下拉列表中选择【风声】选项。选中【换片方式】选项下的【单击鼠标时】复选框和【设置自动换片时间】复选框，并在【设置自动换片时间】复选框后的数值框中设置时间为 01:00.00，如图 8-44 所示。

图 8-43　设置效果选项

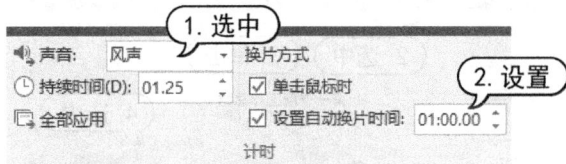

图 8-44　设置切换声音

（5）在幻灯片浏览窗格中，选中第 2~6 张幻灯片。在【切换到此幻灯片】选项组中单击【其他】按钮，从弹出的列表框中选择【细微型】栏中的【推进】选项；在【计时】组中，单击【全部应用】按钮，将设置好的效果和计时选项应用到所有幻灯片中，如图 8-45 所示。

图 8-45　添加切换效果

（6）在幻灯片浏览窗格中选择第 2 张幻灯片，将其显示在编辑窗口中。并选中左侧的第 1 张图片，打开【动画】选项卡。在【动画】选项组中，单击【其他】按钮，在弹出的列表框中选择【进入】选项区中的【翻转式由远及近】选项，为图片添加该进入动画，如图 8-46 所示。

图 8-46　添加动画

(7) 在幻灯片中选中第 1 张图片右侧对应的文本，在【动画】选项组中，单击【其他】按钮。在弹出的列表框中选择【进入】选项区中的【飞入】选项，为文本添加该进入动画；单击【效果选项】按钮，从弹出的列表中选择【自右侧】选项，如图 8-47 所示。

(8) 使用步骤(6)~(7)同样的方法，为第 2 张幻灯片中的其他图片及对应文本框设置进入动画效果，如图 8-48 所示。

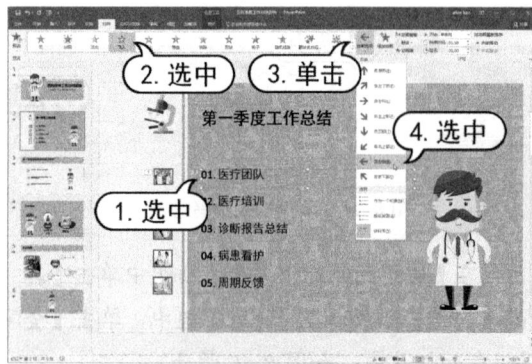

图 8-47　设置效果选项

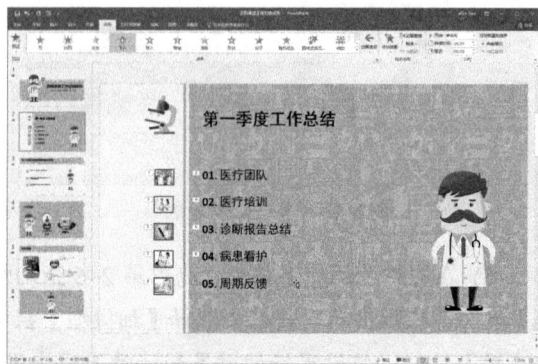

图 8-48　添加动画效果

(9) 选中标题文本框，在【高级动画】选项组中单击【添加动画】按钮。在弹出的下拉列表中选择【强调】选项区中的【波浪形】选项，为标题文本框应用该强调动画，如图 8-49 所示。

(10) 在【高级动画】组中单击【动画窗格】按钮，然后在打开的【动画窗格】窗格中将标题动画调整为最先播放，如图 8-50 所示。

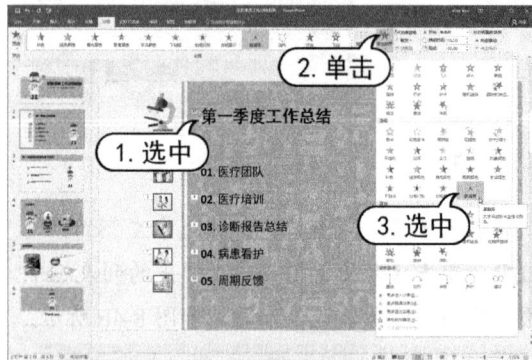

图 8-49　添加动画

图 8-50　调整动画顺序

(11) 在幻灯片浏览窗格中，选中第 3 张幻灯片，并选中标题文本框。在【动画】选项组中单击【其他】按钮，在弹出的列表框中选择【更多进入效果】命令。打开【更改进入效果】对话框。选择【展开】选项，单击【确定】按钮，如图 8-51 所示。

(12) 选中幻灯片中的其他文本框。在【动画】选项组中，单击【其他】按钮。在弹出的列表框中选择【进入】选项区中的【擦除】选项，为文本添加该进入动画；单击【效果选项】按钮，从弹出的列表中选择【自右侧】选项，如图 8-52 所示。

(13) 在幻灯片浏览窗格中，选中第 4 张幻灯片。选中幻灯片中的标题占位符，在【高级动画】选项组中单击【添加动画】下拉按钮，从弹出的列表中选择【其他动作路径】命令，如图

8-53 所示。

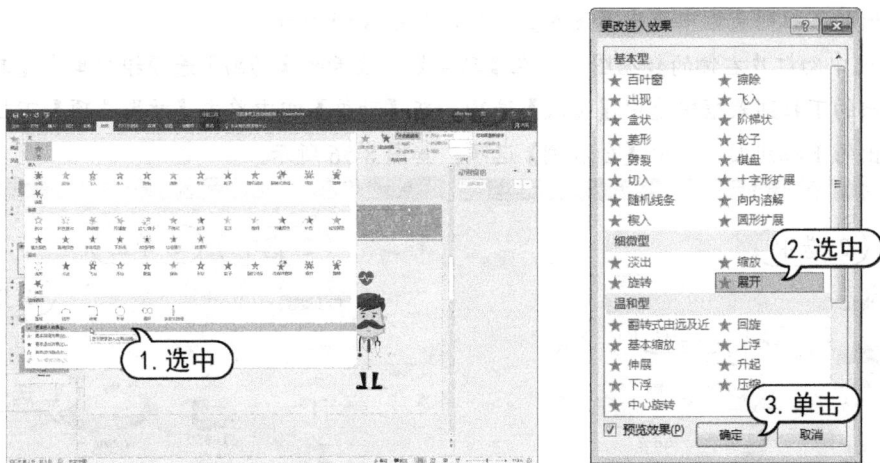

图 8-51　添加动画

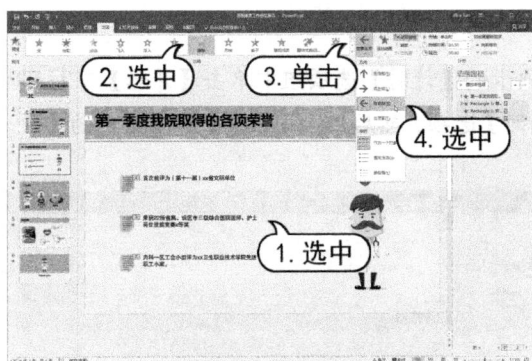

图 8-52　添加动画

图 8-53　选择【其他动作路径】命令

(14) 打开【添加动作路径】对话框，选中【向左】选项，然后单击【确定】按钮，添加路径动画效果。然后在幻灯片中调整路径动画的起始点和结束点位置，如图 8-54 所示。

图 8-54　添加动作路径

（15）选中幻灯片左侧的数据图片，在【动画】选项卡的【动画】选项组中单击【其他】按钮，在弹出的下拉列表框中选中【飞入】选项，如图 8-55 所示。

（16）选中幻灯片右侧的数据图片，在【动画】选项卡的【动画】选项组中单击【其他】按钮，在弹出的下拉列表框中选中【飞入】选项。在【动画】组中单击【效果选项】下拉列表按钮，在弹出的下拉列表中选中【自右侧】选项，如图 8-56 所示。

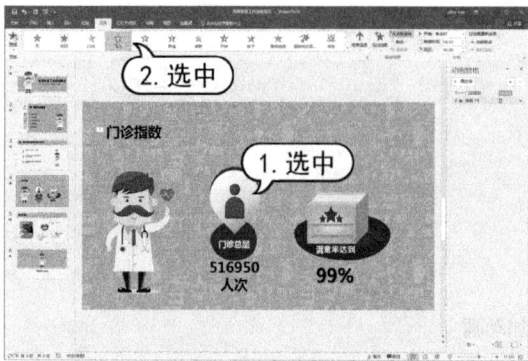

图 8-55　添加动画

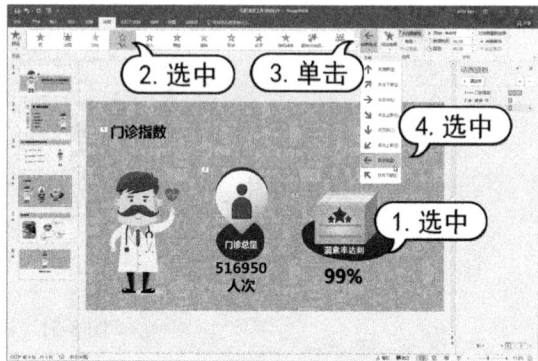

图 8-56　设置效果选项

（17）继续选中右侧数据图片，在【动画】选项卡的【计时】选项组中单击【开始】下拉列表按钮，在弹出的下拉列表中选中【与上一动画同时】选项。然后单击【预览】选项组中的【预览】按钮预览效果，如图 8-57 所示。

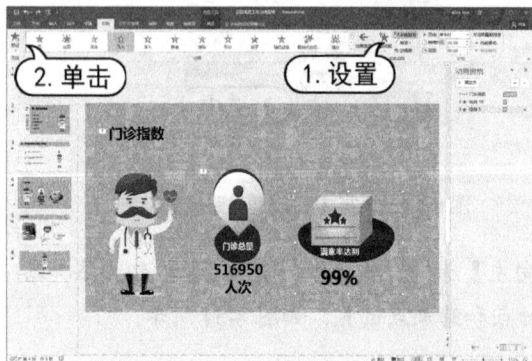

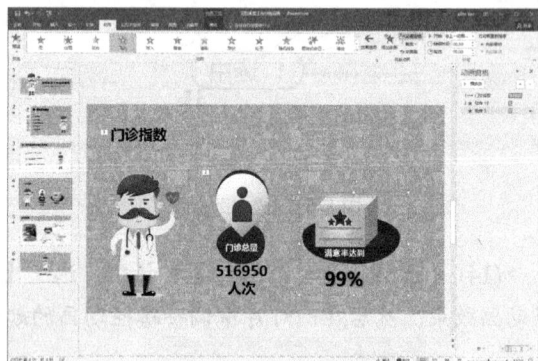

图 8-57　设置动画计时

（18）在幻灯片浏览窗格中，选中第 5 张幻灯片。选中幻灯片中的标题文本框，使用步骤(13)~(14)相同的操作方法添加路径动画，如图 8-58 所示。

（19）选中幻灯片中的左侧图片，在【高级动画】选项组中单击【添加动画】按钮，在弹出的下拉列表中选中【更多进入效果】命令。在打开的【添加进入效果】对话框中选中【阶梯状】选项，然后单击【确定】按钮，为图片添加进入动画效果，如图 8-59 所示。

（20）选中幻灯片中右侧图片上的文本框。在【高级动画】组中单击【添加动画】下拉列表按钮，在弹出的下拉列表中选中【更多强调效果】命令，打开【添加强调效果】对话框。在【添加强调效果】对话框中选中【闪烁】选项后，单击【确定】按钮，为文本添加强调效果，如图 8-60 所示。

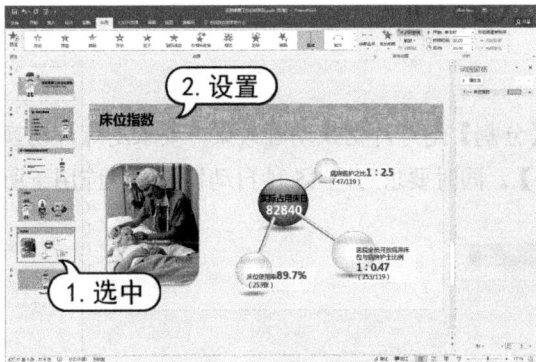

图 8-58　添加路径动画

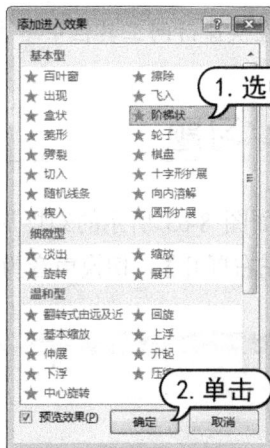

图 8-59　添加进入动画

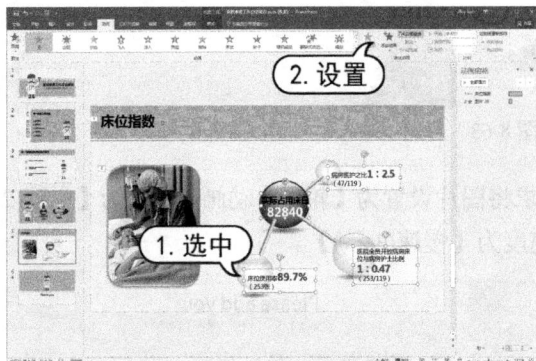

图 8-60　添加强调动画

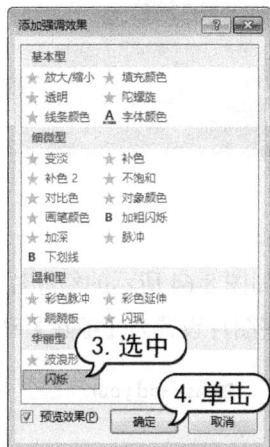

(21) 在【动画】窗格中，单击【图片 28】右侧的 ▼ 按钮，从弹出的菜单中选择【从上一项开始】命令，如图 8-61 所示。

(22) 再在【动画】窗格中，单击【图片 28】右侧的 ▼ 按钮，从弹出的菜单中选择【计时】命令，打开【阶梯状】对话框。在对话框的【期间】下拉列表中选择【中速(2 秒)】选项，然后单击【确定】按钮，如图 8-62 所示。

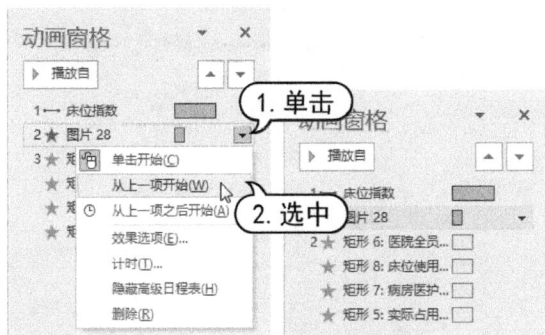

图 8-61　设置动画计时

图 8-62　设置动画计时

计算机基础与实训教材系列

(23) 在快速访问工具栏中单击【保存】按钮，保存演示文稿。

⑧.5 习题

1. 为如图 8-63 所示的幻灯片添加【分割】幻灯片切换动画效果，要求幻灯片切换效果为【中央向左右展开】，切换声音为【风声】。同时要求每隔 15 秒自动切换，且应用于所有幻灯片中。

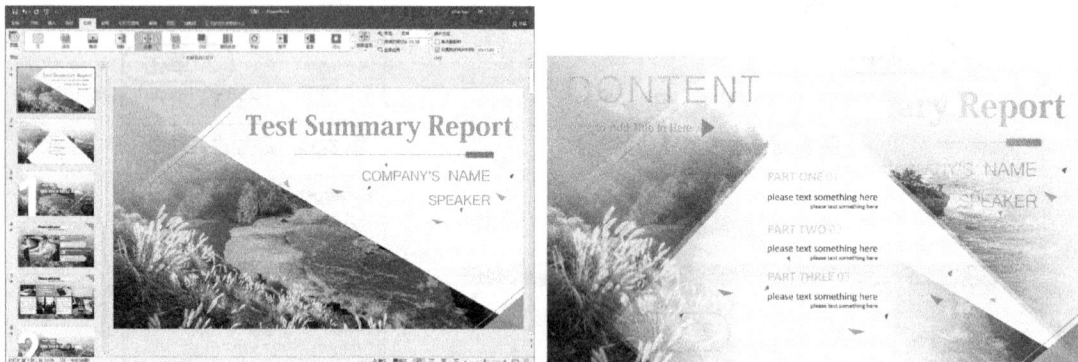

图 8-63　习题 1

2. 在如图 8-64 所示的幻灯片中，要求将图片设置为【轮子】动画、计时为【中速(2 秒)】；将内容文字图片设置为【擦除】动画，速度为【慢速(3 秒)】。

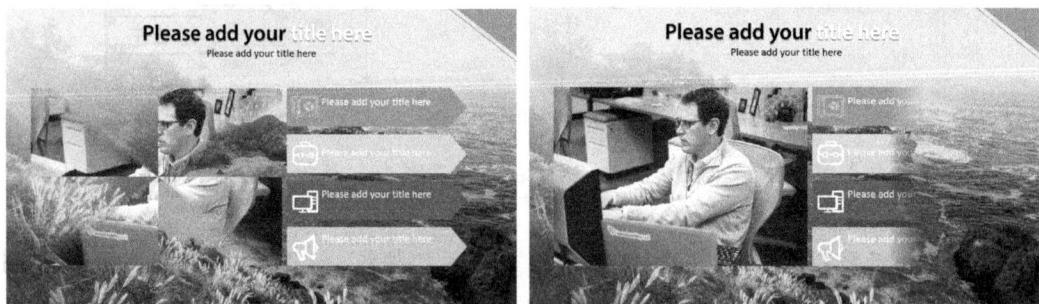

图 8-64　习题 2

第 9 章

管理和放映幻灯片

学习目标

在 PowerPoint 2016 中，可以通过使用节功能对幻灯片进行管理，以便更好地放映和保存。同时还可以选择最为理想的放映速度与放映方式，使幻灯片放映时结构清晰、节奏明快、过程流畅。另外，在放映时还可以利用绘图笔在屏幕上随时进行标记或强调，使重点更为突出。本章主要介绍放映和控制幻灯片、审阅演示文稿等操作。

本章重点

- ◉ 使用节管理幻灯片
- ◉ 设置放映方式
- ◉ 排练计时
- ◉ 放映演示文稿
- ◉ 审阅演示文稿

9.1 使用节管理幻灯片

在制作演示文稿的过程中并不经常使用节，但对于大型的演示文稿，利用节可以简化管理，并且起到导航的作用，使演示文稿的结构更加清晰。

9.1.1 创建节

对于大型的演示文稿，为幻灯片分节不仅可让演示文稿逻辑性更强，还可以与他人协作创建演示文稿。其方法是：在【幻灯片】窗格中，将光标定位到需要分节的幻灯片前面或选择该幻灯片。选择【开始】选项卡的【幻灯片】选项组，单击【节】按钮，在弹出的下拉列表中选择【新增节】选项，即可创建一个节，如图 9-1 所示。

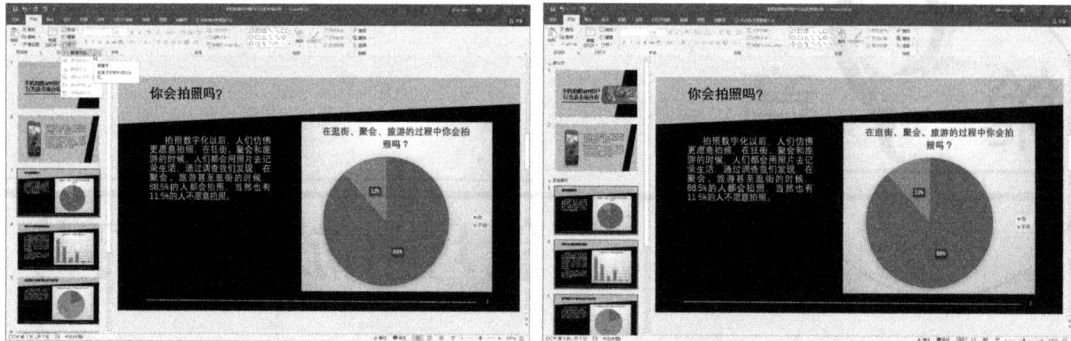

图 9-1　创建节

> **知识点**
>
> 在幻灯片浏览窗格中选择需要分节的幻灯片，右击，从弹出的快捷菜单中选择【新增节】命令即可创建一个节。

⑨.1.2　重命名节

创建的节，其名称都是默认的，为了更好地管理演示文稿中的幻灯片，可对节名称进行更改。更改节名称的方法很简单：在需要重命名的节上单击，选择该节的所有幻灯片，然后选择【开始】选项卡【幻灯片】选项组。单击【节】按钮，在弹出的下拉列表中选择【重命名节】选项，打开【重命名节】对话框。在【节名称】文本框中输入节名称，单击【重命名】按钮即可，如图 9-2 所示。

图 9-2　重命名节

> **知识点**
>
> 在节名称上右击，在弹出的快捷菜单中选择【重命名】命令，也可以打开【重命名】对话框更改节名称。

9.1.3 删除节

当不需要对演示文稿进行管理时，可将创建的节删除。删除节操作分为删除所选节、删除节和幻灯片，以及删除所有节这 3 种情况，其删除方法分别介绍如下。

- 删除所选节：在需要删除的节上右击，在弹出的快捷菜单中选择【删除节】命令，即可删除当前选择的节。
- 删除节和幻灯片：在需要删除的节上右击，在弹出的快捷菜单中选择【删除节和幻灯片】命令，即可删除该节，并同时删除该节中的所有幻灯片。
- 删除所有节：在任意节上右击，在弹出的快捷菜单中选择【删除所有节】命令，即可将演示文稿中创建的所有节删除。

提示

需要注意的是，不能对演示文稿中默认创建的第一个节执行删除操作。

9.1.4 折叠和展开节

如果演示文稿中创建的节较多，在对某一节中的幻灯片进行编辑和管理时，可将其他节折叠起来，隐藏节中的幻灯片。当需要进行操作时，再展开折叠的节，将节中的幻灯片显示出来。

1. 折叠和展开当前节

折叠和展开当前节是指对当前选择的节执行折叠或展开操作。其方法是：在需要折叠的节名称前单击 ◢ 图标，可折叠该节，隐藏其中的幻灯片。折叠节后，节标题前的 ◢ 图标将变成 ▷ 图标，单击该图标，可将折叠的节展开，如图 9-3 所示。

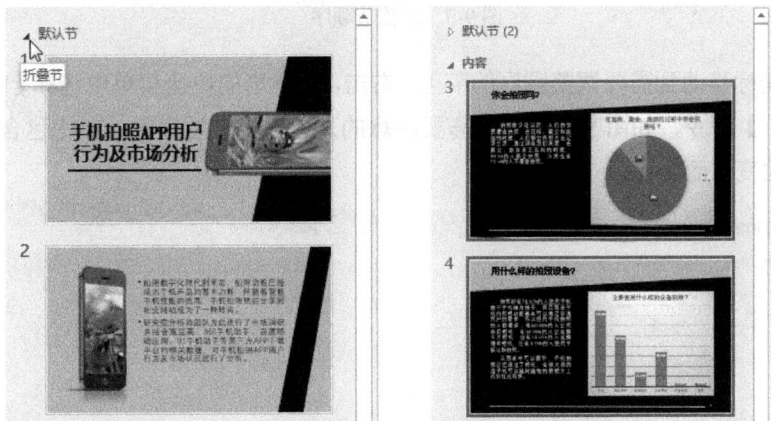

图 9-3 折叠当前节

2. 折叠和展开所有节

折叠和展开所有节是指对当前演示文稿中的所有节同时执行折叠和展开操作。其方法是：在演示文稿中任意节上右击，在弹出的快捷菜单中选择【全部折叠】或【全部展开】命令即可。图 9-4 所示为将演示文稿中的所有节折叠后的效果。

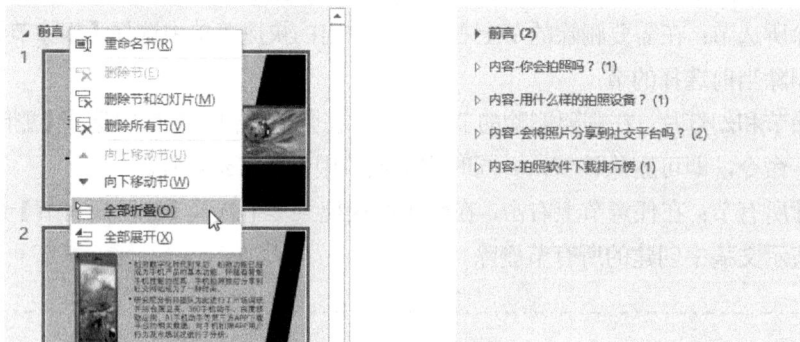

图 9-4　折叠所有节

⑨.1.5　调整节顺序

如果要调整创建节的顺序，可直接将光标移动到需要调整顺序的节上，并将其拖动到所需位置，然后释放鼠标即可，如图 9-5 所示。

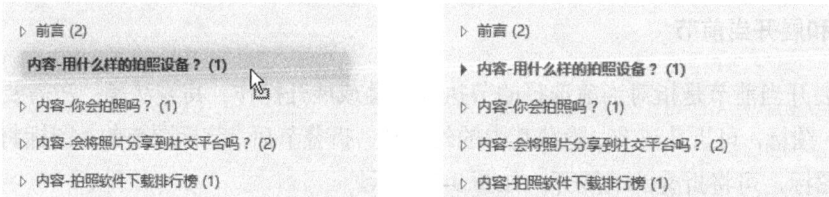

图 9-5　调整节顺序

也可以将光标移动到需要调整顺序的节上，右击，在弹出的快捷菜单中选择【向上移动节】或【向下移动节】命令，如图 9-6 所示。需要注意的是，调整节顺序时，节中包含的幻灯片也会随着节位置的变化而变化。

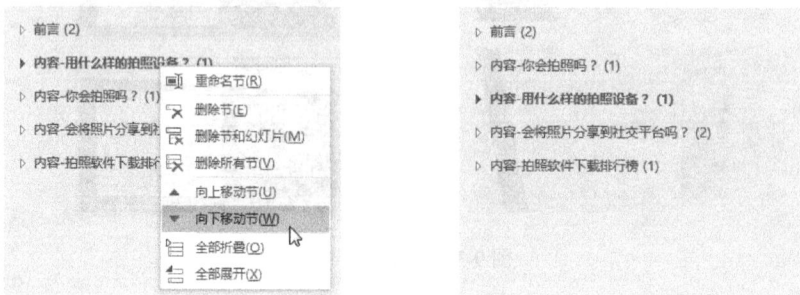

图 9-6　移动节位置

9.2　设置演示文稿放映

制作演示文稿的最终目的是放映给观众看。但制作好演示文稿后，并不能立即放映给观众，因为不同的放映场合，对演示文稿的放映要求会有所不同。所以，在放映之前，还需要对演示文稿进行一些放映设置，使其更符合放映的场合。

9.2.1　设置放映方式

根据放映的目的和场合不同，对演示文稿的放映方式会有所不同。设置放映方式包括设置幻灯片的放映类型、放映选项、放映幻灯片的范围以及换片方式和性能等，这些设置都是通过一个对话框进行设置的。其方法是：选择【幻灯片放映】选项卡的【设置】选项组，单击【设置幻灯片放映】按钮，打开如图 9-7 所示的【设置放映方式】对话框。在【放映类型】选项区域中可根据需要选择不同的放映类型；在【放映选项】选项区域中设置放映时的一些操作，如放映时不播放动画等；在【放映幻灯片】选项区域中可设置幻灯片放映的范围；在【换片方式】选项区域中可设置幻灯片放映时的切换方式。

在【设置放映方式】对话框的【放映类型】选项区域中可以设置幻灯片的放映模式。

- 【演讲者放映】模式(即全屏幕)：该模式是系统默认的放映类型，也是最常见的全屏放映方式。在这种放映方式下，演讲者现场控制演示节奏，具有放映的完全控制权。用户可以根据观众的反应随时调整放映速度或节奏，还可以暂停下来进行讨论或记录观众即席反应，甚至可以在放映过程中录制旁白。一般用于召开会议时的大屏幕放映、联机会议或网络广播等。

- 【观众自行浏览】模式(即窗口)：观众自行浏览是在标准 Windows 窗口中显示的放映形式，放映时的 PowerPoint 窗口具有菜单栏、Web 工具栏，类似于浏览网页的效果，便于观众自行浏览，如图 9-8 所示。使用该放映类型时，用户可以在放映时复制、编辑及打印幻灯片，并可以使用滚动条或 Page Up/Page Down 控制幻灯片的播放。该放映类型常用于在局域网或 Internet 中浏览演示文稿。

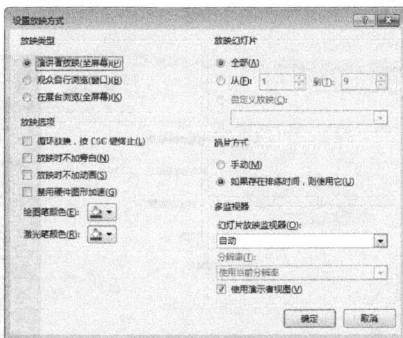

图 9-7　【设置放映方式】对话框　　　　图 9-8　观众自行浏览窗口

⊙ 【展台浏览】模式(即全屏幕)：采用该放映类型，最主要的特点是不需要专人控制就可以自动运行。在使用该放映类型时，如超链接等的控制方法都失效。当播放完最后一张幻灯片后，会自动从第一张重新开始播放，直至用户按下 Esc 键才会停止播放。该放映类型主要用于展览会的展台或会议中的某部分需要自动演示等场合。

知识点

使用【展台浏览】模式放映演示文稿时，用户不能对其放映过程进行干预，必须设置每张幻灯片的放映时间；或者预先设定演示文稿排练计时，否则可能会长时间停留在某张幻灯片上。

⑨.2.2 排练计时

排练计时是指将放映每张幻灯片的时间记录下来，之后放映演示文稿时，即可按排练的时间和顺序进行放映，从而实现演示文稿的自动放映。

【例9-1】使用【排练计时】功能排练演示文稿的放映时间。

(1) 在 PowerPoint 2016 中，打开"女性塑身方案"演示文稿，如图9-9所示。

(2) 打开【幻灯片放映】选项卡，在【设置】组中单击【排练计时】按钮，如图9-10所示。

图9-9 打开演示文稿

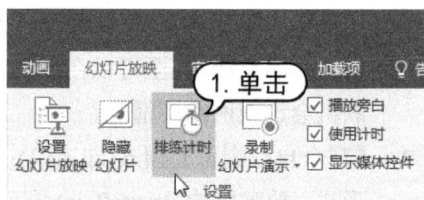

图9-10 单击【排列计时】按钮

(3) 演示文稿将自动切换到幻灯片放映状态，效果如图9-11所示。与普通放映不同的是，在幻灯片左上角将显示【录制】对话框。不断单击进行幻灯片的放映，此时【录制】对话框中的数据会不断更新。

图9-11 开始排练并打开【录制】对话框

(4) 当最后一张幻灯片放映完毕后，将打开 Microsoft PowerPoint 对话框。该对话框显示幻灯片播放的总时间，并询问用户是否保留该排练时间，单击【是】按钮，如图 9-12 所示。

(5) 此时，演示文稿将切换到幻灯片浏览视图，从幻灯片浏览视图中可以看到每张幻灯片下方均显示各自的排练时间，如图 9-13 所示。

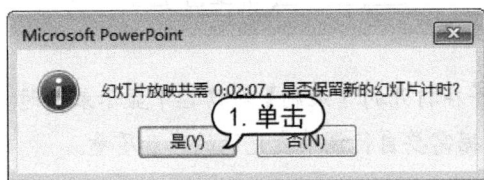

图 9-12 提示信息框

图 9-13 显示排练时间

提示

在幻灯片放映过程中，通过单击或按键盘上的 Enter 键都可以切换到幻灯片中的下一个动画或下一张幻灯片。

9.2.3 录制旁白

在放映演示文稿时，可以通过录制旁白的方法事先录制好演讲者的演说词，这样播放时会自动播放录制好的演说词。要录制旁白，必须保证电脑中已经安装声卡和麦克风。

录制旁白的方法是：选择需录制旁白的幻灯片，选择【幻灯片放映】选项卡的【设置】选项组，单击【录制幻灯片演示】按钮右侧的▼按钮；在弹出的下拉列表中选择【从当前幻灯片开始录制】选项或【从头开始录制】选项，在打开的【录制幻灯片演示】对话框中取消选中【幻灯片和动画计时】复选框，单击【开始录制】按钮。此时进入幻灯片放映状态，并开始录制旁白。录制完成后按 Esc 键退出幻灯片放映状态，返回幻灯片普通视图，并且录制旁白的幻灯片中将会出现声音文件图标。

【例 9-2】为"女性塑身方案"演示文稿录制旁白。

(1) 在 PowerPoint 2016 中，打开排练计时后的"女性塑身方案"演示文稿。打开【幻灯片放映】选项卡，在【设置】选项组中单击【录制幻灯片演示】按钮，从弹出的菜单中选择【从头开始录制】命令，打开【录制幻灯片演示】对话框。保持默认设置，单击【开始录制】按钮，如图 9-14 所示。

图 9-14　录制演示文稿

(2) 进入幻灯片放映状态，同时开始录制旁白，并在打开的【录制】对话框中显示录制时间，如图 9-15 所示。如果是第一次录音，用户可以根据需要自行调节麦克风的声音质量。

图 9-15　开始录制旁白

知识点

在【录制幻灯片演示】对话框选中【幻灯片和动画计时】、【旁白和激光笔】复选框后，用户即可通过麦克风为演示文稿配置语音，同时也可以录制幻灯片放映的时间；按住 Ctrl 键还可以激活激光笔工具，指示演示文稿的重点部分。

(3) 单击或按 Enter 键切换到下一张幻灯片。当旁白录制完成后，按下 Esc 键或者单击即可。此时，演示文稿将切换到幻灯片浏览视图，即可查看录制的效果，如图 9-16 所示。

提示

录制了旁白的幻灯片右下角会显示一个声音图标。如果要删除幻灯片中的旁白，只需在幻灯片编辑窗口中单击选中声音图标，按下 Delete 键即可。

图 9-16　在浏览视图中显示旁白声音图标

知识点

如放映幻灯片时不需要使用录制的旁白和排练计，可在【幻灯片放映】选项卡的【设置】选项组中取消选中【播放旁白】和【使用计时】复选框。要删除录制的旁白和排练计，可单击【录制幻灯片演示】按钮，从弹出的下拉列表中选择【清除】命令，再从弹出的列表中选择相应清除选项即可，如图 9-17 所示。

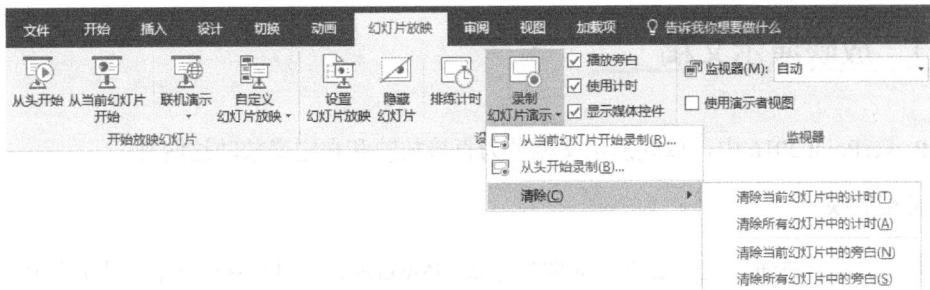

图 9-17　【清除】命令

9.2.4　隐藏和显示幻灯片

放映幻灯片时，系统将自动按设置的放映方式依次放映每张幻灯片，但实际放映过程中，可以将暂时不需要放映的幻灯片隐藏起来，等到需要时再显示。隐藏和显示幻灯片的方法分别介绍如下。

- 隐藏幻灯片：选择需要隐藏的幻灯片，然后选择【幻灯片放映】选项卡的【设置】选项组，单击【隐藏幻灯片】按钮，即可隐藏幻灯片，被隐藏的幻灯片的张数上将有一条斜线，如图 9-18 所示。

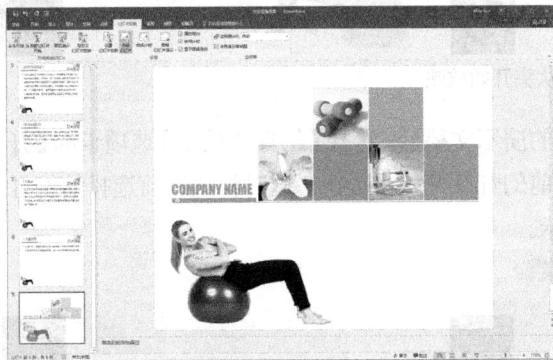

图 9-18　隐藏幻灯片

提示

在需要隐藏的幻灯片上右击，在弹出的快捷菜单中选择【隐藏幻灯片】命令，即可隐藏幻灯片。

- 显示幻灯片：选择已隐藏的幻灯片，再次单击【隐藏幻灯片】按钮，即可将隐藏的幻灯片显示出来。

9.3　放映和控制放映幻灯片

做好演示文稿的放映准备后，即可开始对演示文稿进行放映。在放映过程中，还可根据需要对幻灯片中的重点内容进行标记，以突出显示。

9.3.1 放映演示文稿

在 PowerPoint 2016 中，放映演示文稿分为直接放映和自定义放映这两种。

1. 直接放映

直接放映是放映演示文稿最常用的放映方式，PowerPoint 2016 中提供了从头开始放映和从当前幻灯片开始放映这两种。

- 从头开始放映：打开需放映的演示文稿后，选择【幻灯片放映】选项卡的【开始放映幻灯片】选项组。单击【从头开始】按钮，不管当前选择了哪张幻灯片，都将从演示文稿的第 1 张幻灯片开始放映，如图 9-19 所示。

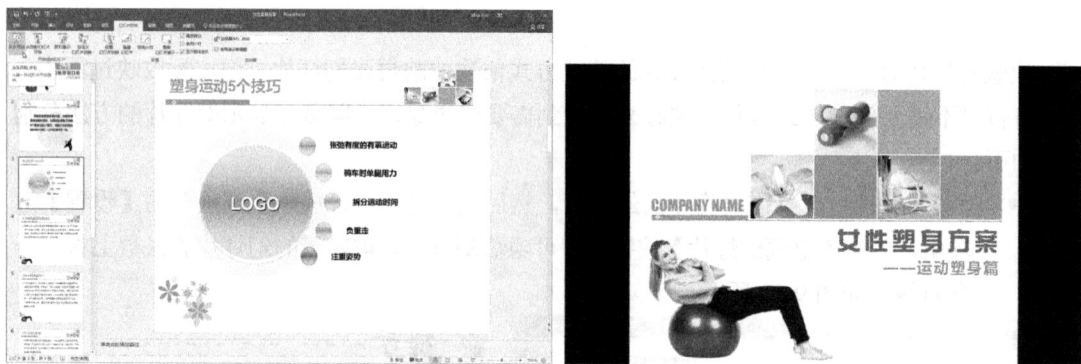

图 9-19　从头开始放映

- 从当前幻灯片开始放映：打开需放映的演示文稿后，选择【幻灯片放映】选项卡的【开始放映幻灯片】选项组。单击【从当前幻灯片开始】按钮，这时将从当前选择的幻灯片开始依次往后放映，如图 9-20 所示。

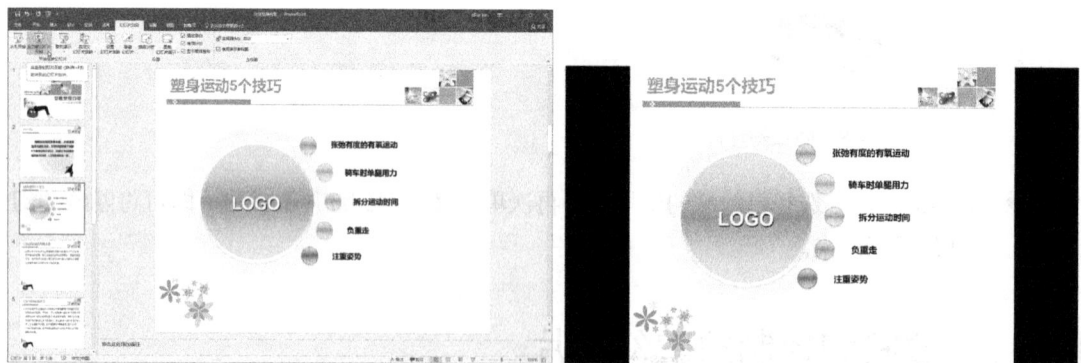

图 9-20　从当前幻灯片开始放映

提示

单击快速访问工具栏中的【从头开始】按钮或按 F5 键则可从该演示文稿的第 1 张幻灯片开始放映。

2. 自定义放映

如果只需要对演示文稿中的部分幻灯片进行放映，可采用自定义放映方式来选择放映的幻灯片。自定义放映的幻灯片即可以是连续的，也可以是不连续的，这种放映方式一般多应用于大型的演示文稿中。

【例 9-3】 为演示文稿创建自定义放映。

(1) 在 PowerPoint 2016 中，打开"考核情况"演示文稿，如图 9-21 所示。

(2) 打开【幻灯片放映】选项卡，单击【开始放映幻灯片】选项组的【自定义幻灯片放映】按钮，在弹出的菜单中选择【自定义放映】命令，如图 9-22 所示。

图 9-21 打开演示文稿 　　　　　图 9-22 自定义放映

(3) 打开【自定义放映】对话框，单击【新建】按钮，打开【定义自定义放映】对话框。在【幻灯片放映名称】文本框中输入文字"考核情况"，在【在演示文稿中的幻灯片】列表中选择第 1 至 5 张幻灯片名称，然后单击【添加】按钮。将 5 张幻灯片添加到【在自定义放映中的幻灯片】列表中，单击【确定】按钮，如图 9-23 所示。

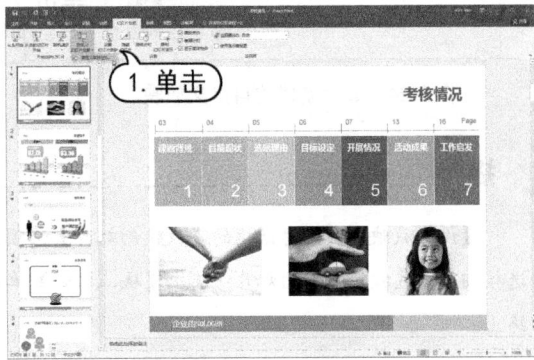

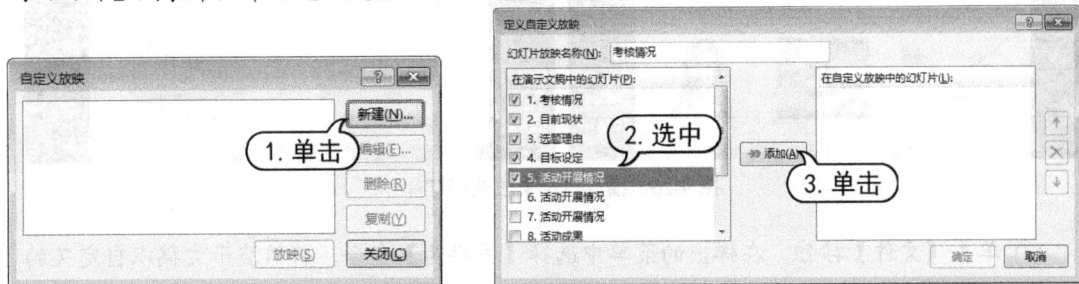

图 9-23 新建自定义放映

(4) 返回至【自定义放映】对话框，在【自定义放映】列表中显示创建的放映，单击【关闭】按钮，如图 9-24 所示。

(5) 在【幻灯片放映】选项卡的【设置】选项组中单击【设置幻灯片放映】按钮，打开【设置放映方式】对话框。在【放映幻灯片】选项区中选中【自定义放映】单选按钮，然后在其下方的列表框中选择需要放映的自定义放映，单击【确定】按钮，如图 9-25 所示。

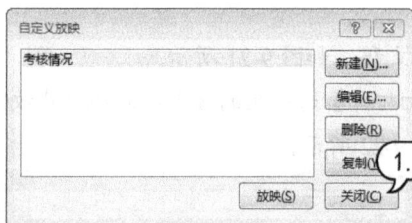

图 9-24 显示创建的自定义放映　　　　　　图 9-25 设置自定义放映方式

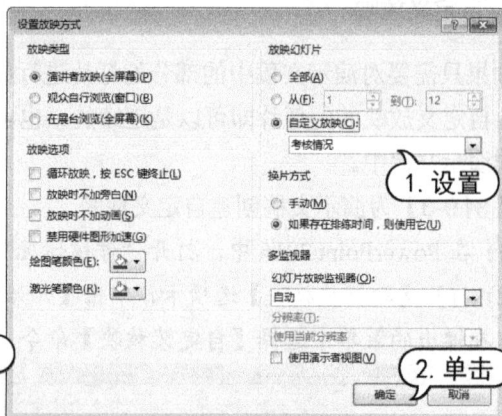

> **提示**
>
> 【设置放映方式】对话框的【放映幻灯片】选项区域用于设置放映幻灯片的范围：选中【全部】单选按钮，设置放映全部幻灯片；选中【从……到】单选按钮，设置从某张幻灯片开始放映到某张幻灯片终止。

(6) 按下 F5 键时，将自动播放自定义放映幻灯片，效果如图 9-26 所示。

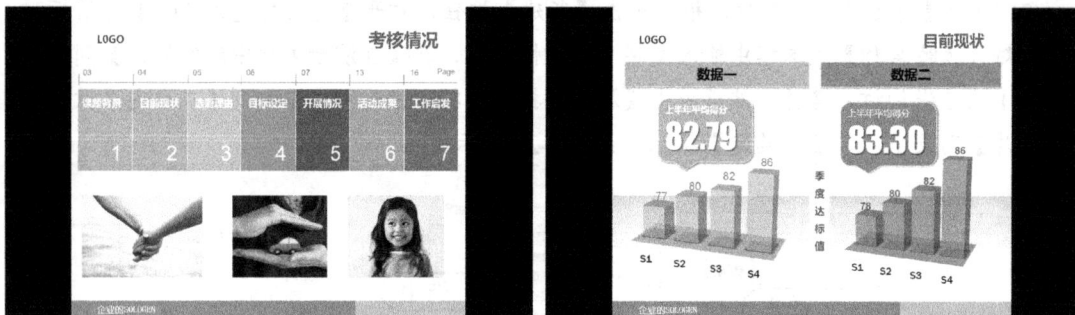

图 9-26 播放自定义放映幻灯片

(7) 单击【文件】按钮，在弹出的菜单中选择【另存为】命令，将该演示文稿以自定义的名称进行保存。

> **知识点**
>
> 设置自定义放映后，选择【幻灯片放映】选项卡。在【开始放映幻灯片】选项组中，单击【自定义幻灯片放映】按钮，在弹出的下拉列表中将显示自定义放映的名称，如图 9-27 所示。选择相应的名称，即可进入自定义幻灯片放映状态。

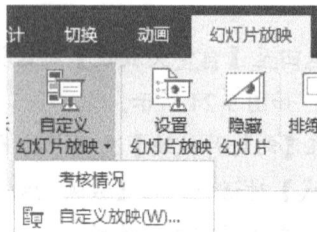

图 9-27 显示自定义放映名称

9.3.2 在演示者视图中放映幻灯片

在放映演示文稿的过程中，也可将演示者视图显示出来，在其中不仅可查看动画效果，还可查看到添加的备注信息等。在演示者视图中放映幻灯片的方法是：在放映视图中的幻灯片上右击，在弹出的快捷菜单中选择【显示演示者视图】命令，在打开的窗口中将放映幻灯片，如图 9-28 所示。

图 9-28 在演示者视图中放映幻灯片

9.3.3 手动定位幻灯片

在默认情况下，演示文稿中的幻灯片会根据排列的顺序进行播放。在放映过程中，当某张幻灯片不需要按顺序进行播放时，可手动定位幻灯片进行播放。在不同的放映类型中，其手动定位幻灯片的方法不同。

1. 在演讲者放映下手动定位幻灯片

将演示文稿的放映类型设置为演讲者放映，然后进入演示文稿放映状态，在放映的幻灯片上右击，在弹出的快捷菜单中选择【查看所有幻灯片】命令，在打开的面板中显示了演示文稿中的所有幻灯片，如图 9-29 所示。选择相应的幻灯片选项，即可切换到该幻灯片中进行放映。

图 9-29 查看所有幻灯片

2. 在观众自行浏览放映下手动定位幻灯片

将会演示文稿的放映类型设置为观众自行浏览放映，然后进入观众自行浏览放映状态。在放映的幻灯片上右击，在弹出的快捷菜单中选择【定位幻灯片】命令，在弹出的子菜单中显示了演示文稿中的所有幻灯片。选择相应的幻灯片选项，即可切换到该幻灯片中进行放映，如图9-30 所示。

图9-30 定位幻灯片

> **知识点**
>
> 在放映幻灯片的过程中，按键盘上的数字键输入需定位的幻灯片编号，再按 Enter 键，可快速切换到该张幻灯片。

⑨ 3.4 标记重要内容

在放映演示文稿的过程中，若想突出幻灯片中的某些重要内容，演讲者可以通过屏幕上添加注释、下划线和圆圈等来勾勒出重点。

【例9-4】放映"女性塑身方案"演示文稿，使用绘图笔标注重点。

(1) 在 PowerPoint 2016 中，打开排练计时后的演示文稿。打开【幻灯片放映】选项卡，在【开始放映幻灯片】组中单击【从头开始】按钮，放映演示文稿，如图9-31 所示。

(2) 单击 ✏ 按钮，或者在屏幕中右击，在弹出的快捷菜单中选择【指针选项】|【荧光笔】命令，将绘图笔设置为荧光笔样式，如图 9-32 所示。

图9-31 放映幻灯片

图9-32 设置荧光笔

(3) 再单击 🖉 按钮，在弹出的快捷菜单中选择【墨迹颜色】命令。在打开的【标准色】面板中选择【浅绿】选项，如图9-33所示。

(4) 此时，幻灯片中的鼠标指针变为一个小色块，在需要标记重点的位置拖动绘制，如图9-34所示。

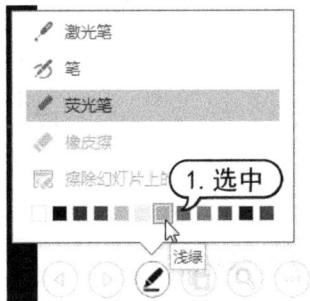

图9-33 选择荧光笔颜色

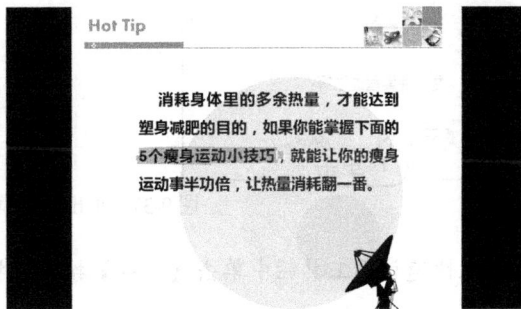

图9-34 使用荧光笔绘制墨迹

(5) 当放映到第5张幻灯片时，右击空白处，从弹出的快捷菜单中选择【指针选项】|【笔】命令，如图9-35所示。

(6) 再次右击，从弹出的快捷菜单中选择【指针选项】|【墨迹颜色】命令，然后从弹出的颜色面板中选择【红色】色块。然后，进行拖动在放映的幻灯片中勾画重点，如图9-36所示。

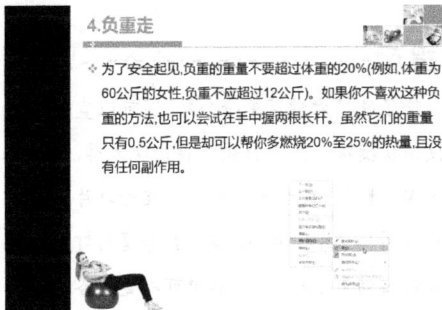

图9-35 选择笔选项

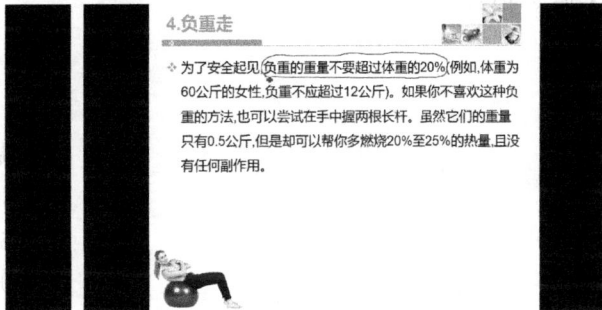

图9-36 使用笔在幻灯片中绘制重点

知识点

在【指针选项】子菜单中还提供了【激光指针】命令，该命名主要用于在放映过程中指出重点的内容，但不能勾画出重点内容。在添加标注过程中，如要删除添加的标注，可在幻灯片中右击，从弹出的快捷菜单中选择【指针选项】|【橡皮擦】或【擦除幻灯片上的所有墨迹】命令。此时，光标变为 形状，然后在墨迹上单击即可删除。

(7) 当幻灯片播放完毕后，单击以退出放映状态时，系统将弹出对话框询问用户是否保留在放映时所做的墨迹注释。单击【保留】按钮，将绘制的注释图形保留在幻灯片中，如图9-37所示。

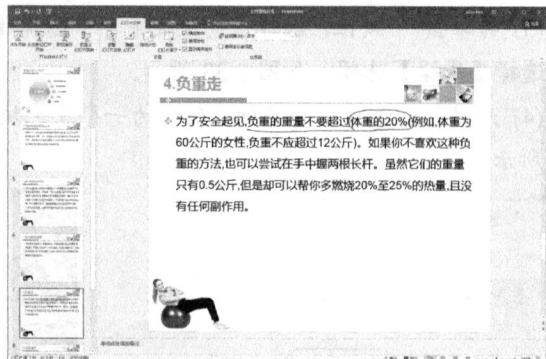

图 9-37　退出放映模式保留笔迹

(8) 在快速访问工具栏中单击【保存】按钮，将修改后的演示文稿保存。

⑨.3.5　使用黑屏或白屏

在幻灯片放映的过程中，有时为了隐藏幻灯片内容，可以将幻灯片进行黑屏或白屏显示。具体方法为：在弹出的如图 9-38 所示的右键菜单中选择【屏幕】|【黑屏】命令或【屏幕】|【白屏】命令即可。

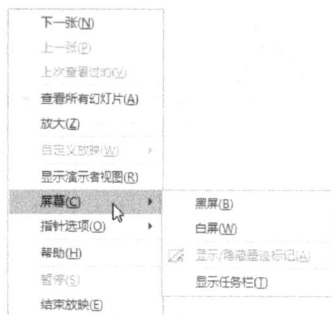

图 9-38　【屏幕】联级菜单

提示

除了选择右键菜单命令外，还可以直接使用快捷键。按下 B 键，将出现黑屏，按下 W 键将出现白屏。另外，在幻灯片放映视图模式中，按 F1 键，打开【幻灯片放映帮助】对话框，在其中可以查看各种快捷键的功能。

⑨.4　审阅演示文稿

PowerPoint 提供了多种实用的工具——审阅功能，允许对演示文稿进行校验和翻译，甚至允许多个用户对演示文稿的内容进行编辑并标记编辑历史等。

⑨.4.1　校验演示文稿

校验演示文稿功能的作用是校验演示文稿中使用的文本内容是否符合语法。它可以将演示文稿中的词汇与 PowerPoint 自带的词汇进行比较，查找出使用错误的词。

【例 9-5】校验制作的【励志名言】演示文稿。

(1) 在 PowerPoint 2016 中，打开"励志名言"演示文稿，并选中第 2 张幻灯片将其显示在窗口中，如图 9-39 所示。

(2) 打开【审阅】选项卡。在【校对】组中单击【拼写检查】按钮，打开【拼写检查】窗格，自动校验演示文稿。并检测所有文本中的不符合词典的单词，如图 9-40 所示。

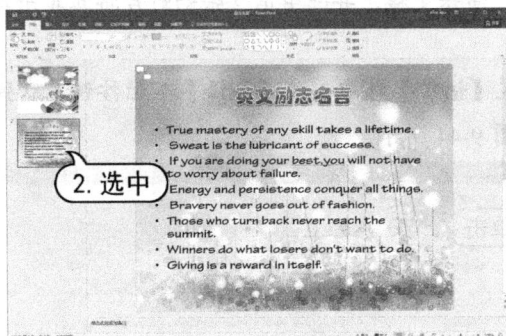

图 9-39　选中幻灯片

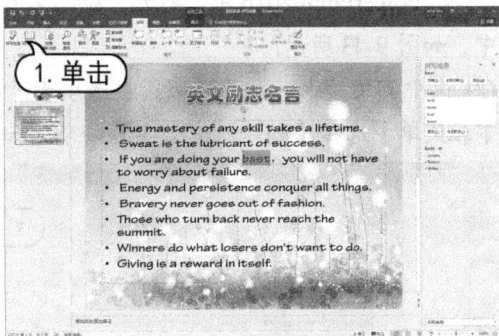

图 9-40　【拼写检查】窗格

(3) 在【拼写检查】窗格中显示不符合词典的单词，同时在其下方的列表框中为用户提供更改的建议。选中正确的拼写，单击【更改】按钮，如图 9-41 所示。

(4) 当检测完毕后，自动打开 Microsoft PowerPoint 提示框，提示用户拼写检查结束。单击【确定】按钮，如图 9-42 所示。

图 9-41　更改拼写

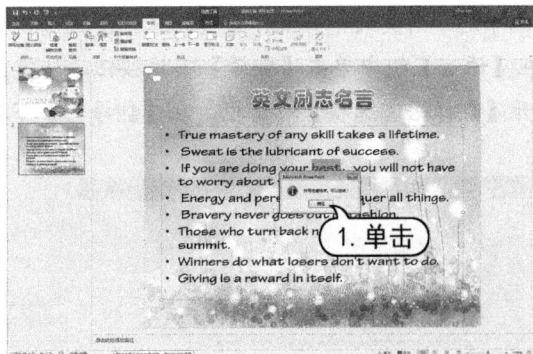

图 9-42　完成拼写检查

知识点

在【拼写检查】窗格中，单击【全部忽略】按钮，将忽略该词汇在演示文稿中的每一次出现的报错；单击【更改】按钮，对出现的错误进程更改；单击【全部更改】按钮，应用对该词汇的所有更改；单击【添加】按钮，将该词汇添加到 PowerPoint 的词汇中。

⑨.4.2　翻译内容

Office 系统软件可以直接调用微软翻译网站的翻译引擎，将演示文稿中选中的文本翻译为所需的语言。

【例9-6】 在"励志名言"演示文稿中，翻译幻灯片中的英文内容。

(1) 在 PowerPoint 2016 中，打开"励志名言"演示文稿，并选中第 2 张幻灯片将其显示在窗口中，如图 9-43 所示。

(2) 选中英文文本，打开【审阅】选项卡。在【语言】组中单击【翻译】下拉按钮，从弹出的下拉菜单中选择【翻译所选文字】命令，如图 9-44 所示。

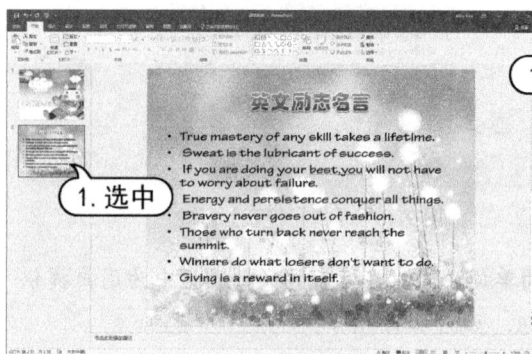

图 9-43　选中幻灯片　　　　　图 9-44　翻译所选文字

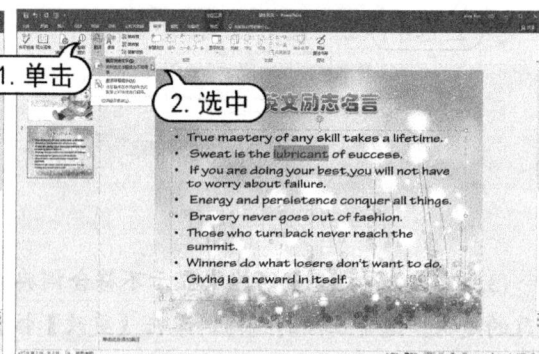

(3) 打开【信息检索】任务窗格。单击➡按钮，此时 PowerPoint 2016 会自动通过互联网的翻译引擎翻译选中的英文，并显示翻译结果，如图 9-45 所示。

(4) 在【语言】组中单击【翻译】下拉按钮，从弹出的下拉菜单中选择【翻译屏幕提示】命令，打开【翻译语言选项】对话框，在【翻译为】下拉列表中选择翻译语言，然后单击【确定】按钮。

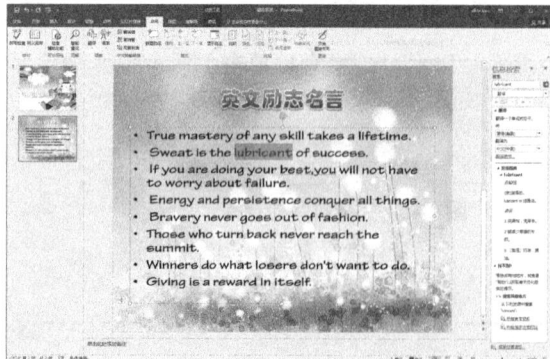

图 9-45　显示翻译界过　　　　　图 9-46　设置翻译语言选项

(5) 将鼠标指针指向单词中，自动弹出屏幕提示框，显示语法和解释，如图 9-47 所示。

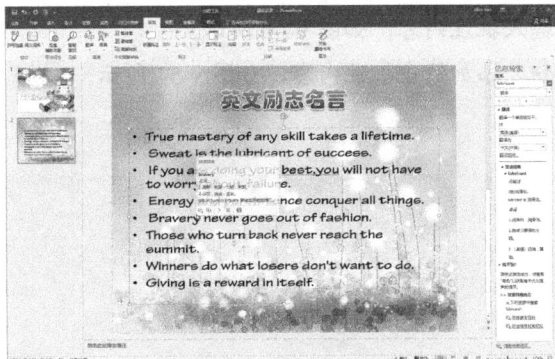

图 9-47　显示语法和解释

> **提示**
>
> 在屏幕提示框中，单击【播放】按钮，试听读音。单击【展开】按钮，打开【信息检索】任务窗格。开始检索信息，并在列表框中显示检索的结果。

> **提示**
>
> PowerPoint 显示的文本为简体中文，使用 PowerPoint 的编码转换功能，进行简繁转换。其方法为：选中占位符，打开【审阅】选项卡，在【中文简繁转换】组中单击【简转繁】按钮即可。若单击【简繁转换】按钮，打开【中文简繁转换】对话框，在其中可以设置转换方向(繁体转换为简体或者简体转换为繁体)。

⑨.4.3　创建批注

在用户制作完演示文稿后，还可以将演示文稿提供给其他用户，让其他用户参与到演示文稿的修改中，添加对演示文稿的修改意见。这时就需要其他用户使用 PowerPoint 的批注功能对演示文稿进行修改和审阅。

【例 9-7】在"励志名言"演示文稿中创建批注。

(1) 在 PowerPoint 2016 中，打开"励志名言"演示文稿，并选中第 2 张幻灯片将其显示在窗口中，如图 9-48 所示。

(2) 打开【审阅】选项卡，在【批注】组中单击【新建批注】按钮，此时会打开【批注】任务窗格，如图 9-49 所示。

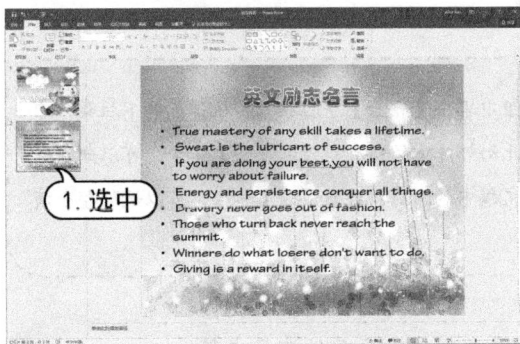

图 9-48　选中幻灯片

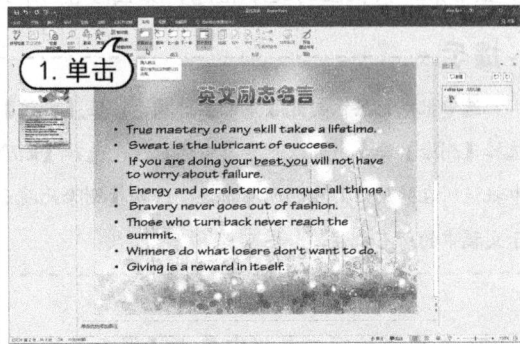

图 9-49　打开【批注】窗格

(3) 在【批注】窗格中，输入批注文本框输入批注内容，如图 9-50 所示。

(4) 在【批注】窗格中，单击【新建】按钮，添加输出批注内容，如图 9-51 所示。

图 9-50 输入批注文本

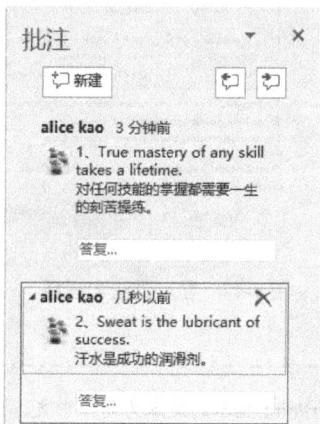

图 9-51 查看创建的批注文本

(5) 关闭【批注】窗格，在幻灯片中将鼠标指针移动到左上角第一个批注标签上单击，再次打开【批注】窗格，显示文本信息，如图 9-52 所示。

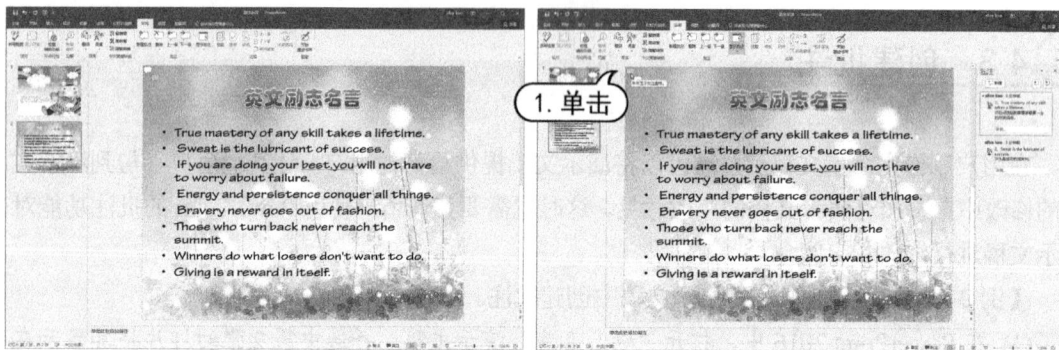

图 9-52 为其他幻灯片添加批注

(6) 在【审阅】选项卡的【批注】选项组中，单击【下一条】按钮，将在【批注】窗格中选中显示第二条批注的文本信息，如图 9-53 所示。

💁 **提示** -----

　　选中批注标签，打开【审阅】选项卡。在【批注】组中单击【删除】下拉按钮，从弹出的下拉菜单中选择【删除】命令，可以删除选中的批注；选择【删除此幻灯片中的所有批注和墨迹】命令，可以删除选中批注所在的幻灯片中的所有批注；选择【删除此演示文稿中的所有批注和墨迹】命令，可以删除整个演示文稿中的所有批注，如图 9-54 所示。

(7) 在快速访问工具栏中单击【保存】按钮，保存创建批注后的演示文稿。

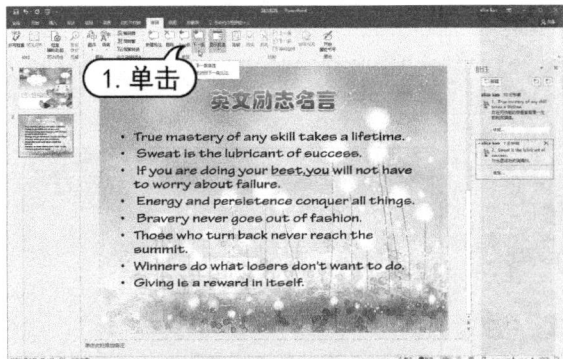

图 9-53　显示下一条批注

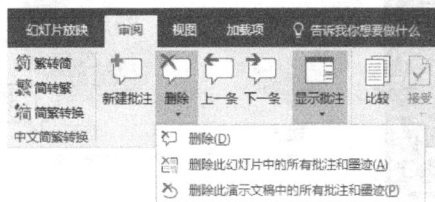

图 9-54　【删除】选项

⑨.5　上机练习

本章的上机练习主要练习放映"幼儿英语教学"演示文稿综合实例操作，使用户更好地掌握放映幻灯片、控制幻灯片的放映过程、审阅演示文稿等基本操作方法和技巧。

(1) 在 PowerPoint 2016 中，打开"幼儿英语教学"演示文稿。打开【幻灯片放映】选项卡，在【设置】选项组中单击【排练计时】按钮，演示文稿将自动切换到幻灯片放映状态，如图 9-55 所示。

(2) 当放映到第 3 张幻灯片时，右击空白处，从弹出的快捷菜单中选择【指针选项】|【荧光笔】命令。此时，通过拖动在放映界面中的文字内容上添加墨迹，如图 9-56 所示。

图 9-55　排练计时

图 9-56　添加荧光笔

(3) 当放映到第 4 张幻灯片时，继续使用荧光笔在所需要的位置添加墨迹，如图 9-57 所示。

(4) 不断单击进行幻灯片的放映，此时【录制】对话框中的数据会不断更新。当最后一张幻灯片放映完毕后，将打开 Microsoft PowerPoint 对话框询问用户是否保留在放映时所做的墨迹注释，单击【保留】按钮，如图 9-58 所示。

(5) 在继续打开的 Microsoft PowerPoint 对话框中，显示幻灯片播放的总时间，并询问用户是否保留该排练时间，单击【是】按钮，如图 9-59 所示。

图 9-57　添加荧光笔

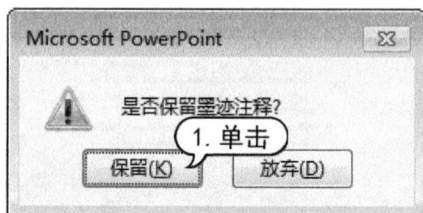

图 9-58　保留墨迹

（6）在幻灯片浏览窗格中选中第 3 张幻灯片，选中 "樱桃 Cherry" 文本框，打开【审阅】选项卡。在【批注】选项组中单击【新建批注】按钮，打开【批注】窗格，在其中输入要显示的批注文本信息，如图 9-60 所示。

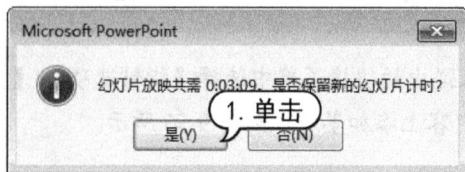

图 9-59　询问提示框

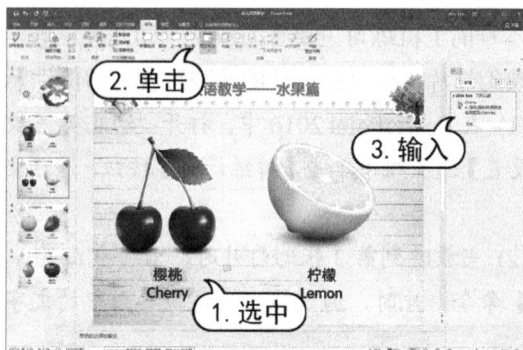

图 9-60　新建批注

（7）打开第 4 张幻灯片，选中 "草莓 Strawberry" 文本框。在【批注】窗格中单击【新建】按钮，然后输入要显示的批注文本信息，如图 9-61 所示。

（8）在【幻灯片放映】选项卡中，单击【设置】选项组中的【录制幻灯片演示】按钮。在弹出的下拉列表中选择【从头开始录制】命令，如图 9-62 所示。

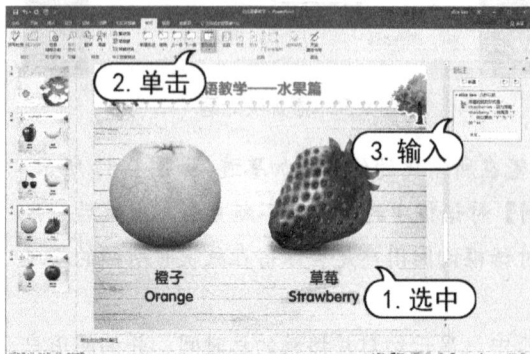

图 9-61　新建批注

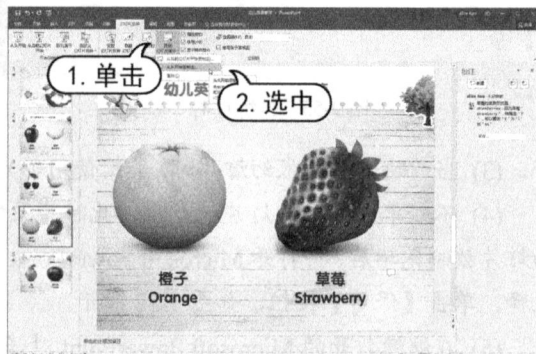

图 9-62　录制幻灯片演示

(9) 在打开的【录制幻灯片演示】对话框中，单击【开始录制】按钮，进入幻灯片录制状态。按键盘上的 Enter 键可切换幻灯片，如图 9-63 所示。

图 9-63　开始放映演示文稿

(10) 当幻灯片播放完毕后，退出放映状态时。此时幻灯片右下角将添加一个声音图标，如图 9-64 所示。

(11) 在【开始放映幻灯片】选项组中，单击【自定义幻灯片放映】按钮，从弹出的菜单中选择【自定义幻灯片放映】命令，如图 9-65 所示。

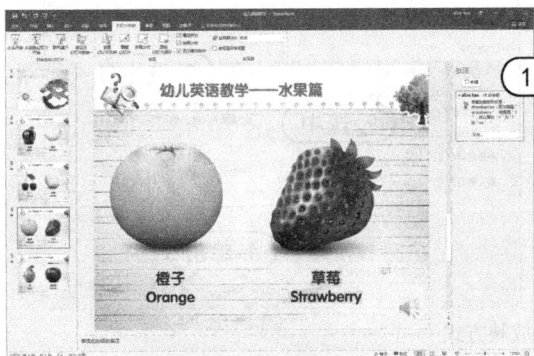

图 9-64　结束播放

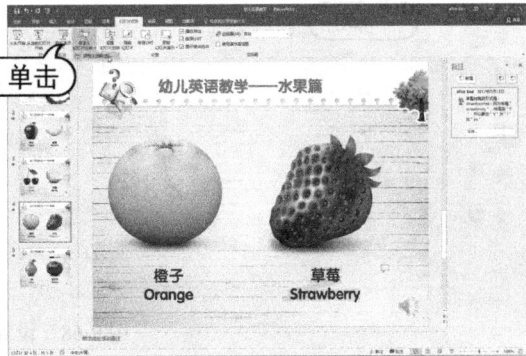

图 9-65　自定义幻灯片放映

(12) 打开【定义自定义放映】对话框，在对话框的【在演示文稿中的幻灯片】列表框中，选中所需要放映的幻灯片。单击【添加】按钮，然后再单击【确定】按钮自定义放映，如图 9-66 所示。

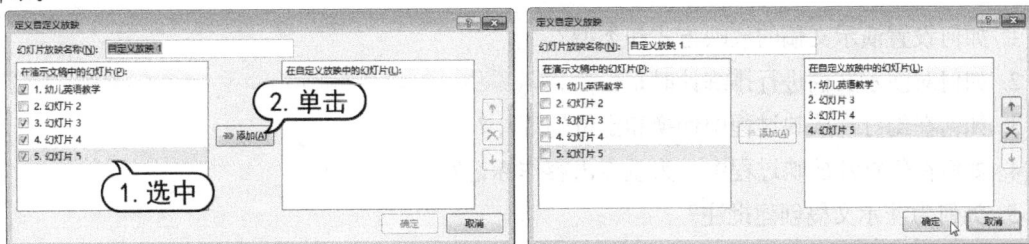

图 9-66　定义自定义放映

(13) 在打开的【自定义放映】对话框中，选中刚定义的【自定义放映 1】。单击【放映】按钮，开始自动放映幻灯片，如图 9-67 所示。

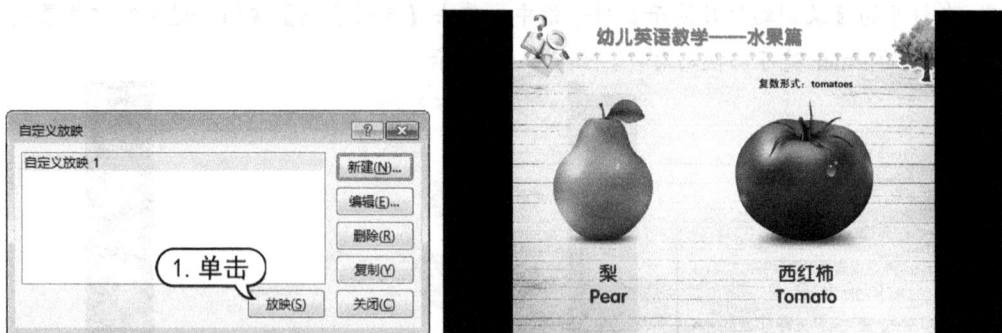

图 9-67　放映自定义放映

(14) 结束放映后，在【设置】选项组中，单击【设置幻灯片放映】按钮，打开【设置放映方式】对话框。在对话框的【放映选项】选项区中选中【放映时不加旁白】复选框，在【换片方式】选项区中选中【手动】单选按钮，然后单击【确定】按钮，如图 9-68 所示。

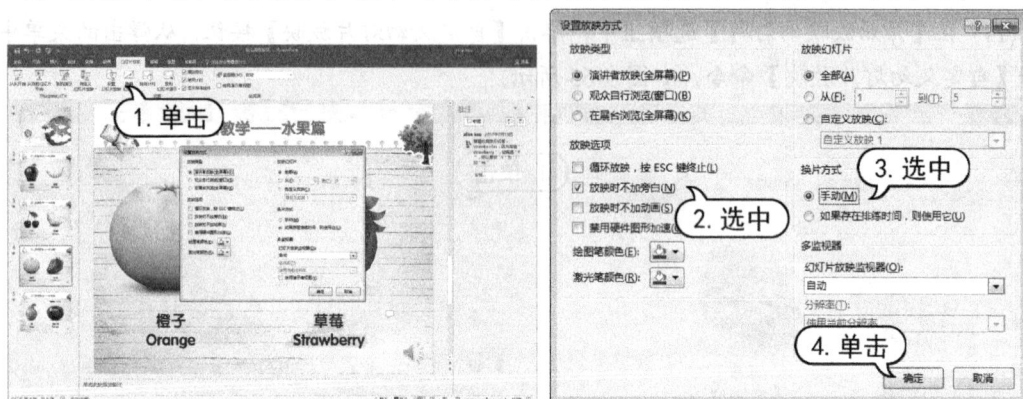

图 9-68　设置放映方式

(15) 在快速访问工具栏中单击【保存】按钮，保存编辑后的演示文稿。

⑨.6　习题

1. 如何设置演示文稿的放映方式和类型？
2. 如何对演示文稿进行排练计时？
3. 如何在幻灯片放映过程中切换和定位幻灯片？
4. 如何在幻灯片放映过程中，为重点内容作标记？
5. 如何为演示文稿创建批注？
6. 如何翻译演示文稿中的英文文本？

第10章
共享、导出和打印演示文稿

学习目标

　　制作好的演示文稿，不仅可以放映给让人观看，或与他人共享；还可以将其转换为其他格式进行传送，或将其打印在纸张上。PowerPoint 提供了多种共享、输出演示文稿的方法，用户可以将制作出来的演示文稿输出为多种形式，以满足在不同环境下的需要。本章将对共享、导出和打印演示文稿的方法进行详细讲解。

本章重点

　⊙　邀请他人
　⊙　联机演示
　⊙　导出演示文稿
　⊙　打印演示文稿

10.1 共享演示文稿

　　共享演示文稿就是通过一些途径将制作好的演示文稿共享给他人浏览、查阅。在 PowerPoint 2016 中提供了多种快速、方便的共享演示文稿途径。

10.1.1 邀请他人

　　如果要将演示文稿共享给特定的某个人，可以通过邀请他人的方式与其共享，但共享的演示文稿必须保存到 OneDrive 中。

　　【例 10-1】邀请他人共享演示文稿。

　　(1) 在 PowerPoint 2016 中，打开"考核情况"演示文稿。单击【文件】按钮，选择【另存为】命令。在【另存为】页面中选中【OneDrive-个人】选项，在右侧选择存储的 OneDrive 位置，双击打开【另存为】对话框。在对话框中，单击【保存】按钮，如图 10-1 所示。

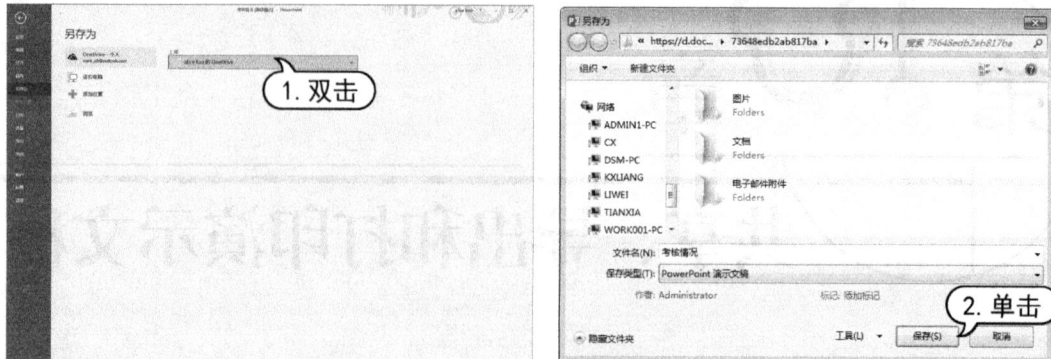

图 10-1 另存演示文稿

(2) 返回到演示文稿中，单击【文件】按钮，选择【共享】命令。在【共享】页面中，单击【与人共享】按钮，在界面中打开【共享】窗格，如图 10-2 所示。

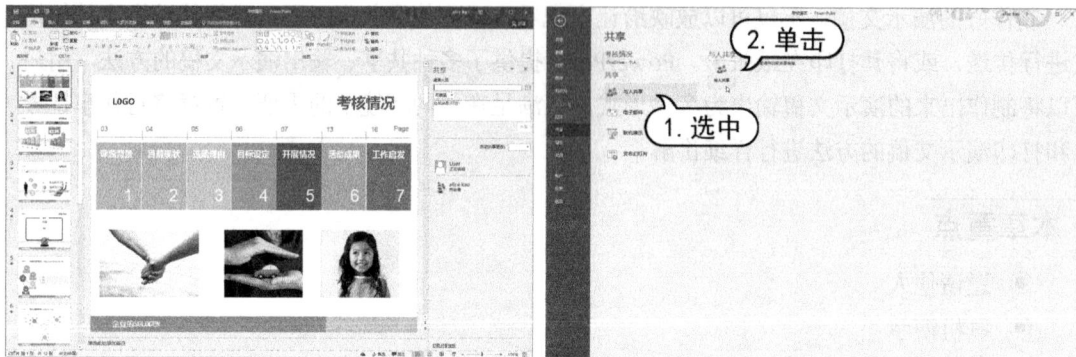

图 10-2 共享演示文稿

(3) 在【邀请人员】文本框中输入需邀请人员的邮件地址，然后单击【共享】按钮，即可将 OneDrive 中的演示文稿共享，如图 10-3 所示。

图 10-3 邀请人员

提示

通过邀请他人的方式共享演示文稿，必须要确保电脑已经连接网络。

知识点

在【共享】窗格中，单击 按钮，可以打开如图 10-4 所示的【通讯簿：全局地址列表】对话框。在【键入名称或从列表中选择】文本框中输入被邀请人的姓名，单击【查找】按钮可以查找联系人；单击【新建联系人】按钮，还可以新建联系人。

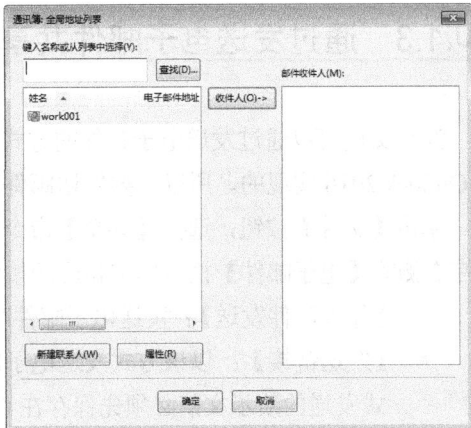

图 10-4 【通讯簿：全局地址列表】对话框

10.1.2 获取共享链接共享演示文稿

当需要与很多人共享，且不清楚与之共享用户的邮件地址时，可以通过共享链接的方式将保存在 OneDrive 中的演示文稿共享出去。

将演示文稿保存到 OneDrive 中后，单击【文件】按钮，选择【共享】命令。在右侧的页面中，单击【与人共享】按钮，在界面中打开【共享】窗格。在窗格底部单击【获取共享链接】选项，显示如图 10-5 所示的【获取共享链接】选项。单击【创建编辑链接】按钮或【创建仅供查看的链接】按钮，在其下方对应的文本框中将显示链接地址。单击【复制】按钮可将复制的链接发送给共享的用户，用户可通过该链接查看或编辑共享的演示文稿。

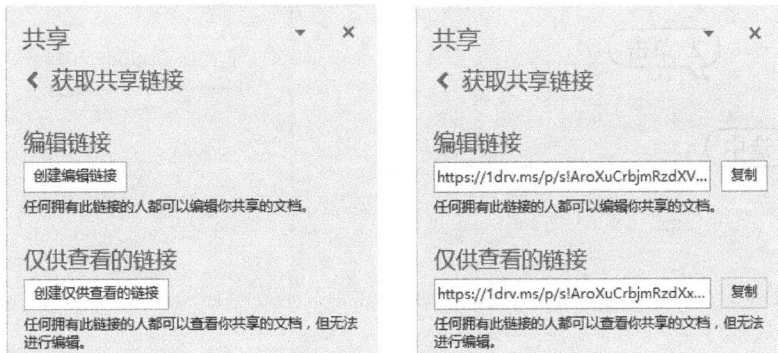

图 10-5 获取共享链接

知识点

【编辑链接】表示与共享的用户既可以对共享的演示文稿进行查看，又可以对其进行编辑。而【仅供查看的链接】表示只能对共享的演示文稿进行查看，不能对其进行其他操作。

⑩.1.3　通过发送电子邮件共享

演示文稿可以通过发送电子邮件的方式发送给他人，以供他人查看和编辑。发送邮件是通过 Outlook 2016 实现的。所以，要发送邮件，必须要先在电脑中安装 Outlook 2016 组件。

单击【文件】按钮，选择【共享】命令。在【共享】页面中，选择【电子邮件】选项，然后在右侧的【电子邮件】栏中单击相应的按钮，可以发送不同形式邮件。

- ◉　【作为附件发送】：发送电子邮件时，该演示文稿是以附件的形式加载到电子邮件中。
- ◉　【发送链接】：以该方式发送电子邮件时，发送的是演示文稿共享的链接。通过该方式发送的演示文稿必须先保存在 OneDrive 中。
- ◉　【以 PDF 形式发送】：以该方式发送电子邮件时，发送的是 PDF 格式的文件，收件人不能对其内容进行修改。
- ◉　【以 XPS 形式发送】：以该方式发送电子邮件时，发送的是 XPS 格式的文件。
- ◉　【以 Internet 传真形式发送】：以该方式发送电子邮件时，以传真的形式进行发送，不需要传真机，但需要传真服务提供商。传真服务提供商需要到网上进行下载，下载并安装后即可以 Internet 传真形式发送。

【例 10-2】以附件形式发送"考核情况"演示文稿。

(1) 在 PowerPoint 2016 中，打开"考核情况"演示文稿。单击【文件】按钮，选择【共享】命令。在【共享】页面中，选择【电子邮件】选项，再单击【作为附件发送】按钮，如图 10-6 所示。

(2) 在打开如图 10-7 所示的【欢迎使用 Microsoft Outlook 2016】对话框中，单击【下一步】按钮。

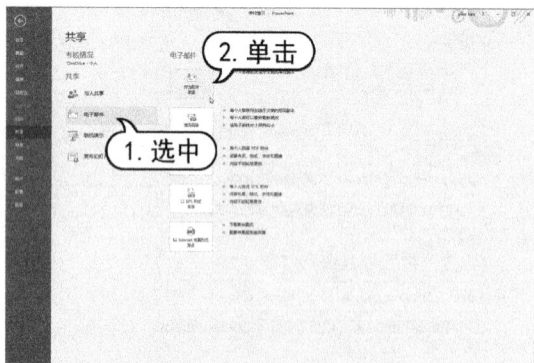

图 10-6　选择【电子邮件】选项　　　图 10-7　打开欢迎使用对话框

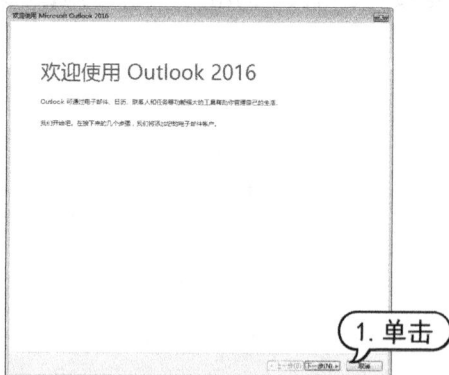

(3) 在打开的【添加电子邮件账户】界面，默认选中【是】单选按钮，单击【下一步】按钮，如图 10-8 所示。

(4) 在打开的【自动账户设置】界面，在【您的姓名】、【电子邮件地址】、【密码】和【重新键入密码】文本框中输入相应信息，单击【下一步】按钮，如图 10-9 所示。

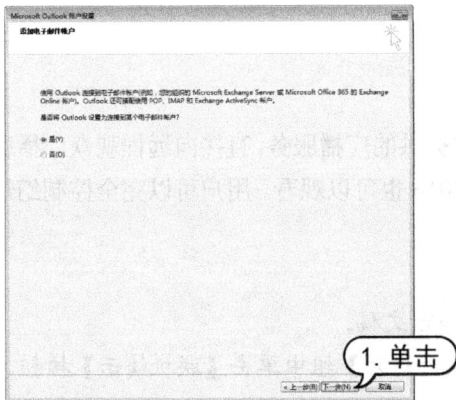

图 10-8　打开【添加电子邮件账户】界面

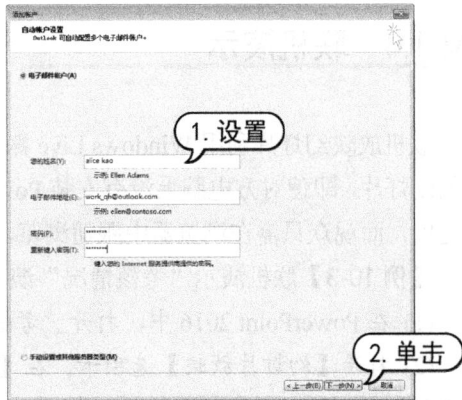

图 10-9　打开【自动账户设置】界面

(5) 在打开的界面中开始搜索邮件服务器设置，并开始进行配置。在弹出的【Windows 安全】对话框中，输入密码，然后单击【确定】按钮，如图 10-10 所示。

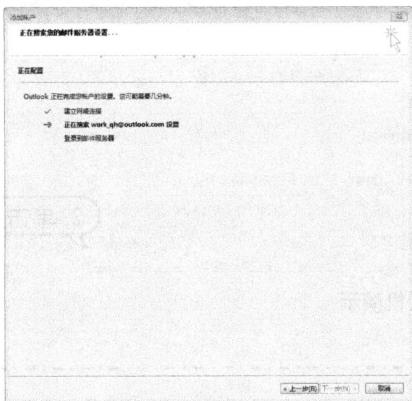

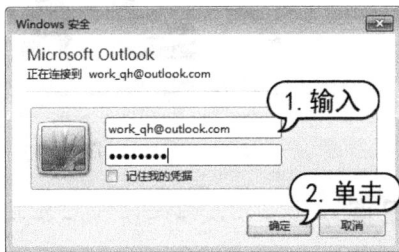

图 10-10　输入密码

(6) 配置成功后，单击【完成】按钮关闭【添加账户】对话框。打开 Outlook 2016，并进入邮件发送页面。在【主题】和【附件】文本框中将自动添加相应信息，在【收件人】文本框中输入收件人的邮件地址，单击【发送】按钮发送邮件，如图 10-11 所示。

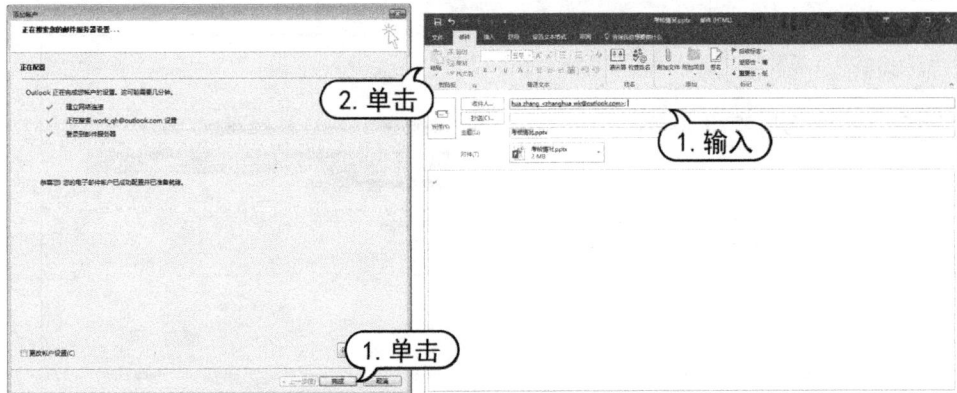

图 10-11　发送邮件

⑩.1.4 联机演示

联机放映幻灯片利用 Windows Live 账户或组织提供的广播服务，直接向远程观众广播所制作的幻灯片，即使对方电脑上没有安装 PowerPoint 2016 也可以观看。用户可以完全控制幻灯片的进度，而观众只需在浏览器中跟随浏览。

【例 10-3】联机演示"考核情况"演示文稿。

(1) 在 PowerPoint 2016 中，打开"考核情况"演示文稿。

(2) 打开【幻灯片放映】选项卡。在【开始放映幻灯片】组中单击【联机演示】按钮，打开【联机演示】对话框。单击【连接】按钮，如图 10-12 所示。

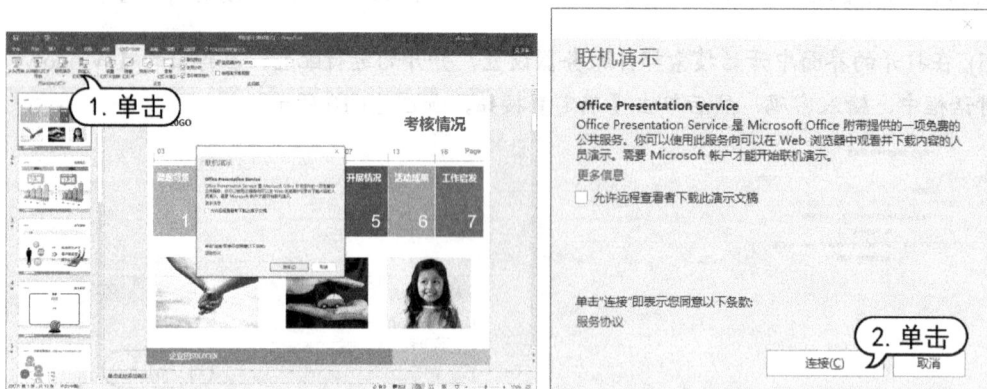

图 10-12　连接联机演示

知识点

若选中【允许远程查看者下载此演示文稿】复选框，观众不仅可以联机观看演示文稿，还可以下载该演示文稿。

(3) 此时，开始连接到 Office 演示文稿服务，完成后将在对话框中显示共享的链接，如图 10-13 所示。

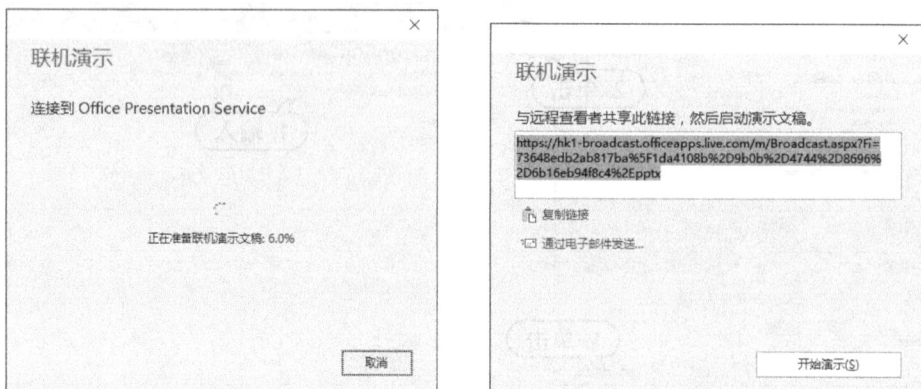

图 10-13　显示共享链接

使用联机放映幻灯片功能时，需要用户先注册一个 Windows Live 账户并登录。

(4) 单击【通过电子邮件发送】超链接，启动 Outlook 2016，并进入邮件发送页面。在【收件人】文本框中输入收件人邮件地址，单击【发送】按钮，如图 10-14 所示。

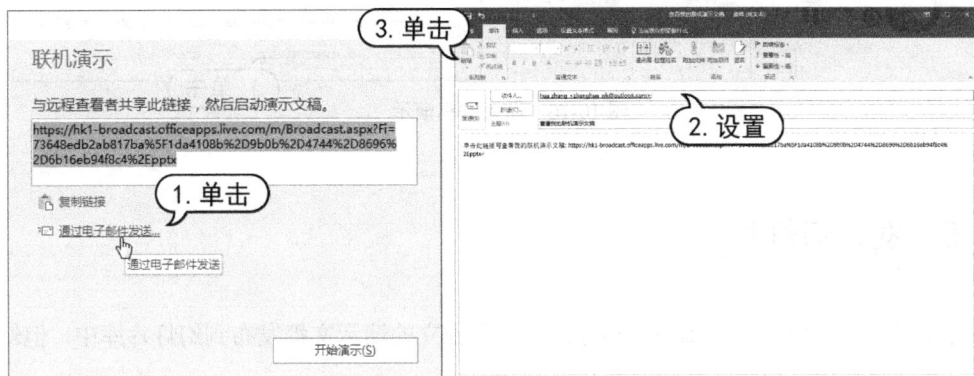

图 10-14　通过电子邮件发送超链接

知识点

若在【联机演示】对话框中单击【复制链接】超链接，即可对链接进行复制，然后再以其他方式发送给他人即可。

(5) 返回【联机演示】对话框，单击【开始演示】按钮，进入幻灯片放映状态，如图 10-15所示。

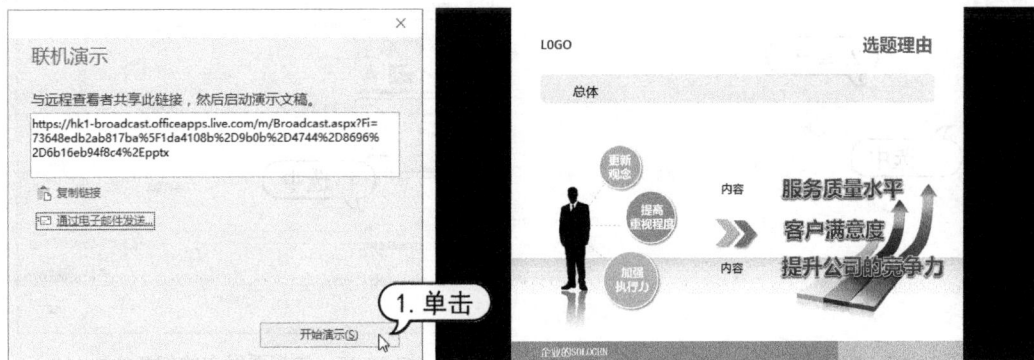

图 10-15　开始联机演示

(6) 幻灯片放映结束后，返回到普通视图中，可查看激活的【联机演示】选项卡。在【联机演示】选项区中单击【结束联机演示】按钮打开提示对话框，单击【结束联机演示】按钮，可结束联机演示文稿，如图 10-16 所示。

计算机基础与实训教材系列

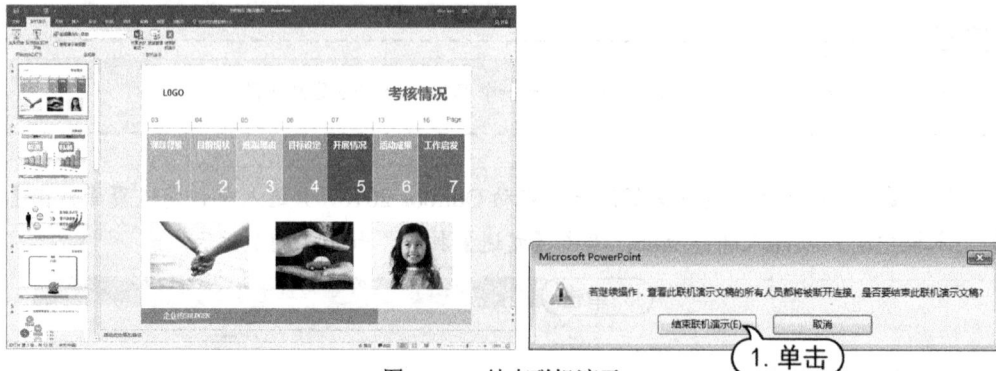

图 10-16　结束联机演示

10.1.5　发布幻灯片

发布幻灯片是指将演示文稿中的幻灯片以一个独立的演示文稿发布到幻灯片库中，但幻灯片库必须是共享位置，否则将不能实现共享。

【例 10-4】发布"考核情况"演示文稿。

(1) 在 PowerPoint 2016 中，打开"考核情况"演示文稿。

(2) 单击【文件】按钮，选择【共享】命令。在【共享】页面中选择【发布幻灯片】选项，再单击【发布幻灯片】按钮，如图 10-17 所示。

(3) 打开【发布幻灯片】对话框，在【选择要发布的幻灯片】列表框中选择需要发布的幻灯片，如图 10-18 所示。

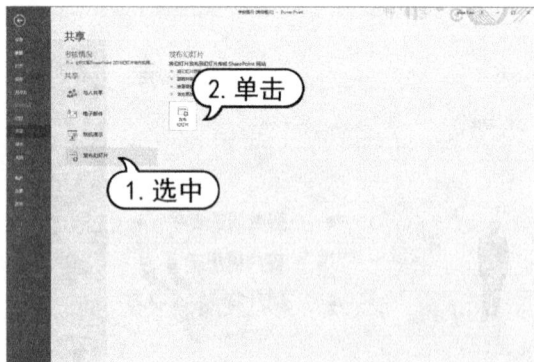

图 10-17　选择【发布幻灯片】选项

图 10-18　选择要发布的幻灯片

(4) 在【发布幻灯片】对话框中，单击【浏览】按钮，打开【选择幻灯片库】对话框。选择幻灯片要发布的共享位置，单击【选择】按钮，如图 10-19 所示。

(5) 返回到【发布幻灯片】对话框，在【发布到】下拉列表框中显示了设置的位置，单击【发布】按钮即可进行发布，如图 10-20 所示。

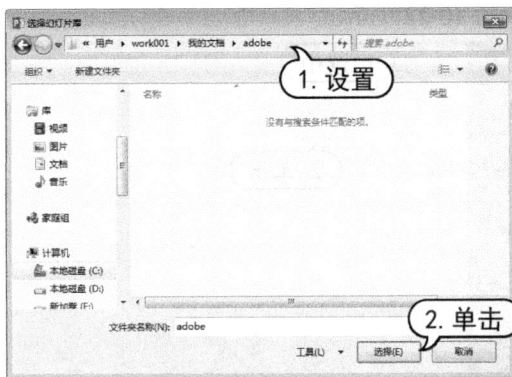

图 10-19 选择幻灯片发布位置　　　　　　　图 10-20 发布幻灯片

(6) 完成后在发布位置即可查看到发布后的效果。双击发布的演示文稿文件，在打开的演示文稿中即可查看到发布的幻灯片效果，如图 10-21 所示。

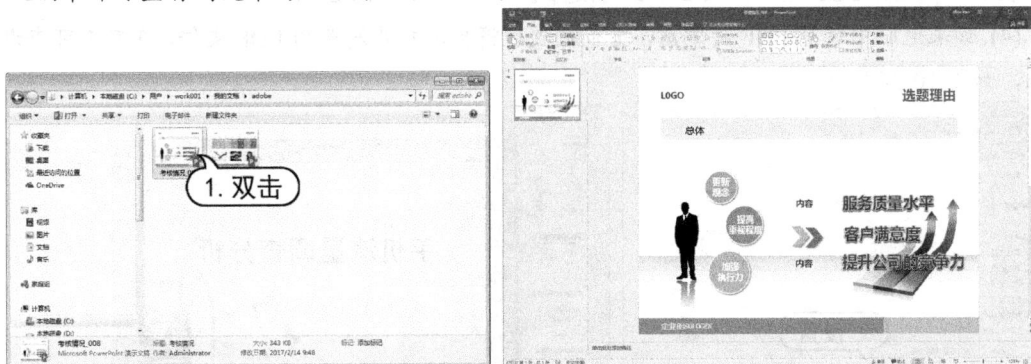

图 10-21 查看发布幻灯片效果

10.2 导出演示文稿

由于用途不同，对演示文稿的格式也会有所要求。在 PowerPoint 2016 中不仅可以将演示文稿共享，还可以根据不同的需要，将制作好的演示文稿导出为不同的格式。

10.2.1 导出为 PDF/XPS 文件

PDF 和 XPS 文件都为只读文件，只能对其内容进行查看，不能对其进行修改、编辑等各种操作。而且文件容量相对较小，适合传播打印。

【例 10-5】将演示文稿导出为 PDF 文件。

(1) 在 PowerPoint 2016 中，打开"手机流量调查分析"演示文稿。

(2) 单击【文件】按钮，选择【导出】命令。在显示的【导出】页面中选择【创建 PDF/XPS

文档】选项，再单击【创建 PDF/XPS】按钮，如图 10-22 所示。

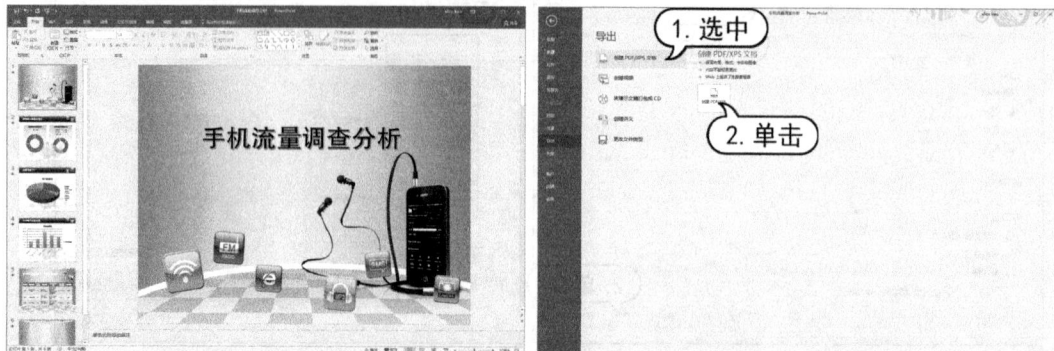

图 10-22　单击【创建 PDF/XPS】按钮

(3) 打开【发布为 PDF 或 XPS】对话框。在对话框中选择保存位置，单击【保存类型】下拉列表按钮，选择 PDF 选项。然后单击【发布】按钮，如图 10-23 所示。

(4) 如果电脑中装有 PDF 阅读器，发布完成后将自动打开发布的 PDF 文件，在其中可查看效果，如图 10-24 所示。

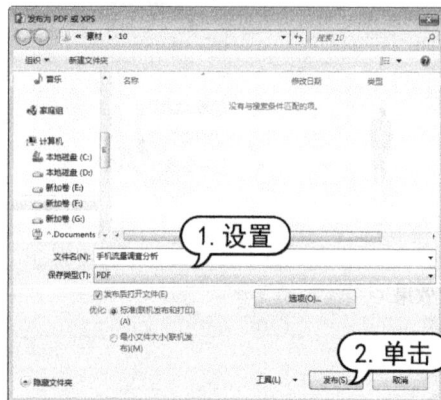

图 10-23　发布 PDF

图 10-24　打开 PDF 文件

知识点

在【发布为 PDF 或 XPS】对话框中单击【选项】按钮，打开如图 10-25 所示的【选项】对话框。在其中可对发布范围、发布的内容和非打印信息等进行设置，设置完成后，单击【确定】按钮即可。

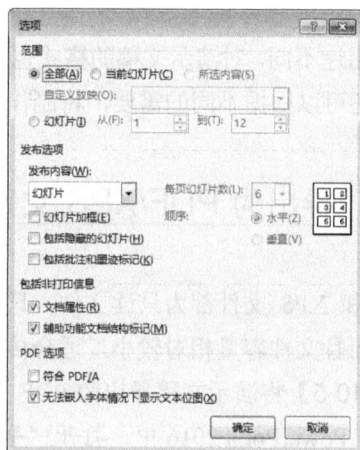

图 10-25　【选项】对话框

10.2.2　导出为视频文件

在 PowerPoint 2016 中提供了导出为视频的功能，通过该功能可以将演示文稿导出为视频，这样可以使添加了动画和切换效果的演示文稿更加生动。在 PowerPoint 2016 中提供了导出视频的格式，分别为【MPEG-4 视频】格式和【Windows Media 视频】格式。

【例 10-6】将演示文稿导出为视频文件。

(1) 在 PowerPoint 2016 中，打开"手机流量调查分析"演示文稿。单击【文件】按钮，选择【导出】命令。在右侧的窗格中选择【创建视频】选项，再单击【演示文稿质量】下拉按钮，从弹出的列表中选择【互联网质量】选项，如图 10-26 所示。

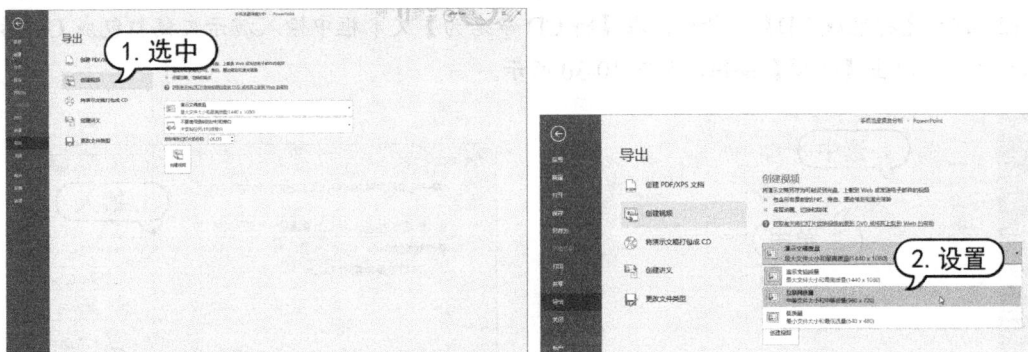

图 10-26　创建视频

(2) 单击【创建视频】按钮，打开【另存为】对话框。在对话框中选择保存位置，单击【保存类型】下拉列表按钮，从中选择【MPEG-4 视频】选项，然后单击【保存】按钮，如图 10-27 所示。

(3) 开始发布视频，发布完成后，在保存位置双击发布的视频，将启动 Windows Media Player 并开始播放视频，如图 10-28 所示。

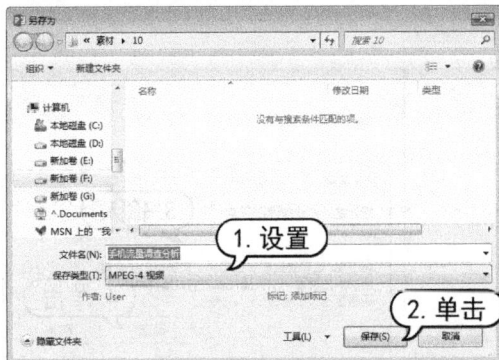

图 10-27　保存视频　　　　图 10-28　播放视频

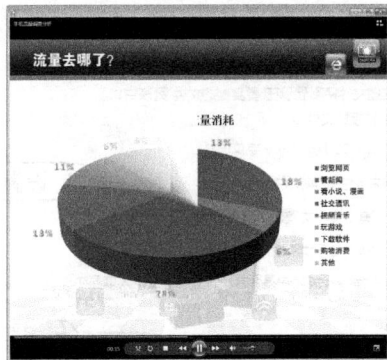

知识点

在【导出】页面的【创建视频】栏的【放映每张幻灯片的秒数】数值框中输入数值，可设置将演示文稿导出为视频后，每张幻灯片播放的时间。

⑩.2.3 将演示文稿打包成 CD

使用 PowerPoint 2016 提供的【打包成 CD】功能，在有刻录光驱的电脑上可以方便地将制作的演示文稿及其链接的各种媒体文件一次性打包到 CD 上，轻松实现将演示文稿分发或转移到其他电脑上进行演示。

【例 10-7】将演示文稿打包成 CD。

(1) 在 PowerPoint 2016 中，打开"手机流量调查分析"演示文稿。单击【文件】按钮，选择【导出】命令。在右侧的窗格中选择【将演示文稿打包成 CD】选项，再单击【打包成 CD】按钮，如图 10-29 所示。

(2) 打开【打包成 CD】对话框。在【将 CD 命名为】文本框中输入演示文稿打包成 CD 后的保存名称，单击【选项】按钮，如图 10-30 所示。

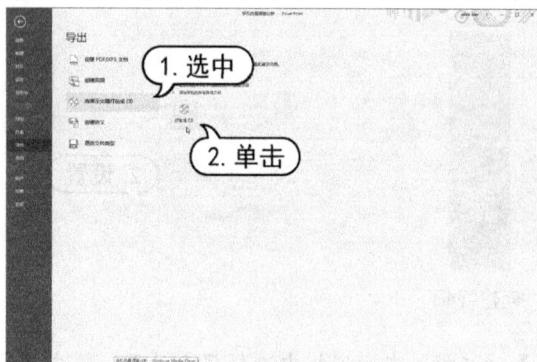

计算机基础与实训教材系列

图 10-29　将演示文稿打包成 CD

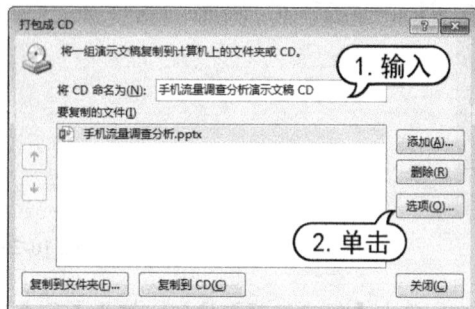

图 10-30　设置 CD 名称

(3) 打开【选项】对话框，在【增强安全性和隐私保护】选项区域的【打开每个演示文稿时所用密码】文本框中输入密码 123456，单击【确定】按钮。在打开的【确认密码】对话框中，再次输入密码，然后单击【确定】按钮，如图 10-31 所示。

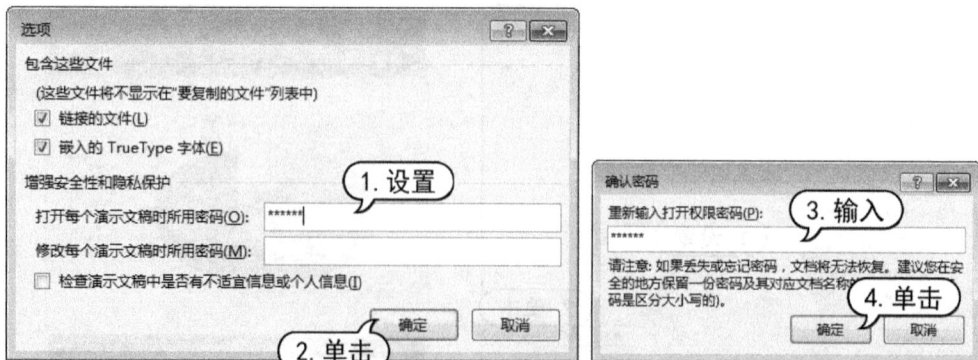

图 10-31　设置密码

(4) 返回【打包成 CD】对话框，单击【复制到文件夹】按钮打开【复制到文件夹】对话框。在对话框中设置文件保存位置，然后单击【确定】按钮。在弹出的信息提示框中，单击【是】

按钮，如图 10-32 所示。

图 10-32　复制到文件夹

提示

如果用户的电脑安装了刻录机，可以在【打包成 CD】对话框中单击【复制到 CD】按钮。PowerPoint 将检查刻录机中的空白 CD，在插入正确的空白刻录盘后，即可将打包的文件刻录到光盘中。

(5) 开始将文件复制到文件夹中，复制完成后自动打开文件所在的文件夹，查看打包到文件夹后的效果，如图 10-33 所示。

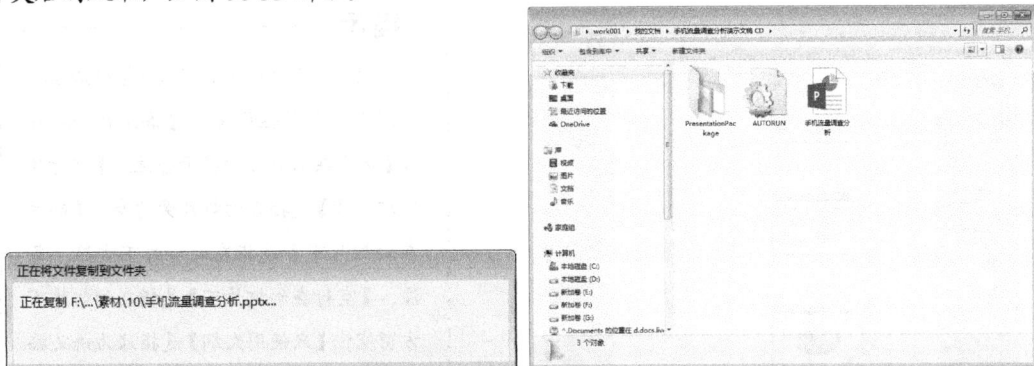

图 10-33　将文件复制到文件夹中

(6) 打包结束后，单击【关闭】按钮关闭【打包成 CD】对话框。

10.2.4　创建讲义

讲义是辅助演讲者进行讲演、提示演讲内容的文稿。在 PowerPoint 2016 中，用户可以将制作好的演示文稿中的幻灯片粘贴到 Word 文档中。

【例 10-8】将演示文稿制作成 Word 讲义。

(1) 在 PowerPoint 2016 中，打开"手机流量调查分析"演示文稿。单击【文件】按钮，选择【导出】命令。在右侧的【导出】页面中选择【创建讲义】选项，再单击【创建讲义】按钮，如图 10-34 所示。

(2) 打开【发送到 Microsoft Word】对话框，保持选中【备注在幻灯片旁】和【粘贴】单选按钮，单击【确定】按钮，如图 10-35 所示。

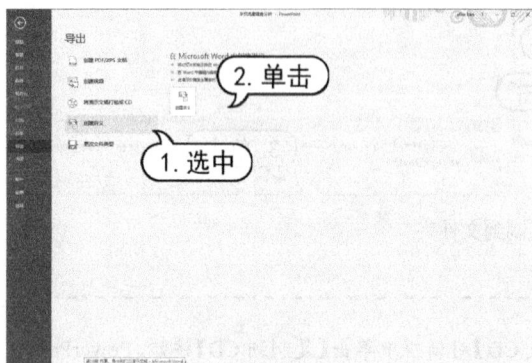

图 10-34　创建讲义

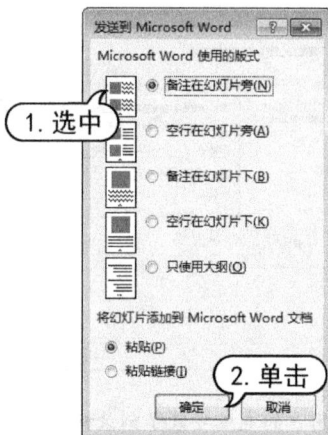

图 10-35　【发送到 Microsoft Word】对话框

(3) 此时，自动启动 Microsoft Word 应用程序，生成表格形式的 Word 文档。用户可在其中查看阅读讲义内容，如图 10-36 所示。

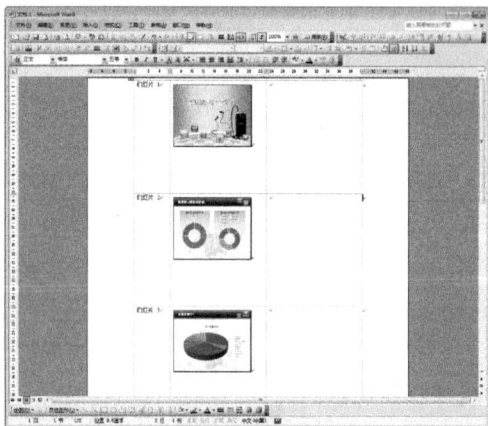

图 10-36　在 Word 中查看阅读讲义内容

提示

　　【发送到 Microsoft Word】对话框提供以下几种属性设置：【备注在幻灯片旁】是指在幻灯片旁显示备注；【空行在幻灯片旁】是指在幻灯片旁留空；【备注在幻灯片下】是指在幻灯片下方显示备注；【空行在幻灯片下】是指在幻灯片下方留空；【只使用大纲】是指只为讲义添加大纲。

⑩.2.5　更改文件类型

　　演示文稿制作完成后，还可以将其导出为其他格式的文件，如演示文稿文件类型、图片文件类型等，以满足用户多用途的需求。

　　【例 10-9】将演示文稿输出为 JPEG 格式的图形文件。

　　(1) 在 PowerPoint 2016 中，打开"手机流量调查分析"演示文稿。单击【文件】按钮，选择【导出】命令。在右侧的【导出】页面中选择【更改文件类型】选项，在【更改文件类型】列表中选中【JPEG 文件交换格式】选项。然后单击【另存为】按钮，如图 10-37 所示。

　　(2) 打开【另存为】对话框，设置存放路径，单击【保存】按钮，如图 10-38 所示。

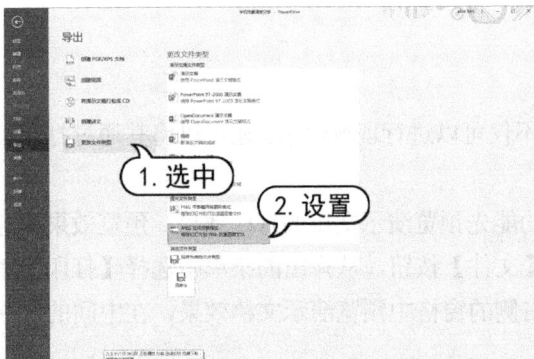

图 10-37　选中【JPEG 文件交换格式】选项　　　图 10-38　选择图片的保存路径

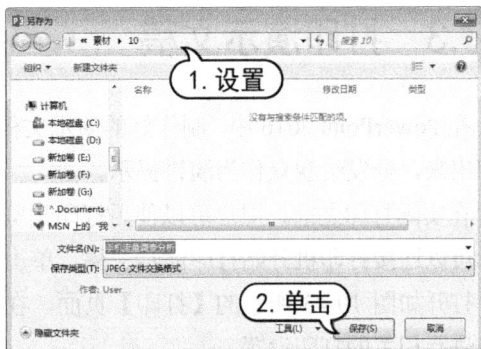

(3) 此时，系统会弹出提示对话框，供用户选择输出为图片文件的幻灯片范围，单击【所有幻灯片】按钮，如图 10-39 所示。

(4) 完成将演示文稿输出为图形文件，并弹出如图 10-40 所示的提示框，提示用户每张幻灯片都以独立的方式保存到文件夹中，单击【确定】按钮。

图 10-39　选择导出方式　　　　　　　图 10-40　完成提示框

(5) 在资源管理器中打开保存的文件夹，此时幻灯片以图形格式显示在文件夹中，如图 10-41 所示。

(6) 双击某张图片，即可打开该图片，查看其内容，如图 10-42 所示。

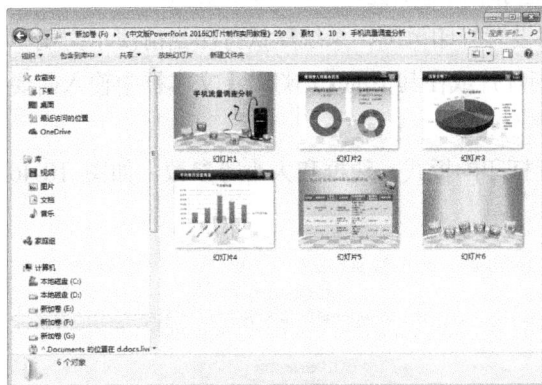

图 10-41　显示输出后的图片　　　　　　图 10-42　查看某张图片文件

知识点

在 PowerPoint 演示文稿中，单击【文件】按钮，从弹出的【文件】菜单中选择【另存为】命令，打开【另存为】对话框。在【保存类型】列表中选择【JPEG 文件交换格式】选项，单击【保存】按钮，同样可以执行输出图片文件操作。

⑩.3 打印演示文稿

在 PowerPoint 2016 中，制作好的演示文稿不仅可以进行现场演示，还可以将其通过打印机打印出来，分发给观众作为演讲提示。

在实际打印之前，用户可以使用打印预览功能先预览演示文稿的打印效果。预览效果满意后，可以连接打印机开始打印演示文稿。单击【文件】按钮，从弹出的菜单中选择【打印】命令，打开如图 10-43 所示的【打印】页面。在右侧的窗格中预览演示文稿效果，在中间的选项区中进行相关的打印设置。

图 10-43　【打印】页面

> **提示**
>
> 在打印时，根据不同的目的将演示文稿打印为不同的形式。常用的打印形式包括：幻灯片、讲义、备注和大纲视图。

【打印】窗格中各选项的主要作用如下。

- 【份数】数值框：用来设置打印的份数。
- 【打印机】下拉列表框：自动调用系统默认的打印机，当用户的电脑上装有多台打印机时，可以根据需要选择打印机或设置打印机的属性，如图 10-44 所示。
- 【打印全部幻灯片】下拉列表框：用来设置打印范围，系统默认打印当前演示文稿中的所有内容，用户可以选择打印当前幻灯片或在其下的【幻灯片】文本框中输入需要打印的幻灯片编号，如图 10-45 所示。
- 【整页幻灯片】下拉列表框：用来设置打印的板式、边框和大小等参数，如图 10-46 所示。

图 10-44　【打印机】下拉列表框

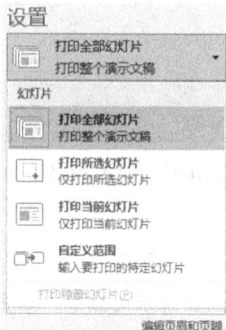

图 10-45　【打印全部幻灯片】下拉列表框

⊙ 【单面打印】下拉列表框：用来设置单面或双面打印，如图 10-47 所示。

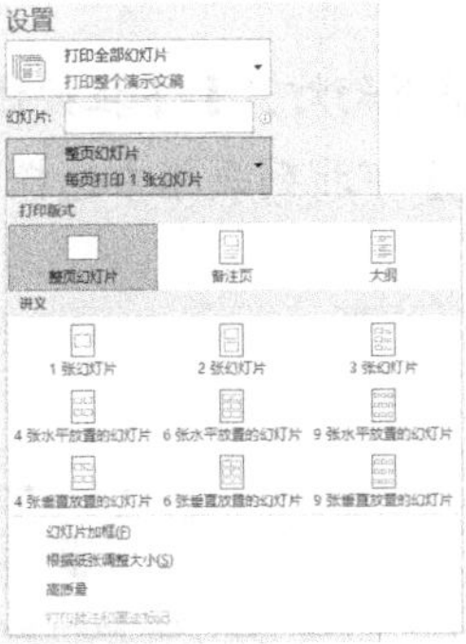

图 10-46 【整页幻灯片】下拉列表框 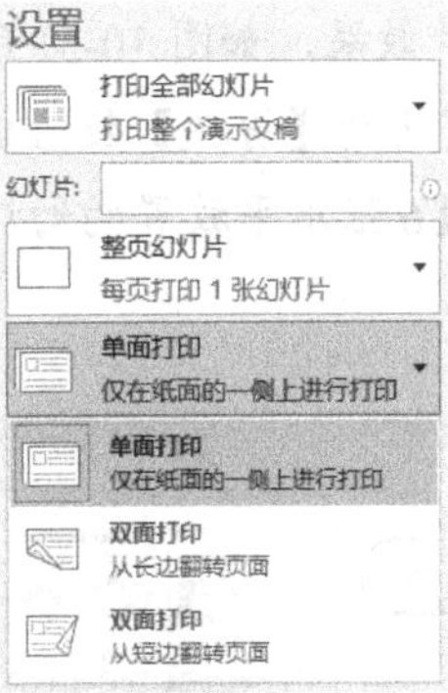　　图 10-47 【单面打印】下拉列表框

⊙ 【调整】下拉列表框：用来设置打印排列顺序，如图 10-48 所示。
⊙ 【灰度】下拉列表框：用来设置幻灯片打印时的颜色，如图 10-49 所示。

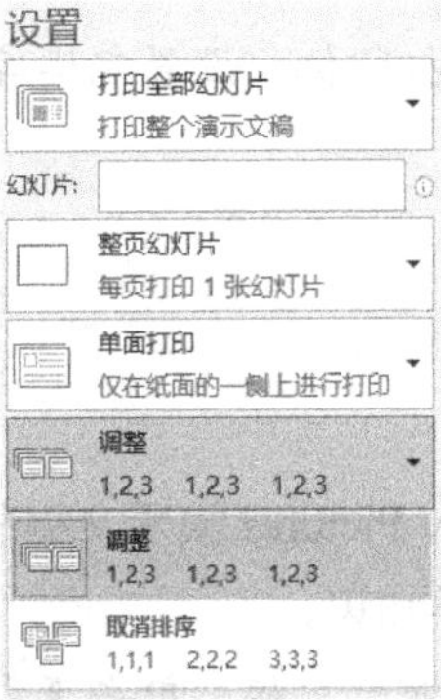

图 10-48 【调整】下拉列表框 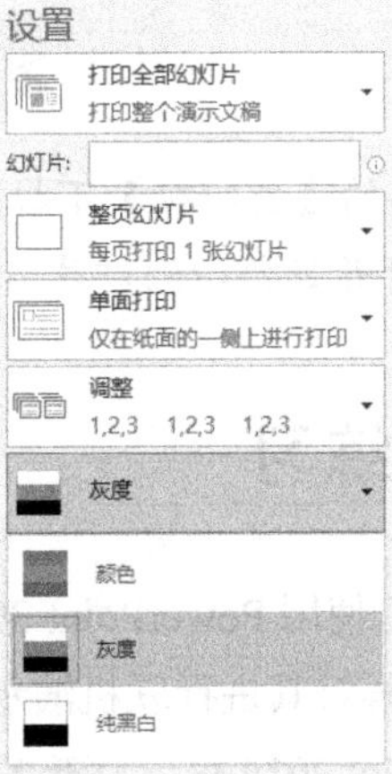　　图 10-49 【灰度】下拉列表框

【例 10-10】预览并打印演示文稿。

(1) 在 PowerPoint 2016 中，打开演示文稿。单击【文件】按钮，选择【打印】命令，打开【打印】页面，如图 10-50 所示。

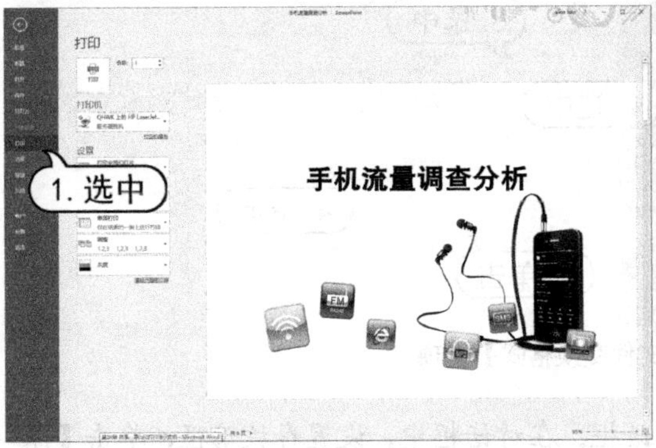

图 10-50 打印预览幻灯片 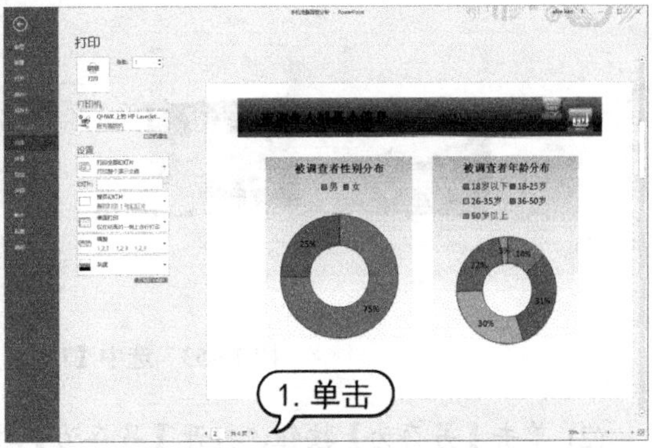　　图 10-51 查看幻灯片的打印效果

(2) 在最右侧的窗格中可以查看幻灯片的打印效果，单击预览页中的【下一页】按钮 ，查看下一张幻灯片效果，如图 10-51 所示。

(3) 在中间窗格的【份数】数值框中输入 10；单击【整页幻灯片】下拉按钮，在弹出的下拉列表框中选择【6 张水平放置的幻灯片】选项；在【灰度】下拉列表框中选择【颜色】选项，如图 10-52 所示。

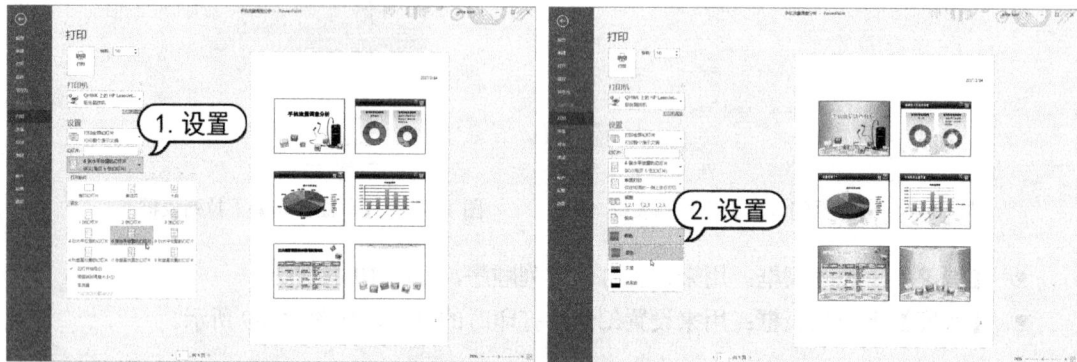

图 10-52　设置打印参数

(4) 在中间窗格的【打印机】下拉列表中选择正确的打印机，设置完毕后，单击左上角的【打印】按钮，即可开始打印幻灯片。

10.4　上机练习

本章的上机练习使用 PowerPoint 2016，将 My Holiday Pictures 演示文稿分别以 JPEG 格式和 PDF 格式导出，再对其进行联机演示，以巩固本章所学知识。

(1) 在 PowerPoint 2016 中，打开 My Holiday Pictures 演示文稿。单击【文件】按钮，选择【导出】命令。在右侧的【导出】页面中选择【更改文件类型】选项，在【更改文件类型】列表中选中【JPEG 文件交换格式】选项，然后单击【另存为】按钮，如图 10-53 所示。

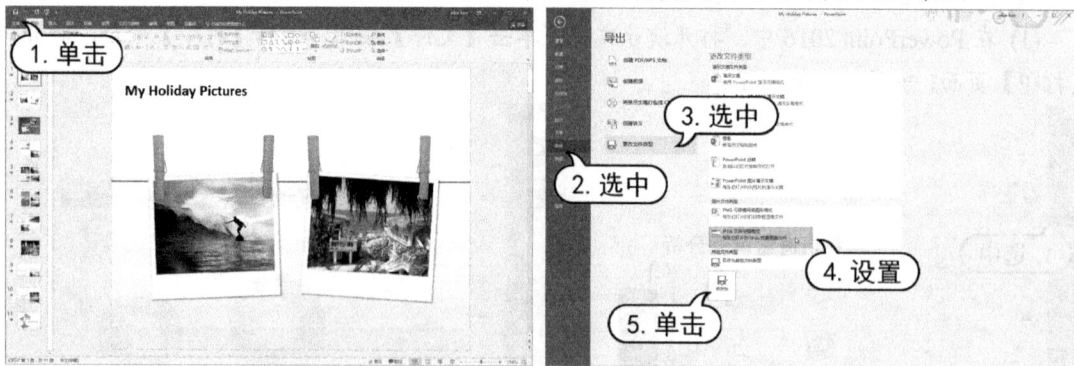

图 10-53　选中【JPEG 文件交换格式】选项

(2) 单击【另存为】按钮，打开【另存为】对话框。在对话框中，设置存放路径，单击【保存】按钮，如图 10-54 所示。

(3) 此时，系统会弹出提示对话框，供用户选择输出为图片文件的幻灯片范围。单击【所有幻灯片】按钮，如图 10-55 所示。

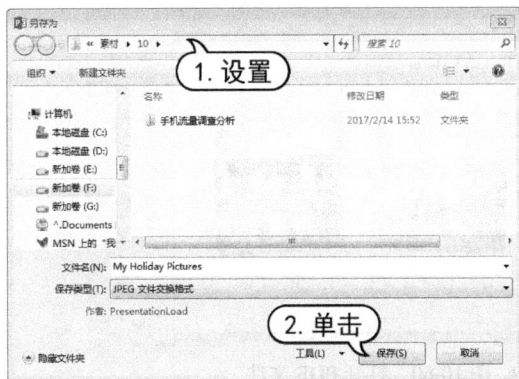

图 10-54 保存文件　　　　　　　　　图 10-55 设置导出方式

(4) 完成将演示文稿输出为图形文件，并弹出如图 10-56 所示的提示框。提示用户每张幻灯片都以独立的方式保存到文件夹中。单击【确定】按钮。

图 10-56 输出文件

(5) 单击【文件】按钮，选择【导出】命令。在右侧的【导出】页面中选择【创建 PDF/XPS 文档】选项，再单击【创建 PDF/XPS】按钮，如图 10-57 所示。

(6) 在打开的【发布为 PDF 或 XPS】对话框中，设置存放路径。在【保存类型】下拉列表中选择 PDF 选项，如图 10-58 所示。

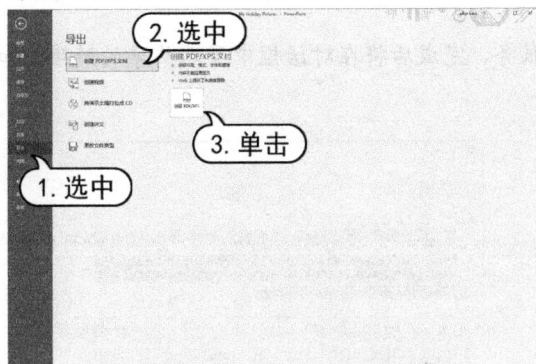

图 10-57 单击【创建 PDF/XPS】按钮　　　　图 10-58 保存 PDF

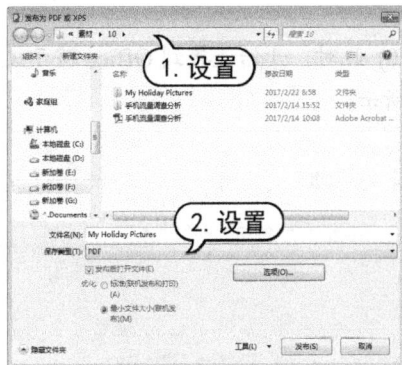

(7) 在【发布为 PDF 或 XPS】对话框中，单击【选项】按钮，打开【选项】对话框。在对话框中，选中【幻灯片加框】复选框，然后单击【确定】按钮，如图 10-59 所示。

(8) 返回【发布为 PDF 或 XPS】对话框，单击【发布】按钮，将样式文稿发布为 PDF 文档，并在 PDF 阅读器中打开，如图 10-60 所示。

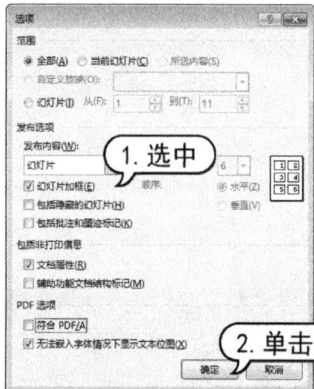

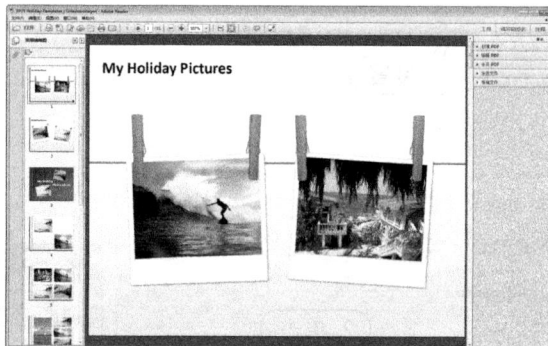

图 10-59　设置选项　　　　　　　　图 10-60　打开 PDF 文件

(9) 返回演示文稿，打开【幻灯片放映】选项卡。在【开始放映幻灯片】组中单击【联机演示】按钮，打开【联机演示】对话框。在对话框中，选中【允许远程查看者下载此演示文稿】复选框，然后单击【连接】按钮，如图 10-61 所示。

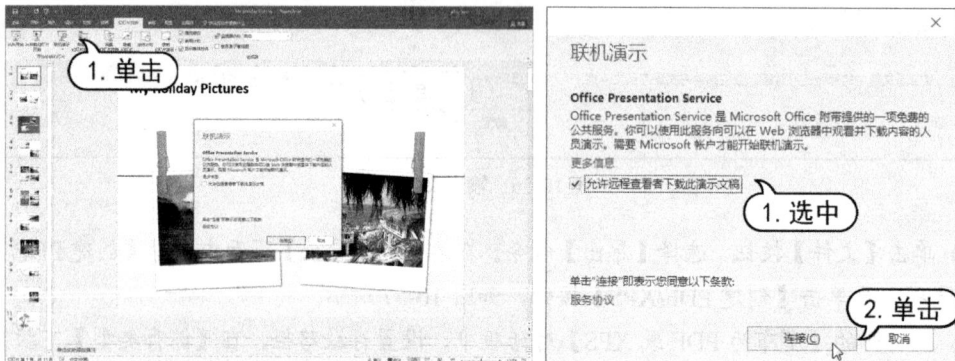

图 10-61　连接联机演示

(10) 此时，开始连接到 Office 演示文稿服务，完成后将在对话框中显示共享的链接，如图 10-62 所示。

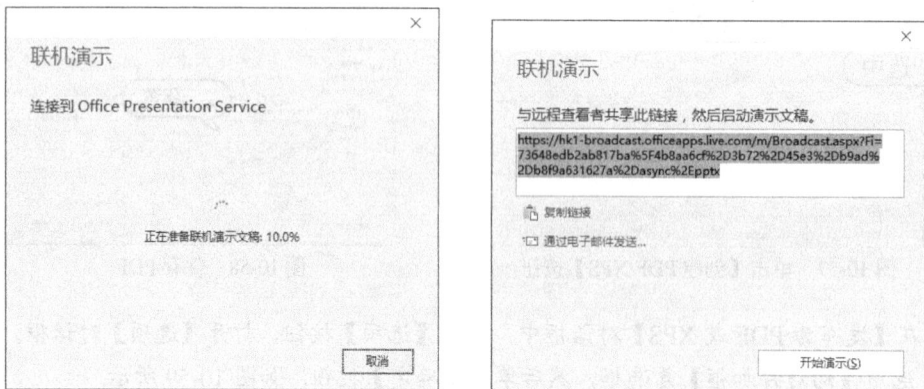

图 10-62　显示共享的链接

(11) 单击【通过电子邮件发送】超链接，启动 Outlook 2016，并进入邮件发送页面。在【收件人】文本框中输入收件人邮件地址，单击【发送】按钮，如图 10-63 所示。

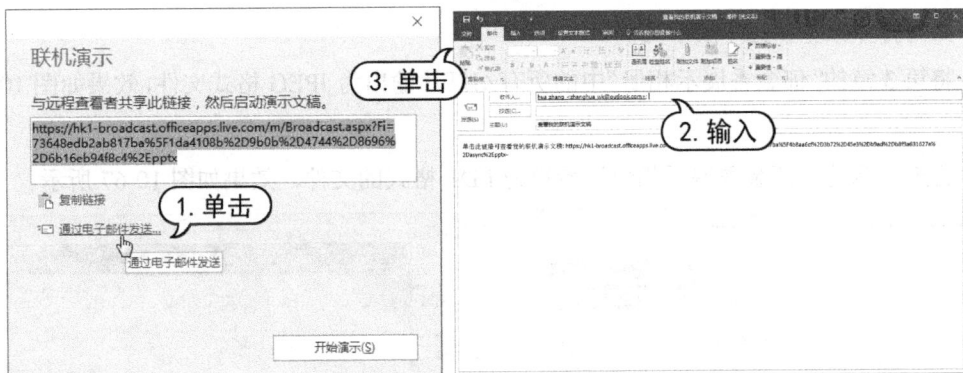

图 10-63 发送邮件

(12) 返回【联机演示】对话框，单击【开始演示】按钮，进入幻灯片放映状态，如图 10-64 所示。

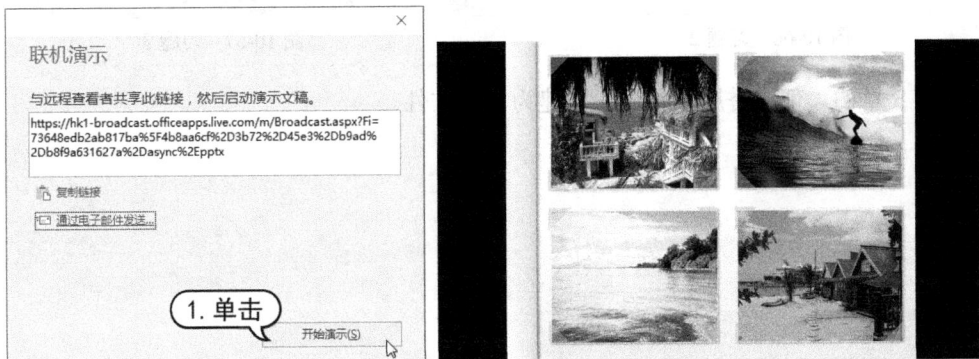

图 10-64 联机演示

(13) 幻灯片放映结束后，返回到普通视图中，可查看激活的【联机演示】选项卡。在【联机演示】选项组中单击【结束联机演示】按钮打开提示对话框，如图 10-65 所示，单击【结束联机演示】按钮，可结束联机演示演示文稿。

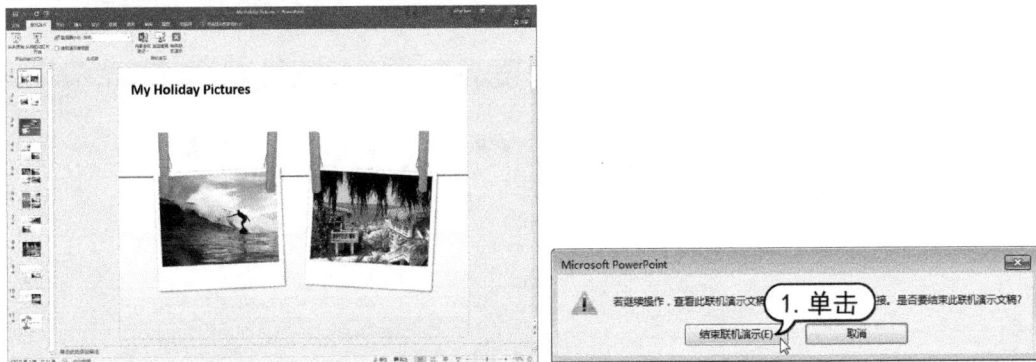

图 10-65 结束联机演示

计算机 基础与实训教材系列

⑩.5 习题

1. 如何打印预览和打印演示文稿？

2. 将第 3 章的"郁金香展示相册"中的所有幻灯片输出为 JPEG 格式文件，效果如图 10-66 所示。

3. 将第 3 章的"郁金香展示相册"转换为 PDF 格式的文件，效果如图 10-67 所示。

图 10-66　习题 2

图 10-67　习题 3

4. 将第 3 章的"郁金香展示相册"创建为视频文件。